张海鹏 总主编

党明德 曲金良 主编

中国海域史

黄海卷

图书在版编目(CIP)数据

中国海域史. 黄海卷 / 张海鹏总主编；曲金良，党明德主编. -- 上海：上海古籍出版社，2024.9.
ISBN 978-7-5732-1077-7
Ⅰ. P7-092
中国国家版本馆 CIP 数据核字第 2024HB6297 号

2015 年国家出版基金资助项目
2014、2015 年上海市新闻出版专项资金资助项目

责任编辑：贾利民
装帧设计：严克勤
技术编辑：耿莹祎

中国海域史·黄海卷
张海鹏　总主编
党明德　曲金良　主编
上海古籍出版社出版发行
(上海市闵行区号景路 159 弄 1-5 号 A 座 5F　邮政编码 201101)
(1) 网址：www.guji.com.cn
(2) E-mail：guji1@guji.com.cn
(3) 易文网网址：www.ewen.co
上海世纪嘉晋数字信息技术有限公司印刷
开本 710×1000　1/16　印张 17　插页 5　字数 305,000
2024 年 9 月第 1 版　2024 年 9 月第 1 次印刷
ISBN 978-7-5732-1077-7
K·3699　定价：98.00 元
如有质量问题，请与承印公司联系

目　　录

第一章　黄海海域概况 ··· 1

第一节　黄海海域的范围 ··· 1
一、黄海名称的由来 ··· 1
二、黄海海域的范围 ··· 2

第二节　黄海海域自然地理 ··· 3
一、黄海海域的自然概况 ··· 3
二、岛屿、半岛和港湾 ··· 5
三、黄海的资源 ··· 7

第三节　黄海的海域特色 ··· 8
一、海陆之交的黄海 ··· 8
二、独特的海洋文明 ··· 10
三、东亚格局中的黄海 ··· 12

第二章　黄海海域的早期文明 ··· 13

第一节　史前时期的黄海文明 ··· 13
一、黄海海域的变迁 ··· 13
二、黄海沿岸先民的活动遗迹 ··· 15
三、胶州湾畔的龙山文化 ··· 17
四、海州湾畔的大型聚落群 ··· 20

第二节　早期的跨海文化传播 ··· 22
一、早期的造船 ··· 22
二、山东半岛、辽东半岛的文化交流 ··································· 22
三、与朝鲜半岛、日本列岛的文化交流 ································· 24

第三章　夏商周时期黄海海域的发展

第一节　沿黄海政区与社会经济
一、《禹贡》中的沿黄海地区 …………………………………… 27
二、夏商周时期的海产贡赋 …………………………………… 28

第二节　齐国的崛起与海洋开发
一、齐国与莱夷 ………………………………………………… 29
二、管仲开发海洋的贡献 ……………………………………… 31

第三节　燕、齐、吴、越的海洋经略
一、沿黄海地区的诸侯国 ……………………………………… 32
二、河海连通的交通网 ………………………………………… 33
三、陆海一体的经济格局 ……………………………………… 34
四、造船业的发展与齐吴海战 ………………………………… 35

第四节　琅琊港
一、琅琊古港的兴起 …………………………………………… 36
二、越王勾践迁都琅琊 ………………………………………… 37

第五节　亦真亦幻的黄海文化
一、邹衍的"大瀛海"说 ……………………………………… 39
二、神山与方士航海 …………………………………………… 41

第六节　黄海周边的文化交流
一、嵎夷 ………………………………………………………… 43
二、石棚与支石墓 ……………………………………………… 44

第四章　秦汉帝国的黄海经略

第一节　秦始皇三巡黄海
一、秦始皇东巡黄海的线路 …………………………………… 46
二、秦始皇东巡黄海的活动 …………………………………… 47

第二节　徐福东渡的历史与传说
一、徐福船队的规模 …………………………………………… 52
二、徐福东渡的航线 …………………………………………… 53
三、徐福东渡的传说 …………………………………………… 54

第三节　汉武帝巡海与东征朝鲜
一、汉武帝巡海 ………………………………………………… 57

二、汉武帝东征朝鲜 … 59
第四节 "环黄海圈"的贸易 … 62
第五节 黄海沿岸的经济与社会 … 64
　一、海洋渔业的勃兴 … 64
　二、海盐业的发展 … 65
　三、沿海港口的兴起 … 67
第六节 汉代文学中的黄海 … 68
　一、史家笔下的黄海 … 68
　二、海赋：汉代海洋文学的绝唱 … 69

第五章　魏晋到隋唐五代时期的黄海 … 73
第一节 黄海区域的造船业 … 73
　一、概况 … 73
　二、北朝青州造船 … 74
　三、隋代东莱造船 … 74
　四、唐代登州、莱州的造船基地 … 77
　五、唐代的水战具 … 79
第二节 航海技术的提高与近海航线的扩展 … 79
　一、航海技术的提高 … 80
　二、中国南北沿海直通航线的开辟 … 81
　三、唐代跨黄海的海上漕运 … 82
第三节 黄海海域的港口 … 83
　一、黄海海域港口的变迁 … 83
　二、马石津 … 84
　三、三山浦 … 84
　四、登州港 … 84
　五、楚州港 … 85
第四节 中国与朝鲜半岛的海上交流 … 86
　一、循海岸水行航线 … 86
　二、东亚诸国"从东莱浮海" … 87
　三、"登州海行入高丽渤海道" … 87
　四、唐朝平卢军节度使与东亚诸国的关系 … 89

　　　　五、张保皋、崔致远在黄海海域的活动 ································· 93

　　第五节　中国与日本列岛的海上交流 ································· 95

　　　　一、曹魏时期"循海岸水行"航线 ································· 95

　　　　二、南北朝时期中日海上交流 ································· 96

　　　　三、隋唐时期中日海上交流 ································· 97

　　第六节　黄海海洋文化 ································· 99

　　　　一、海神的封敕与祠祀 ································· 99

　　　　二、文人笔下的黄海 ································· 100

第六章　宋元时期的黄海 ································· 109

　　第一节　板桥镇：宋代北方第一大港 ································· 109

　　　　一、山东半岛海上贸易与板桥镇的崛起 ································· 109

　　　　二、板桥镇海上贸易的繁荣 ································· 111

　　　　三、板桥镇市舶司的设立 ································· 113

　　第二节　航海与造船技术 ································· 115

　　　　一、宋代的航海技术 ································· 115

　　　　二、元代的造船技术 ································· 116

　　第三节　元代的黄海海运 ································· 120

　　　　一、元代的黄海海运 ································· 120

　　　　二、胶莱运河：世界上最早的大型连海运河工程 ································· 122

　　第四节　宋代与朝鲜半岛、日本列岛的跨黄海交流 ································· 126

　　　　一、宋代跨黄海交流的有利条件 ································· 126

　　　　二、宋代与朝鲜半岛的跨黄海交流 ································· 127

　　　　三、宋朝与日本的交往和元朝对日本的远征 ································· 133

　　第五节　黄海海洋文化 ································· 133

　　　　一、海洋文学的新发展 ································· 133

　　　　二、文人笔记中的宋代造船和航海技术 ································· 137

　　　　三、元代文学中的黄海 ································· 142

第七章　明与清初中期的黄海经略与繁荣 ································· 145

　　第一节　明到清中期的沿黄海政局 ································· 145

　　第二节　明清时期黄海的军事管理与冲突 ································· 146

一、明代前期海防体系的建立和完善 …………………………… 146
　　二、明代中后期沿黄海海防体系的变化 ………………………… 151
　　三、明代的海岛管理 ……………………………………………… 157
　　四、清代前中期的沿黄海海防建设与教训 ……………………… 159
　第三节　黄海经济与社会发展 ………………………………………… 161
　　一、海洋渔业的发展 ……………………………………………… 161
　　二、盐业的发展繁荣 ……………………………………………… 169
　　三、海洋灾害与沿海社会经济 …………………………………… 175
　第四节　海运、贸易与沿海市镇 ……………………………………… 179
　　一、官方主导的海洋运输业 ……………………………………… 179
　　二、海洋贸易的繁荣 ……………………………………………… 185
　　三、沿海海口、市镇 ……………………………………………… 191
　第五节　朝贡 …………………………………………………………… 192
　　一、明代的朝贡及朝贡贸易概况 ………………………………… 193
　　二、朝贡贸易的原则与限制 ……………………………………… 193
　　三、清初中期朝鲜的朝贡 ………………………………………… 197
　第六节　中国与朝鲜、日本之间的文化交流 ………………………… 198
　　一、中朝文化交流 ………………………………………………… 198
　　二、中日文化交流 ………………………………………………… 200
　第七节　黄海文学与艺术 ……………………………………………… 202
　　一、对"蓬莱""海市"的叹赏 …………………………………… 202
　　二、黄海贡道上的使节吟咏 ……………………………………… 204
　　三、宋琬的"海味诗" …………………………………………… 206

第八章　近代黄海的命运 ………………………………………………… 209
　第一节　黄海海域的局势变迁 ………………………………………… 209
　第二节　黄海危机与甲午之殇 ………………………………………… 210
　　一、两次鸦片战争中的黄海 ……………………………………… 210
　　二、黄海布防与北洋海军建设 …………………………………… 216
　　三、甲午海战与黄海之殇 ………………………………………… 219
　第三节　黄海沿岸的逐渐开放 ………………………………………… 223
　　一、烟台开埠 ……………………………………………………… 223

二、胶澳租借地与青岛 ································· 230
三、旅大租借地 ····································· 234
四、威海卫租借地 ··································· 237
五、海州港自开商埠 ································· 238

第四节　日本对黄海海域的侵略 ························· 240
一、日俄战争与日本占据旅大地区 ····················· 240
二、第一次世界大战与日本侵占青岛 ··················· 241
三、日本对黄海沿海的殖民统治与掠夺 ················· 242
四、以青岛为中心的沿黄海航运线 ····················· 243

第五节　近代黄海的渔业和盐业 ························· 245
一、黄海渔业的近代命运 ····························· 245
二、近代黄海盐业的发展变迁 ························· 246

参考文献 ·· 251

后记 ·· 264

第一章　黄海海域概况

第一节　黄海海域的范围

一、黄海名称的由来

渤海、黄海、东海、南海为靠近中国大陆的海域,古代的中国人很早就已开始开发、利用这些海域。古人对海洋的认识、开发、利用也反映在对海洋的命名上,有的以海洋的状貌命名,如渤(勃)海,有的以与当时人的相对位置命名,如古北海、古东海等。现代意义上的四大海域名称及其所指范围都是很晚才出现并对应起来的。[1]

从文献学的角度讲,黄海一词出现甚早。西汉的《淮南子·地形训》载:"正土之气也御乎埃天,埃天五百岁生缺,缺五百岁生黄埃,黄埃五百岁生黄澒,黄澒五百岁生黄金,黄金千岁生黄龙,黄龙入藏生黄泉,黄泉之埃上为黄云,阴阳相薄为雷,激扬为电,上者就下,流水就通,而合于黄海。"从文义可知,这里的黄海与我们今天所指的黄海海域相去甚远。今天所指的黄海海域,在古代时或是古勃(渤)海的一部分,或是古东海的一部分,很长时间以来都没有独立的名称。

宋代时,随着古人开发、利用海洋程度的加深,出现了与现代黄海意义相近的名称——黄水洋。徐兢在其《宣和奉使高丽图经》中有"黄水洋"一词:"黄水洋,即沙尾也,其水浑浊且浅。舟人云,其沙自西南而来,横于洋中千余里,即黄河入海之处。"可见,黄水洋的名称与黄河入海相关。在古代,黄河水量很大,含沙量也很大,黄海的近海之处受其影响而呈现浑浊的状态。南宋初年,黄河夺淮

---

[1]　李文渭:《中国渤海、黄海名称及区划沿革考》,《海洋的开发与管理》2000年第4期。

入海,其近海之地也就成了"黄水洋"的天下。

近代意义上的黄海一词,大约出现于清末。如1895年签订的中日《马关条约》明确提到:"辽东湾东岸及黄海北岸,在奉天省所属岛屿,亦一并在此境内。"之后,黄海一词多见于各种描述中国近海的文献中。不过,明确限定黄海海域范围的文献,则为1933年出版的《地名大辞典》,该书提到:"黄海:……在鸭绿江口以西,长江口以北,凡奉天、直隶、山东及江苏北部之海岸,皆其区域。本因受渤海之浊流及辽沽诸水之泥沙,水色多黄,故名。"[1]

二、黄海海域的范围

对于黄海海域范围的认定,不同的学者有不同的看法,总体相近,细节略异,而无一个统一的正式的划定标准。本书对黄海海域范围的划定,主要参考了《中国海洋地理》一书:

> 黄海为一半封闭的浅海,西面和北面与我国大陆相接,东邻朝鲜半岛;西北经渤海海峡与渤海相通;南面与东海相连,以长江口北侧的启东角与济州岛南端间的连线分界;东南面至济州岛西侧,经朝鲜海峡与日本海沟通。黄海的面积约为38万平方公里,系大陆架浅海,深度较小,平均为44米。海底地势自西、北、东三面向中央及东南方向倾斜,平均坡度为0°1′21″。山东半岛深入黄海之中,其顶端成山角与朝鲜半岛长山串之间最为狭窄,自然地将黄海分为南、北两部分,北部平均水深38米,南部为46米。黄海南侧中部的黄海海槽深度较大,最深处在济州岛北面,深140米。[2]

北黄海[3]沿岸岛屿、礁石众多,海底地势开阔,平均水深38米,总面积7.1万平方公里。北黄海的海底地貌比较复杂,有海槽、海底阶地和潮流脊等。海槽在北黄海中央略偏东处,是一狭长的水下洼地,也称黄海槽。它自济州岛伸向渤海海峡,深度自南向北逐渐变浅。洼地东面地势较陡,西面较平缓。海底阶地在北纬38°以南的黄海两侧,西侧的比较完整,东侧因受切割作用影响,分布的深度不一致。从鸭绿江口到大同江口之间的海底,分布着大片呈东北走向的潮流

---

[1] 转引自李文渭:《中国渤海、黄海名称及区划沿革考》,《海洋的开发与管理》2000年第4期。
[2] 王颖:《中国海洋地理》,海洋出版社,2013年,第10页。
[3] 这里特指地质构造上的北黄海,即海州湾以北的黄海部分,小于通常意义上的北黄海。

脊,构成黄海北部海底地貌的一个重要特色。南黄海海底地形平缓,平均水深46米,总面积30.9万平方公里。南黄海的海底地貌较北黄海相对简单,其西部地势平坦,有一些水下三角洲分布;东部有从北黄海延伸过来的黄海槽。

黄海沿岸有很多河流汇入,如鸭绿江、汉江、大同江等。在中国古代,曾有很长一段时间黄河也是东流入黄海的。受近岸河流泥沙沉积的影响,黄海西部近岸区域为细颗粒的淤泥沉积,黄海东部既受长江、黄河泥沙扩散的影响而有淤泥沉积,又因来自朝鲜半岛的河流来沙等,有粗颗粒的砂质沉积,甚至局部地区有砾石。

中国大陆与朝鲜半岛隔黄海相望,黄海不是内海,也不是开放的大洋,中、朝、韩三国间在海域划界上还存在一些分歧。"中国主张按照海岸线长度比例划定海区。但朝鲜提出按'海洋半分线'原则划界,韩国提出按'中间线'原则划界……中、韩、朝三方在黄海海域划界问题上的分歧与矛盾,有可能通过协商谈判和平解决"。[1]

第二节 黄海海域自然地理

黄海海域广阔,海岸线漫长,海中有岛屿,近岸既有突出在海中的半岛,也有比较平直的海岸。不同的自然地理环境,为古人开发和利用黄海提供了舞台,同时也对海洋活动有所限制。海洋是人类资源的宝库,黄海更以其丰富的渔业资源、盐业资源在中国古代的海洋开发中占据了重要位置。

一、黄海海域的自然概况

潮汐、洋流和气象条件,是沿海区域古代先民开发海洋、利用海洋的先天条件。黄海因其特殊的地理位置,因而在潮汐、洋流和气象条件方面与其他海洋都有所不同。

(一)潮汐

在月球、太阳引潮力作用下,海水产生周期性的海面涨落,称为潮汐。黄海海域的大部分地区为规则的半日潮,仅在成山头和苏北以东局部沿岸及海域中部为不规则半日潮。潮差指两个邻接的低潮(高潮)与高潮(低潮)之间水位的垂直落

---

[1] 王颖:《中国海洋地理》,第895页。

差。在黄海海域,由于海域环境的不同,潮差的大小有较大差别。从总体情况看,黄海东部的潮差比西部的大,再加之海湾地形的影响,朝鲜半岛仁川港附近的潮差可达8米以上;黄海西部的潮差既有小于1米的地方,如苏北外海,也有8米以上的巨大潮差区,如黄沙洋水道。古代航行,尤其是近岸航行需要对海洋潮汐有精确的把握,尤其是古代海战中,能否掌握海洋潮汐规律,可能影响海战的胜负。

(二) 洋流

在海洋中航行需要依靠船舶,但在现代轮船出现以前,船舶航行主要依靠风帆和利用海流本身,因而对洋流的认识非常重要。

1. 黄海暖流

黄海海域最重要的洋流为黄海暖流。黄海暖流是对马暖流向西伸入黄海的一个分支,大致沿"黄海槽"北上,在向北流动过程中,因受沿岸水文气象因子的影响逐渐变化,暖流的特性也随着进入黄海的距离增大而逐渐减弱。黄海的洋流流速只及黄海潮流的1/10左右(约0.2—0.3节),所以,黄海(包括渤海)的洋流很弱,以潮流为主,因此,黄海洋流常被潮流掩盖而不易辨别。但在温度和盐度分布上,特别是冬季,明显存在高温、高盐水舌的现象,并且从南黄海一直延伸到渤海。夏季,因黄海深层冷水盘踞在黄海深处,阻碍了暖流的北上,使这支洋流可能仅限于表层。所以很多人认为夏季时不存在这一支海流。

一般认为:黄海洋流抵达北纬35°附近,向左侧分出一小股,与南下的沿岸流构成一个逆时针的小环流。主流继续北上,在成山角以东又分出一小股往东,汇入西朝鲜沿岸流南下。进入北黄海的暖流余脉,主要向西从渤海海峡北部进入渤海,此时,势力已非常微弱。当它抵达渤海西部时,受陆地阻挡而分为两小股,一股向东北入辽东湾,另一股往南入渤海湾。

黄海暖流的季节变化为冬强夏弱,这除了与黄海冷水团有关外,还与对马暖流通过朝鲜海峡的流速、流量有关。当朝鲜海峡处流速减弱时,黄海暖流就加强;反之,则减弱。黄海暖流的流向比较稳定,终年偏北,大致沿高盐水舌轴线方向流动。

2. 黄海沿岸流

除了黄海暖流外,沿岸流对海洋航行,尤其是近海航行影响更大。黄海沿岸流有北岸、西岸、东岸沿岸流等。北岸沿岸流,由辽东半岛南岸自鸭绿江口向西南流动,夏季时因入海的水量充沛,因而流速大、流幅窄;冬季时因入海的水量减少,因而流速小、流幅宽。受胶东半岛地形的影响,西岸近岸流可分为鲁北、鲁南和苏北三支沿岸流,鲁北沿岸流沿胶东半岛北部向东流,在此区域流速小、流幅宽,进入成山头后则流速变大,流幅变窄。鲁南沿岸流因季节不同流向也不同,夏季向北而冬季向南,总体而言流速较小且流幅较宽。苏北沿岸流,流速、流幅和流向等与鲁南沿岸流相近。东岸沿岸流主要位于朝鲜半岛西侧,主要流向也为夏季向北而冬季向南。

(三)气象条件

受季风影响,夏季的黄海沿岸温暖潮湿,冬季的黄海沿岸寒冷干燥。每年的10月到来年的3月,也就是深秋和隆冬季节,多偏北风或西北风,常有冷空气侵入大陆。夏季多东南风。不管冬季还是夏季,6级以上的大风,时有发生,但冬季强度大,春季次数多。从区位来看,大多数位于山东半岛的顶端成山角一带,以及千里岩和济州岛等海域。由于成山角地区多雾风大,对近海航行威胁较大,元代在开辟海运路线时走远海,避开了成山角海域。

黄海海域纬度跨度大,北部进入暖温带,南部跨入亚热带,因而南北间温差相对较大,降水量也差别不小。其中北黄海沿岸因纬度较高,冬天时比较寒冷,会有结冰现象,冰期一般从11月下旬到第二年的3月中旬,尤以靠北的鸭绿江口较为严重。黄海海域在春冬季多雾,甚至可延续到夏初。黄海海域的多雾区如西部的成山角到小麦岛,北部的大鹿岛到大连东部的鸭绿江,江华湾到济州岛等。

二、岛屿、半岛和港湾

(一)岛屿

黄海上的岛屿虽不如东海、南海那么多,但数量也不少。北黄海北部、辽东半岛南侧有长山群岛,山东半岛与辽东半岛间有庙岛群岛,其他零散的岛屿还有蛇岛、灵山岛等。

长山群岛,中国八大群岛之一,位于黄海北部,其西部、北部为辽东半岛,东侧隔西朝鲜湾与朝鲜半岛相望。群岛由142个岛、坨、礁组成,岛陆面积153平方公里,海域面积3 428平方公里,习惯上分为外长山群岛和里长山群岛,群岛中面积最大的是石城岛,面积27平方公里。长山群岛在行政上属辽宁省长海县管辖。群岛上的地形、地貌与庙岛群岛相似,多低山、丘陵,少平原海岸,部分地区有海积小平原。由于长山群岛离大陆较近,岛屿面积也不小,因而很早就有了人类居住,其在辽东半岛和朝鲜半岛中间的位置,有利于人类文化的传播和交流。

庙岛群岛位于山东半岛和辽东半岛之间,扼守渤海与黄海的通道——渤海海峡。群岛由南北长山岛,大、小黑山岛等32个岛屿组成,岛陆面积约56平方公里,行政上属山东省长岛县管辖。由于庙岛群岛离大陆较近,早在史前时期就有人类活动。庙岛群岛的各岛屿,散落在山东半岛和辽东半岛之间,相距也不远,十分有利于近岸航行,因而是古人跨海航行的重要通道。

(二)半岛

山东半岛位于山东省东部,是中国三大半岛之一,也是中国最大的半岛。狭义的山东半岛又称胶东半岛,指的是胶莱河以东的胶东地区,广义的山东半岛则是寿光小清河口与日照山口及岚山头苏鲁交界处的绣针河两点连线以东的部分。山东半岛突出于黄海、渤海之间,蓬莱以西的北侧为渤海,蓬莱以东的北侧和山东半岛的南侧均为黄海。山东半岛与辽东半岛隔海相望,中间有串珠似的一系列岛屿——庙岛群岛。

山东半岛属暖温带湿润季风气候,四季分明,雨量充沛。沿海平原地区夏季雨热集中,适宜农作物的生长;山地、丘陵地区适合种植果树,因而有丰富的农业资源。近岸又有丰富的渔业资源和滩涂资源,适宜发展渔业和海盐业。山东半岛在古代开发较早,史前时期即有丰富的文化遗存,并以庙岛群岛为桥梁向辽东半岛等地传播。山东半岛海岸线曲折,有很多海湾,加之腹地广阔、资源丰富,古代时兴起了一系列著名的港口,如转附、芝罘等。

辽东半岛位于辽宁省的东部,是中国的第二大半岛。它的北面边界是鸭绿江与辽河口的连线,东、西、南三面环海,与山东半岛隔渤海海峡相望。辽东半岛内部有一条从南至北横贯整个半岛的山脉,称作千山山脉,沿海地带为平原,其海中有很多岛屿,著名的岛屿如蛇岛。

辽东半岛受海洋性气候影响而冬暖夏凉,沿海平原适宜耕种,山区则适宜果树生长。不过由于纬度较高,冬季温度较低,相对于山东半岛开发较晚,受其影响较大。辽东半岛在史前时期就有人类活动,由于其位于中国大陆和朝鲜半岛之间,对于古代文化的传播有桥梁作用。辽东半岛顶部的海岸线较为曲折,港口条件良好。

黄海东岸为朝鲜半岛,其西北与辽东半岛相连,西侧隔黄海与山东半岛、辽东半岛相望。

(三)港湾

黄海的海岸线较为曲折,因而形成了一些较大的海湾。部分港湾,湾阔水深,港口发育条件良好,为人类的开发、利用奠定了基础。其中,中国境内较大的海湾有荣成湾、胶州湾、海州湾等。

荣成湾位于山东半岛的最东端,成山角南部,东、南、北三面濒临黄海,并隔黄海与朝鲜半岛相望,也是山东半岛距朝鲜半岛最近处。成山角外海风浪较大,影响了中国古代沿黄海的近岸航行。胶州湾,位于山东半岛南部,为一半封闭性的海湾,湾阔水深,无泥沙沉积,成港条件非常好。先秦及秦汉早期,这里便兴起了兴盛一时的琅琊港,宋代时板桥镇又崛起于湾畔,到了近代,德国强占胶州湾,青岛港开始建设。海州湾位于山东省南部和江苏省东北部,是一个半开阔的海湾。海州湾也开发较早,有舟船往来其间。而且海州湾拥有丰富的渔业资源,是古代的重要渔场,到近代时清政府曾在海州湾自开商埠,南端的连云港在近现代发展较快。此外,黄海东侧、朝鲜半岛西岸也有一系列港湾,如西朝鲜湾等。

由于黄海沿岸开发较早,腹地广阔,再加之黄海海岸线曲折,有很多成港条件良好的地区,因而在古代的不同时间段内兴起了很多重要港口。如先秦到秦汉即已非常闻名的琅琊港、芝罘港,魏晋南北朝到隋唐时期的登州港、都里镇、楚州港,宋元时期的板桥镇,明清时期逐渐兴起的烟台、胶州(青岛)等。到近代时,这一区域形成了丹东港、烟台港、威海港、青岛港、日照港等著名港口。

三、黄海的资源

虽然经常说海洋是人类的宝库,但人类对海洋的开发利用是随历史的前进而不断加深的。在中国古代历史上,对人类最重要的两项海洋资源为渔业资源和盐业资源。

(一) 渔业资源

黄海的大部分海域位于暖温带,这里既有暖流的流入,又有沿岸流和冷水团的存在,因而渔业资源十分丰富。其中,鱼类以暖温性种类为主,主要有小黄鱼、带鱼、鲐鱼、鲅鱼、黄姑鱼、鳓鱼、太平洋鲱鱼、鲳鱼、鳕鱼等。[1] 因为有良好的生态条件,丰富的饵料,所以黄海海域出现了很多重要的渔场。如以小黄鱼、鲐鱼、竹荚鱼为主要捕捞对象的烟威渔场;以太平洋鲱、鳕鱼、马鲛鱼、鲽鱼为主要捕捞对象的石东渔场;以小黄鱼、马鲛鱼、银鲳、带鱼为主要捕捞对象的苏北渔场。据《史记·秦始皇本纪》记载,秦始皇东巡时曾在海中射杀"大鱼",可能指

---

[1] 杨纪明:《黄海西部渔业资源状况》,《海洋科学》1988年第4期。

的是鲸鱼。

（二）盐业资源

盐是维持生命所必需的重要元素，中国早在先秦时期就有了制盐业。对于盐业资源的占有和开发，往往关系一个国家或地区的兴衰。根据制盐方式的不同，又可分为湖盐、井盐和海盐等，虽然海盐开发利用较晚，但其产量大，制备成本相对较低，因而一经出现就成为制盐业的重要部分。

海盐，顾名思义就是利用海水制成的盐，但并非所有近海区域都能制盐，而是与当地的自然条件和经济条件密切相关，黄海海域在这方面可谓得天独厚。一方面，黄海近海海水含盐度较好，海岸线有大量滩涂可供晒、煮盐，适中的纬度提供了较好的光照条件；另一方面，黄海近海很早就有了人类活动，开发很早，人口密集，为制盐业提供了丰富的人力资源，加之辽东、山东、江苏等地区腹地广阔，为海盐的销售提供了市场。

早在先秦时期黄海区域就有了关于制盐业的记载，春秋五霸的齐桓公之所以能够称霸一方，其"官山海"的政策提供了重要的经济支撑。汉景帝时，吴王刘濞凭借铸钱和煮盐积累起来的财富，发动了"七王之乱"。汉武帝为了收回利权，实行盐铁官营，积累了大量财富，因而才有了一系列的文治武功。其后历代朝廷也都把控制和垄断盐业当做税赋的重要来源，并建立了完善的盐业官营体系。到明清时，山东盐场和两淮盐场成为朝廷税收最稳定的来源之一，盐业带来的巨大财富又刺激了黄海近海区域的经济发展和文化繁荣。

进入近现代后，人类对海洋的开发利用程度进一步加深，包括海底石油、天然气、可燃冰等资源进入了人类的视线，不过这些都是比较晚近才开始的，在历史上影响不大，故而不在本书的研究范围之内。

第三节　黄海的海域特色

一、海陆之交的黄海

中国大陆的边缘有四个海洋，从北向南依次是渤海、黄海、东海和南海。从海洋的相对位置看，黄海居于渤海与东海中间；从海陆的相对位置看，辽东半岛和山东半岛隔渤黄海的分界线渤海海峡相望，并通过庙岛群岛连接起来，同时辽东半岛和山东半岛又与朝鲜半岛隔黄海相望，而黄海又通过朝鲜海峡与日本海间接相连。可见,黄海是周边海域和陆地联系的重要通道。

首先,黄海是黄海沿岸区域交往、交流的重要桥梁。从辽东半岛到山东半岛、山东半岛内部之间、从山东半岛到苏北地区,虽然有陆地相连,但山川阻隔,陆路交通费时、费力,一旦海上交通运输条件成熟,海上交通,尤其是海上运输的优势就会凸显起来。

这一桥梁作用在辽东半岛和山东半岛之间发挥的最为明显。从距离上看,如果从山东半岛东部到辽东半岛,走陆路的话要跨越今山东、河北、天津、辽宁诸省市,近乎走了一个圆形,但是如果从蓬莱起航,依靠庙岛群岛的中介作用,横跨渤海海峡则仅100多公里就到了辽东半岛。正是依靠这种便利的海上交通条件,从史前时期开始,中原的先进文化,尤其是山东的古代文化不断向辽东地区传播,进而借助辽东半岛的地利之便向朝鲜半岛传播。秦始皇派遣徐福入海求仙以及汉武帝派遣"楼船军"远征朝鲜,可能都是从山东半岛出发的。到了东汉末年以及魏晋南北朝时期,中原战乱之时则有山东人渡海到辽东避难,或者山东与辽东的割据政权通过海路相联系。隋唐时期,朝廷征讨朝鲜的军队,也有从山东半岛出发,再在辽东半岛登陆的。宋元以后,随着航海技术的发达,山东半岛和辽东半岛的海上联系更加紧密,尤其到明代时,多从山东走海路向辽东输送粮草和军饷。

黄海是周边海域进行沟通的桥梁。黄海北有渤海,南为东海,东向跨过朝鲜海峡又能与日本海相通,因而无论是中国各海域的联系,还是中朝、中日的海上联系,都必须通过黄海这一中介进行。早在先秦时期,地近东海的吴国曾征讨黄海沿岸的齐国,爆发了中国第一场大规模海战——吴齐海战。越灭吴之后,继续北上与齐国争雄,甚至将国都迁到琅琊,越国强大的水军就是从东海直奔黄海而来的。秦汉时期,秦始皇东巡时,虽然其活动地域以黄海近海为主,但也涉及了渤海、东海海域,显示了秦朝水军以黄海为基地,辐射南北的强大面貌。秦汉之后,中国长期陷入分裂割据的局面,南北方不同的政权不仅隔江河对峙,在海上也竞相角逐。隋唐时,中国的经济重心南移,东粮西运和南粮北运催生了大运河的开通。尤其是元明清三代,南粮北运成为国家政治经济生活中的大事,而粮食运输在中国古代一直有河运和海运的竞争。隋朝开辟京杭大运河后,确实便利了各种物资的运输,但大运河的开通和维护关系王朝的盛衰,运河漕运本身的消耗又极大影响了运河的效率。元代定都大都(北京)后,虽然也在维护京杭大运河,但更多的精力放置在海运的开拓上。海运线路的开拓和成熟,也为民间的海上贸易开辟了新路。明清时期,虽然从海运转向河运,但黄海沿海的贸易从未停止,而且到清代中期时沙船贸易繁盛一时。黄海在中国近海海域中的沟通桥梁作用非常明显。

最后,黄海是中国与朝鲜半岛、日本列岛沟通的桥梁。从陆地上看,朝鲜半岛可以通过辽东半岛与中国相联系,但路途十分遥远,尤其是元明清以前,中原王朝的都城多在陕西、河南等中原腹地时更是如此。况且,在中国古代时中原王朝常陷入分裂割据的局面,海上联系不仅距离近很多,而且能跨越陆地上的政治阻碍。早在先秦时期,山东半岛的一些地域文化因素便传播到了朝鲜半岛甚至日本列岛,如山东比较特殊的石棚墓。秦汉时期,中国与朝鲜半岛的跨海联系就更加紧密了,徐福东渡和汉武帝时楼船军远征朝鲜,走的都是海路,很可能就是通过黄海进行的。朝鲜半岛北部成为中原王朝的领土,南部地区发现中国的文化遗物,一个环黄海的文化圈可谓初步建立起来。秦汉之后出现了群雄割据的政治局面,朝鲜半岛与中国割据王朝的联系更需要通过海上才能沟通起来,这也促进了黄海航路的开发和探索,从最早的循海岸水行,逐步发展到跨黄海的航行。到了隋唐时期,黄海更是成为朝鲜和日本来华贸易学习的通道之海,新罗人可以横跨黄海航行,日本遣唐使也多走黄海海路入唐学习,而且黄海沿岸有大量新罗人进行贸易、生活,以中国为核心的环黄海经济文化圈正式建立起来。宋辽对峙之时,宋朝与朝鲜的联系只能通过海上才能建立起来,而"登州通高丽渤海道"记录了这一海上航行线路的成熟。元代以后,日本与中国的联系沟通多取道东海,但朝鲜半岛与中国的联系依然多靠黄海展开。

由上可见,黄海居中的位置使其成为沟通周边海域和近岸地区的重要桥梁。

二、独特的海洋文明

长期以来,人们对中国文明的理解多侧重其大陆性,甚至称中国文明为"黄土文明"。但是中国地域广大,海岸线漫长,文化的构成和形态也复杂多样,海洋文明也是中华文明构成的重要因素。海洋文明在整个中华文明的发展演进中扮演了重要角色。由于海洋环境和海陆位置不同,不同海域的海洋文明特色也有差异,其中黄海的海洋文明更趋独特。

早在新石器时代,黄海沿岸区域就有了大量的人类活动,尤其是山东半岛的沿海一带。这里的人们"靠海吃海",形成了一系列以贝丘遗址为特色的海洋文明遗迹。通过对这些沿海贝丘遗址的发掘,能够发现当时的人们不仅拥有了以渔猎为主要生业模式的文明体系,而且在建造房屋、制造陶器、使用金属器等方面也比较发达。尤其在龙山时代,山东日照地区的两城镇和尧王城,产生了极为复杂的聚落结构体系,成为早期国家的先声。如果将视角转移到整个中国沿海,可以发现,从东北地区的红山文化、山东地区的龙山文化、上海周边的广富林文化、浙江地区的良渚文化等,这些文化都近海,而且比较发达。可见,海洋性是中华文明特征的重要组成部分。

进入夏商周之后,近海,主要是近黄渤海的东夷文明与中原文明发生了很多联系,既有此消彼长的权力争夺,也有各种物品的文化交流,很多海产品和海洋知识就是这样传入中原的。《山海经》虽有很多荒诞不经之处,但仍在很大程度上反映了当时人们对海洋的认知水平。这一时期,齐国的发展反映了海洋文明的优势和黄海海洋文明的特色。

周初分封之后,山东境内出现了两个非常重要的诸侯国,一个是周公之子伯禽建立的鲁国,一个是姜尚建立的齐国。在两个国家的发展中,鲁国"顽固"坚持周文化,而对当地土著文化"变其俗,革其礼",导致其故步自封,逐渐衰落;齐国"从其俗",即遵从当地的土著文化,而这里的"俗"就包括海洋特色的文化。最终齐国在与当地土著莱国的竞争中占得优势,将领土扩展到大海之滨。齐桓公任用管仲为相,实行"官山海"的政策,利用齐地靠近山海的优势,发展煮盐业,重视工商业,使齐国国力空前强盛。正是以强大的国力为依托,齐桓公才能"九合诸侯,一匡天下",成为春秋时代的首位霸主。

黄海的海洋文明对中国古代文化也贡献良多。由于齐地的人们从事海洋贸易,经常在海上航行,可以认识和接触不同的文明,其对世界的认知自有其特色。春秋战国时代百家争鸣,学术空前繁荣。齐国国王建立的稷下学宫则海纳百川,兼收并蓄,很多学派的代表人物都曾在这里讲学,反映了齐国文化的包容性,而这种包容性正是海洋文明的一个基本特点。齐地本身也产生了一些先秦时代的重要思想家,如战国晚期的邹衍。邹衍有两个对中国古代哲学影响深远的学说,一个是"五德终始说",另一个是"大九州说",即"大瀛海说",尤其是后者,如果没有齐地发达的海洋文化,深厚的海洋知识底蕴,这一学说的产生是不可想象的。

中国古代文化中的另一大特色——神仙文化与海洋文明有密切关系。众所周知,"海市蜃楼"是一种自然现象,但在科学知识十分有限的古代,却激发了人们的联想,刺激了沿海区域神仙文化的产生,因而到了战国时期,燕齐的滨海区域出现了一些致力于寻找仙人、仙药的方士。基于沿海地区的神仙文化传统,才有了徐福东渡、秦始皇和汉武帝巡海等诸多活动。后来,沿黄海地区的东海龙王信仰和八仙过海、张生煮海等神话传说,也离不开海洋的背景。

大海海域辽阔、变幻莫测,在催生神仙文化的同时,也对中国古代文学有启发作用,因而产生了大量海洋文学。从秦汉时期名著一时的各种"海赋",到魏晋南北朝隋唐时期的搜神志怪小说,再到唐诗宋词中的各种海洋意象,文学中的海洋壮丽、神秘、变幻莫测,极大激发了文学家的想象力。

可以说,中国古代的海洋文化对中华文明的产生和发展有重要作用,而黄海地区的海洋文明更是以其原生的特色而独树一帜,对中国古代哲学、民间文化、文学等产生了深远影响。

三、东亚格局中的黄海

渤海是中国的内海,东海濒临太平洋,南海比邻国家众多,每个海域都有自身的特色,在中国历史上也扮演了不同的角色。前文提到了黄海在周边海域的重要通道作用,和平时期,海洋是文化交流、人员交往的通道;战争时期,制海权则成为决定国家命运的关键。

在以往的海洋研究中,过多地强调了文化交流以及中华文明的传播,而忽视了海洋在政治格局中的重要作用。中国大陆位于黄海的北岸和西岸,朝鲜半岛位于黄海的东岸,黄海又通过朝鲜海峡与日本海相连。在中国古代,东亚的政治格局就是围绕黄海展开的。

唐代以前,中国拥有黄海海域绝对的主导权。唐初时,日本企图通过支持百济国介入朝鲜半岛的争端。中国的唐王朝则联合新罗进攻百济。战争开始后,双方互有胜负,而发生在黄海海域白江口的海战成为战事的转折点,唐新联军在白江口大胜日本和百济的水军,日本无力再干涉朝鲜半岛的事务,奠定了其后很长一段时间的东亚政治格局。明代前中期,倭寇骚扰中国沿海地区,甚至导致明朝通过"禁海"的方式消除这一祸患。明朝晚期,日本再次入侵朝鲜,并于陆上节节胜利,明朝派军队支援朝鲜,在陆上战场双方难分胜负,但中朝联军的水军连续取得鸣梁海、露梁海海战的胜利,终于迫使日本退出朝鲜半岛,使东亚的政治格局再次安定下来。进入近代,1894年中日间爆发甲午战争,日本联合舰队在黄海海战中重创北洋舰队,获得黄海制海权,尔后海陆并进,先后登陆辽东半岛、山东半岛,攻占北洋舰队的基地旅顺和威海卫,并最终强迫清政府签订了《马关条约》,改变了数千年来以中国为主导的东亚政治格局。十年后,日俄爆发战争,日本凭借击败俄国海军获得黄海制海权赢得了胜利,从而将中国东北和山东纳入其势力范围。可见在中国古代历史中,尤其是明清以来的历史中,黄海在东亚的政治格局中有着特殊地位。

第二章　黄海海域的早期文明

第一节　史前时期的黄海文明

一、黄海海域的变迁

今天是沿海,甚至是浩淼的海洋的地方,在人类文明的早期有可能曾是陆地,甚至有可能曾是高原;今天是陆地甚至是高原的区域,在人类历史的早期又有可能曾是沿海,甚至曾是一片汪洋。人们已经在今天某些海洋的底部发现了曾经存在过的人类文明,有人把它称作是人类的"前文明"。数万年前,黄海的大部分地区曾一度是广阔的平原,曾经孕育了石器时代文明;内陆不少地区,尤其是沿海,在远古时期都曾几经海洋—陆地的变迁,孕育了人类与海洋互动的海洋文明。

地球上的气温冷暖不时,时暖时冷。比较寒冷的时期被称为"冰期"。最近的一次冰期是大理冰期,大理冰期开始于10万年前,在距今1.8万年时达到顶点,距今1.2万年时宣告结束,前后延续了9万年左右。大理冰期时代,全球气温下降,造成了陆地上的冰川扩展与大洋中的海平面下降。中国的渤海、黄海、东海的大部分地区海水退去,变成了陆地,这就是"三海平原"。

大理冰期之后,地球开始变暖,冰川开始融化,海水开始大规模地入侵三海平原,淹没了东方的三海平原及其发展起来的早期文明。大量研究证明,海水直到距今8 000年前后尚处在现今海平面水下10米深的位置。但海平面不断升高,到了距今6 000年时,大规模的海侵达到顶点,黄海海平面比今天的高出4—5米,此后不断有进退反复,大约从距今5 000年开始,整体上呈现了慢慢海退的总态势,并一直演变至今,形成了今天的海平面和海岸线格局。

几千年来,中国东部大陆的山地丘陵海岸的变迁幅度不大,而平原海岸则由于河流来沙丰富,变化极为显著。这当中,山东半岛沿黄海海岸多为山地、丘陵型地带,海岸线进退变化不是很大,距今6 000年左右海侵达到鼎盛期时,黄海沿岸海拔较低、地势平坦的地带,海岸线深入陆地约35公里。而在胶东半岛其他海岸地区,由于多为大理岩和花岗岩的基岩地带,地形起伏明显,海侵时海水不超过海拔5米以上的等高线,故进入陆地的范围有限。在沟壑河谷的地形里海水进入陆地最深处可达10公里以上,而在一般基岩海岸则为2公里左右。

在今天平坦的苏北平原上有一条北起阜宁、南至吕四镇全长300公里的范公堤。这是一条重要的地貌界线,标志了全新世内相当长时期的古海岸线所在。自冰后期海侵,海水深入苏北平原,在波浪作用下泥沙横向运动堆积成岸外沙堤,沿范公堤两侧由几条沙堤或贝壳堤组成带状岗地,即为其时的海中沙洲。今里下河洼地和运西诸湖均曾为潟湖的范围。沉积剖面表明,兴化一带在沼泽湖沉积(厚约2米)以下,便是滨海相粉砂层。

总体来看,在距今6 000年时,今天的黄海沿岸地区南及苏北,北到鸭绿江口,除了山地丘陵地带,许多平原海岸带地区都是浅海海域或湖泊湿地,江苏沿海的连云港、盐城、南通,山东沿海的日照、青岛、威海、烟台,辽宁沿海的大连、丹东等,这些大中城市的主要城区甚至整个城区都在海水之中。一直到距今5 000—4 000年时,连云港、盐城、南通、大连等近海城市的城区仍然都在海水之中。苏北很多近海地区都为近岸潮间带和沼泽地带。即使是如今的一些沿海山区地带,当时也有不少仅仅是些小小的岛屿。如云台山,一直到18世纪之前,一直是古称"郁洲"的海中大岛。

该区域的社会文化发展就是在这一不断变迁的地理背景上展开的,直至形成现在的格局。这就是说,环黄海区域不但在现代人类文明的早期是海洋文明的中心之一,而且在其后长期的发展历史中也一直与海洋有不解之缘。

由此可见,海陆变迁、沧海桑田的"交叉感染",使得沿黄海地区的先民们或多或少、或先或后、或长或短都受到过海风的吹拂,大多有过沿海而居的经历。早期文明时代,沿黄海海域的人类在与海洋的"亲密接触"中,留下了丰富的文化遗迹。这些从南到北广泛分布的涉海生活遗迹,其文化内涵十分丰富。这些遗迹向我们展示了滨海先民们的滨海生活环境、滨海食用资源、滨海渔捞生业模式,其与滨海活动有关的生产工具,对居住选址、海潮与台风以及海洋气候的认识,对近海区域交通的初步开拓等,都显示出海洋文明曙光的来临。

二、黄海沿岸先民的活动遗迹

（一）黄海沿岸贝丘遗址的分布

胶东半岛贝丘遗址的时代距今约 7 000—5 000 年，与山东内陆的北辛文化、大汶口文化相当。从贝丘文化发展的先后顺序看，白石村时期以白石村一期文化为代表，目前发现较少；邱家庄时期以邱家庄上下层文化、白石村二期文化和北庄一期文化为代表，是胶东半岛新石器时代贝丘文化的鼎盛期；北庄时期以北庄二期文化、杨家圈一期文化和紫荆山下层文化为代表，是胶东半岛新石器时代贝丘文化发展的衰落期。[1]

黄海沿岸的贝丘遗址迄今已发现了近百处，绝大多数分布于胶东半岛滨海地带，苏北沿海地带也有少量分布。

（二）胶东半岛有代表性的贝丘遗址

在胶东半岛已经发现的近百处贝丘遗址中，烟台白石村遗址、福山邱家庄遗址、即墨北阡遗址、长岛北庄遗址、蓬莱紫荆山遗址、栖霞杨家圈遗址在确立胶东半岛新石器时代文化序列上有重要意义。

1. 白石村遗址

位于烟台市芝罘区金黄顶北麓坡地上，距芝罘海湾约 1.5 公里。白石村遗址文化层厚 1.5 米左右，内有大量的蛤皮、鱼骨和兽骨等。该遗址分为白石村一期文化和白石村二期文化两个阶段。出土的遗物有石器、骨器、陶器；石器以琢制为主，有石斧、石锛、石铲等；骨器有骨锥、骨镞、骨笄等，其中骨镞的数量最多。陶器以夹砂陶为主，有钵形鼎、筒形罐、小口罐、盆、三足钵、觚形杯、鬶、网坠等。白石村二期文化由白石村一期文化发展而来，出土的石器、骨器与白石村一期差别不大，但是陶器有差别，器形有盆形鼎、釜形鼎、罐形鼎、钵、三足钵、筒形罐、鬲等。该遗址出土的贝类皆为蛤仔，鱼类主要有鲈鱼、真鲷、黑鲷等。"根据当时遗址与海岸线的距离不到 2 公里，我们推测当时人获取海产资源的直线距离在 2 公里之内"。[2] 白石村遗址是胶东半岛年代最早的贝丘遗址。以白石村遗址为代表的白石村文化，是胶东半岛土著先民创造的早期海洋文明。

---

[1] 王锡平：《试论胶东半岛贝丘遗址时期的经济形态》，《海岱地区早期农业和人类学研究》，科学出版社，2008 年。

[2] 中国社会科学院考古研究所：《胶东半岛贝丘遗址环境考古》，社会科学文献出版社，2007 年，第 217 页。

2. 邱家庄遗址

位于烟台市福山区南 8 公里处，距海岸 10 公里以上。该遗址的贝壳堆积厚达 5 米。从出土的陶器来看，当时盛行三足器和圆足器，所烧制的陶鼎、陶罐均为夹砂陶。"在 1979 年的发掘中发现柱洞 300 多个。……邱家庄遗址出土的红烧土块中羼和有一些植物的秸秆，经火烧炭化后形成空隙。有些红烧土块一面有意抹平，显然是当时的建筑遗存"[1]。邱家庄遗址出土的贝壳数超过 4 万个，绝大多数为蚬壳，另有脉红螺壳、牡蛎壳、蛤仔壳等。遗址中出土了红鳍东方鲀骨以及鹿、猪、獐、兔等动物骨骼，还出土了骨制箭头和石球等狩猎工具，说明邱家庄人在从事捞贝、捕鱼、狩猎、采集之余，还从事养猪等活动。"当时人适应海侵形成的环境变化，在海边建立居住地……通过对蚬进行测量和统计，发现随着地层堆积的由下而上，蚬的尺寸逐渐变小。这可能是因为人们大量食贝，对蚬的自然生长规律形成一种捕捞压力有关系。可以说当时生活于邱家庄遗址的人们已经对一些自然环境因素形成一定的影响"[2]。

3. 北阡遗址

位于即墨金口镇北阡村外的一片台地上，南北长约 180 米，东西宽约 200 米，距海岸线约 3 公里。遗址地表散布着许多牡蛎壳、陶片、红烧土块等。中国社会科学院考古研究所在调查后认为："（北阡遗址）从文化层堆积的厚度可以推测北阡遗址的居民在这里生活了较长时间，而大量红烧土建筑构件的发现表明当时的居民已能建造技术较高的木骨泥墙建筑。……北阡遗址的陶器、石器特征属于邱家庄一期，其存在的时间应与邱家庄一期相当。遗址中采集的贝类基本上都是牡蛎，这应是当时人获取的主要贝类。从地形图上看，北阡遗址距离现在的海岸线约为 3 公里。据当地居民反映，遇到大风浪时，海水可达到遗址所处的海拔为 10 米坡地附近。故我们认为，当时人获取海产资源的直线距离当在 3 公里之内。通过对土样的分析没有发现农作物的硅酸体。"[3]

4. 北庄遗址

位于长岛县大黑山岛北庄东北部。一期文化层出土的陶器以红褐陶和灰褐陶为主，彩陶数量较多，另有少量黑皮陶。"有些灰坑和房屋废弃后的堆积中有许多贝壳。此外，在已成为红烧土的墙皮中发现掺有许多黍子的皮壳"[4]。北庄一期距今约 5 400—5 100 年，二期则距今 5 100 年以后。二期文化以红陶、红

---

[1] 中国社会科学院考古研究所：《胶东半岛贝丘遗址环境考古》，第 109 页。
[2] 中国社会科学院考古研究所：《胶东半岛贝丘遗址环境考古》，第 118 页。
[3] 中国社会科学院考古研究所：《胶东半岛贝丘遗址环境考古》，第 65 页。
[4] 北京大学考古实习队等：《山东长岛北庄遗址发掘简报》，《考古》1987 年第 5 期。

褐陶为主,灰褐陶、黑陶占一定比例,另外还有一些彩陶片。器形以盆形鼎和罐形鼎较多见。"以北庄两期文化为代表的胶东地区同辽东半岛的关系远不如同鲁中南地区的密切。但是,具体地分析大连地区有关遗址的资料可发现,那里的某些文化因素同胶东半岛也还是非常相似的,例如,长海县小珠山遗址中层的盆形鼎、三足觚形杯以及郭家村遗址下层和小珠山中层的筒形罐及其纹饰和北庄一期的都很接近。又如,小珠山中层的黑彩波浪形彩陶纹样与北庄一期的如出一辙。这说明胶东半岛和辽东半岛的文化往来也是在北庄一期以后有了明显加强的趋势"[1]。

5. 紫荆山遗址

位于蓬莱城西门外。紫荆山是个三面环水的小山丘,遗址坐落于东南山坡上,文化堆积厚1—1.5米。该遗址下层文化灰坑中多有贝壳、鱼骨、石网坠和彩陶等遗物,而在上层文化中却少见贝壳等。彩陶是下层文化的代表性器物,而上层文化陶器中黑陶占总数的96.1%,还有少量蛋壳陶片。"当典型龙山文化人们生活在这里之前,早已有使用彩陶的人们生息、繁殖在这块肥沃的海滨土地上"[2]。紫荆山上层文化与胶州三里河、日照两城镇等龙山文化基本一致,而下层文化遗存在胶东半岛则常有发现,如蓬莱刘家沟、福山邱家庄等贝丘遗址。

6. 杨家圈遗址

位于栖霞县城南杨家圈村东。该遗址第一层为耕土层,第二、三层属于龙山文化层,第四、五层与大汶口文化大体相当。龙山文化的地层和灰坑发现了粟和水稻的皮壳及其印痕,这是当时已知史前栽培水稻分布最北的界限。另外还发现有残铜器、铜渣等,说明当时的人们已经掌握了冶铜术,生产力已有了相当大的进步。

分布于黄海沿岸的贝丘遗址,是靠海吃海的先民们依赖大海、亲近大海的见证,反映了黄海沿岸早期海洋文明的区域特色。到了距今大约5 000年以后,随着山东内陆地区的大汶口文化与胶东半岛土著文化的交流,胶东半岛开始进入了渔猎文化与农耕文化相融合的时期。

三、胶州湾畔的龙山文化

山东史前文化在统一为龙山文化之前,存在两个文化分支系统:一支是以

---

[1] 北京大学考古实习队等:《山东长岛北庄遗址发掘简报》,《考古》1987年第5期。
[2] 山东省博物馆:《山东蓬莱紫荆山遗址发掘简报》,《考古》1973年第1期。

胶东半岛为主要分布区域的白石村文化、邱家庄文化和紫荆山一期文化;另一支是以泰山周边为主要分布区域的后李文化、北辛文化和大汶口文化。大汶口文化因发现于山东泰安大汶口而得名,它上接北辛文化,始于距今6300年前后,到距今4500前后发展为龙山文化。

据胶州三里河遗址的考古发掘可知,在距今5000年前后,大汶口文化在胶东半岛南部的胶州湾畔发展起来,形成了具有海洋特色的大汶口—龙山文化"三里河类型"。

三里河遗址位于胶州湾北岸的北三里河村村西河旁高地上,面积约50 000平方米。从三里河遗址的地层叠压关系上看,上层是龙山文化遗存,下层是大汶口文化遗存。今天胶州三里河距胶州湾海岸线较远,但在距今四五千年前的大汶口—龙山文化时期,这里紧靠着海岸线。

三里河遗址发现了大量贝壳、海螺壳堆积以及鱼骨、鱼鳞堆积。经过清理分类得知,主要有7种海螺壳、6种蛤蜊壳、2种淡水蚌壳和许多牡蛎壳、海胆壳、海蟹壳、乌贼骨等。通过对鱼骨、鱼鳞堆积的鉴定可知,大汶口文化时期三里河人捕获的鱼类主要是鳓鱼(白鳞鱼)、梭鱼、黑鲷和蓝点马鲛(鲅鱼)等4种海鱼。其中有两种属于外海游泳迅速的鱼——鳓鱼和蓝点马鲛,这是迄今发现年代最早的外海鱼类遗骨。中国科学院海洋研究所专家在《三里河遗址出土的鱼骨、鱼鳞鉴定报告》中说:"在新石器时代,人们能捕捞各种不同习性和分布的鱼类,尤其能捕捞外海游泳迅速的鳓鱼和蓝点马鲛,捕捞工具中一定有先进性者。"[1]据推测,这类先进的海洋"捕捞工具"应当是形体较大的独木舟。T210的龙山文化地层中也发现了大片鱼鳞堆积,经鉴定均属鲻鱼。这些发现说明渔猎和采集是三里河人获取食物的重要方式。

除了渔猎和采集外,大汶口—龙山文化时期胶州湾畔的农业也比较发达,如在三里河遗址大汶口文化层中发掘出的粮仓遗留有1.2立方米已炭化的粟米(图一)。严文明认为:"发掘时发现这窖穴内还遗留有1.20立方米的灰化炭化粟粒,说明它确实是储藏粮食用的。粮食放在窖穴内经过几千年而腐朽灰化,体积自然会大大缩小,原来也许是装满窖穴的。"[2]三里河大汶口文化时期农业的发展,使家猪饲养成为可能,用猪下颚骨随葬已成为三里河人的葬俗。

三里河大汶口文化层中出土的陶器以夹砂陶和泥质褐陶为主,其次为灰陶、

---

[1] 中国社会科学院考古研究所:《胶县三里河》,文物出版社,1988年,第189页。
[2] 严文明:《山东史前考古的新收获——评〈胶县三里河〉》,《考古》1990年第7期。

图一　三里河遗址的粮食窖穴

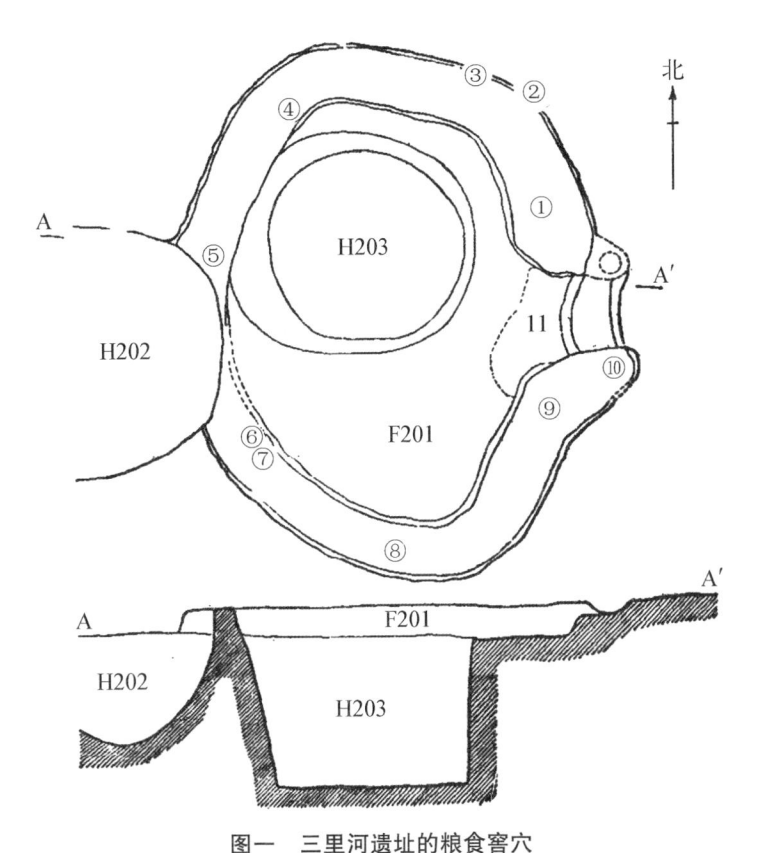

(中国社会科学院考古研究所：《胶县三里河》,第10页)

黑陶和白陶,器形有鬶、鼎、豆、壶、罐、高柄杯等,"鬶和黑陶高柄杯不仅是这一文化的一个特点,并且黑陶高柄杯是代表了当时制陶手工业的水平"。[1] 胶东半岛东部龙山文化时期的考古学特征大体上与三里河龙山文化遗存相似,泥质黑陶器明显增多,并有少量蛋壳黑陶出土。

三里河遗址在葬俗上具有比较明显的海洋文化特点:遗址中墓主人遗骨四周多摆放着数量不等的海螺壳或贝壳,有的墓主手握长条形蚌器,这种情况不见于其他大汶口文化墓葬。三里河遗址还出土了一种特殊玉器——玉璇玑(图二)。"这种圆孔边刃三牙环形器(指三里河遗址出土的'玉璇玑')大体在大汶口文化时期或龙山文化时期,均出现在胶东半岛与辽东半岛的具有半岛性、海洋性的生活环境的板块,那里的居民有着相类似的宗教和神灵观。所以有理由肯定,圆孔边刃三牙环形器是迄今可以辨认的第一种由具有半岛性、

―――――――――

[1] 中国社会科学院考古研究所：《胶县三里河》,第53页。

海洋性生活条件和精神因素的群体所创造的用于事神的玉器,分布于胶东、辽东两个半岛上"。[1]

图二 三里河遗址的玉璇玑
(中国社会科学院考古研究所:《胶县三里河》,第88页)

由上文所述可知,胶州湾畔的先民在生产、生活,乃至葬俗、信仰等方面都具有十分丰富的海洋文化特点。

四、海州湾畔的大型聚落群

海岱地区指以泰沂山系为中心的黄河下游与淮河下游地区,"海"即渤海、黄海,"岱"指泰山。海岱地区以其独特的地貌特征构成了一个相对独立的地理单元,在距今7000年至5000年左右逐渐形成了相对稳定、独立的文化区,同时也与相邻的中原地区、长江中下游地区文化有着密切的双向交流。海岱地区已发现十余座史前城址,时间跨度从公元前3000多年至公元前2000年。城的形状大都略呈(长)方形,城墙建筑方法兼有较原始的堆筑法与先进的版筑法。城的规模相差悬殊,面积从2.5万平方米到50余万平方米不等。海岱地区濒临河口、大海,因此,城还具有抵御洪水的功能。其中海岱地区东南部海州湾畔日照市的尧王城、两城镇两大远古城址,凸显了沿黄海地区的文化曾十分发达。

(一)尧王城

位于日照市海岸线上的岚山区,距日照城17公里,距黄海5公里,遗址东西长约630米,南北长约825米,总面积约52万平方米,是一个相当大的"原始城市",是大汶口文化和龙山文化时期的中心聚落遗址。该遗址发现了炭化水稻

---

[1] 杨伯达:《莱夷玉文化板块探析——胶县三里河大汶口文化玉器解读》,《故宫博物院院刊》2009年第6期。

的颗粒,是龙山文化时期该地区人工栽培水稻的重要证据。

(二) 两城镇遗址

位于日照市东港区两城镇西北岭一带的一块高坡上,一部分压在现代村舍之下,遗址北面有两城河流过,东距黄海约6公里,是一处自东向西逐渐高出平原的墁岗,两城河流经遗址东、西两面,北部地势高出周围地面约3—4米。遗址范围相当大,遗址面积约100万平方米左右,为海岱地区所见最大的龙山文化遗址。

该遗址的陶器主要以夹砂黑陶和灰陶为主,陶器器壁较薄,反映出当时快轮制陶技术已相当发达。其制作工艺之精湛,代表了中国史前制陶业的最高水平。

两城遗址出土的石器,种类主要有斧、铲、锛、钺、凿、刀、镰、镞等,造型规整的钻孔斧钺、双孔半月刀、弯月形镰和各式抛光箭头都表现了精湛的磨制技术和发达的钻孔技术。

两城镇遗址还出土了大量精美的玉器,镶嵌绿松石的玉钺是迄今为止在山东地区发现的史前玉器中最精美的一件,也是甄别传世龙山文化兽面玉器的标准器。

骨器以各种式样的箭头为多,还有骨制的鱼钩、鱼镖等,表明当时的渔猎生活也十分繁荣,尤其是鱼钩、鱼镖等反映了滨海居民独特的生产、生活方式。

两城镇遗址现存地表的部分海拔在6—17米。因为近海,居址均建于低矮的丘陵之上,而且房屋普遍采用在地面之上筑台基的做法,既可防潮防湿,又可防止海水侵蚀。当时的沿黄海地区正处于大海侵时期的后期,海平面比现在高3—4米,所以两城镇的原始居民选择近海高地建房且将房屋地基抬高,以更好地适应环境。

城址的围壕分三层,内圈20万平方米,外圈近百万平方米,围壕宽16—17米,深约2.5米,规模相当宏大。围壕不仅有防御敌人的功能,在某种意义上,也有一定的防止海水倒灌的作用。在两城镇遗址中部偏西的位置上,发现有较大面积的夯土,据推断这里不仅是当时的政治中心,还是宗教或祭祀中心。

根据中美联合考古队的推算,仅在两城镇遗址及其周围地区的873公顷土地上,就可能居住着6.3万人,粮食总产量至少为250万斤,耕地总面积至少在50 000亩以上。从遗址的规模和承载的人口数量来看,它极有可能是这一地区龙山文化时期都邑性质的中心聚落,在研究中国海域史前考古和古代社会研究方面都具有重要地位。

第二节 早期的跨海文化传播

一、早期的造船

船,是先民们进行跨海交流的基本工具。早在史前时代船只就已被发明出来,用于水上的生产、生活与文化交流。在黄海周边海域,可能在大汶口文化时期先民们就已经开始使用独木舟,到了龙山文化时期,更是有一系列与船相关的遗物的出土。

大黑山岛的大濠村在距地表7米深处(一说12米)发现了一艘已经腐烂的残木船和一支残断木桨。从木船碎片分析,该船板厚约5厘米,板面加工十分平整,交接之处榫卯结构清晰可见,其船桨与近代的也大体相同。关于这只残木船的年代,经考古工作者的初步鉴定,最迟为距今4 000多年。20世纪80年代,在南长山岛浅海曾打捞到一具石锚。据考察,该锚呈哑铃形,两端皆作扁锥形,长约1米,重数十斤。据专家推算,该锚沉入水底后可稳住排水量6吨左右的船只。关于石锚的年代,多数学者倾向距今4 000年。胶东半岛最东端的荣成龙须岛郭家村毛子沟发现了一艘独木舟残骸,其使用年代,可能也早到史前时代末期(图三)。[1]

二、山东半岛、辽东半岛的文化交流

从海陆位置上看,山东半岛与辽东半岛隔海相望,中间是渤海海峡,海峡中又有由一系列岛屿构成的庙岛群岛。庙岛群岛的南端距山东半岛的蓬莱仅几海里,北端距辽东半岛的大连老铁山20多海里。两个半岛之间南北排列了二三十个岛屿,相邻岛屿之间最远的距离也不到20海里,都在人们的视线之内,这就使得两个半岛之间的文化交流有了天然的通道。

虽然史前时代,生产力水平不发达,制作的船只也不先进,但凭借着庙岛群岛造就的便利条件和勇敢的决心,黄海海域的先民们很早就开拓了山东半岛和辽东半岛的文化交流之路。

---

[1] 王永波:《胶东半岛上发现独木舟》,《考古与文物》1987年第5期。

1. 独木舟出土情况

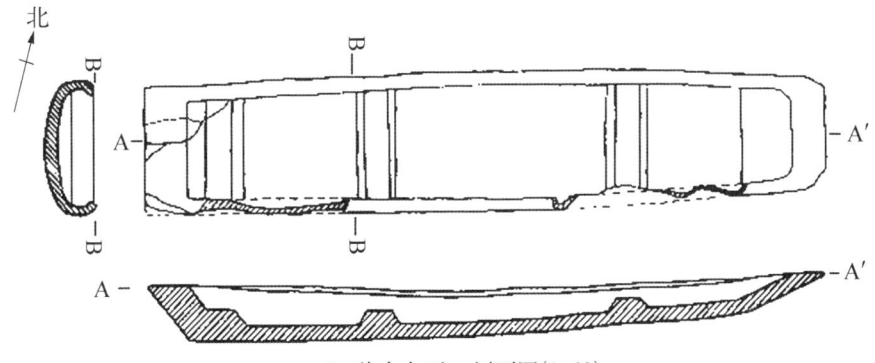

2. 独木舟平、剖面图(1∶40)

图三 胶东半岛发现的独木舟

(王永波:《胶东半岛上发现独木舟》,《考古与文物》1987年第5期)

  六七千年前,大汶口文化在山东半岛强势崛起。它先是扩展到胶东地区,与胶东土著文化融合产生了大汶口文化三里河类型,之后借助庙岛群岛的桥梁作用,跨海传播到辽东半岛。"胶东的紫荆山(今蓬莱市境内)下层文化与辽东的郭家村下层文化早期都出现了鲁西南大汶口文化的因素,而辽东的这种因素,无疑是通过胶东的间接媒介而出现的"。[1]

  辽东半岛的考古发现也证实,从大汶口文化之后,山东的考古学文化对辽东半岛施加了持续性的影响:"小珠山中层文化类型的遗址中,发现有大汶口文化早期的某些器形,如三足甗形器、圆锥足的盆形鼎、实足鬲、盉、红陶弦纹盂等。小珠山上层文化类型的遗址中,发现有蛋壳黑陶、扁凿足鼎、环足器、镂孔豆、弦

---

 [1] 佟伟华:《胶东半岛与辽东半岛原始文化的交流》,《胶东考古研究文集》,齐鲁书社,2004年,第101页。

纹黑陶罐以及四平山、郭家村和老铁山积石墓中出土的袋足鬹、带把三足杯等山东龙山文化的某些器物。这说明旅大地区的原始文化受到山东大汶口文化和龙山文化的一定影响。"[1]

作为山东半岛与辽东半岛交流中介的庙岛群岛,"已发现了20余处原始文化遗址,各阶段的遗物,均与胶东的同时期遗存面貌一致,可见庙岛群岛曾直接接受了胶东大陆的文化影响,也可以说群岛上的遗存已是胶东原始文化的重要组成部分"[2]。庙岛群岛也发现了来自辽东半岛的典型器物,而这类器物在胶东大陆却很少见,如辽东那种数量最多,富于特征并一脉相承的筒型罐,已在两大半岛之间的庙岛群岛上发现。

通过对比胶东半岛和辽东半岛的史前遗址和文化遗物可以发现,"胶东半岛与辽东半岛的史前文化早在距今六七千年前就开始了文化交流,而且最先是从生产工具开始的",到了"在距今五六千年前,由于农业的发展,生产力的提高,两个半岛人们的文化交流更加密切。由生产工具的交流扩大到生活用具的交流。这似乎是一个大的飞跃,意味着由单纯的文化交流变为移民的迁居"[3]。

在两地的文化交流中,有一种陶器独具特色,那就是陶鬹。陶鬹是山东大汶口文化和龙山文化的典型器物,造型复杂、制作规整,而辽东半岛陶鬹的发现,进一步佐证了两地的文化交流。

在对比了山东半岛和辽东半岛的大量考古发现,尤其是相似的遗迹和遗物之后可以得出结论:从交流的时间上看,两地的史前文化交流跨越大汶口文化、龙山文化直到岳石文化;从交流的内容上看,从生产工具开始,然后扩大到生活用具,甚至出现了跨海移民;从交流的方向上看,山东半岛一直居于主导地位,如在辽东半岛发现大量山东半岛史前文化的因素。[4]

三、与朝鲜半岛、日本列岛的文化交流

旧石器时代晚期,由于盛冰期的影响,海平面比现在低很多,黄渤海的很多地区都位于海平面之上,黄渤海两岸的原始人类可以较为方便地进行迁徙和文化交流。山东半岛的旧石器文化与朝鲜、日本的旧石器文化有许多联系,中国大

---

[1] 辽宁博物馆等:《长海县广鹿岛大长山岛贝丘遗址》,《考古学报》1981年第1期。
[2] 佟伟华:《胶东半岛与辽东半岛原始文化的交流》,《胶东考古研究文集》,第93—94页。
[3] 李步青、王锡平:《试论胶东半岛与辽东半岛史前文化的交流》,《胶东考古研究文集》,第101页。
[4] 参考烟台博物馆的《胶东考古研究文集》。

陆的原始人群可能就是通过胶东半岛与黄、渤海平原到达日本与朝鲜的。

冰期结束之后,虽然黄渤海海域的面积大幅扩展,但由于渤海海峡与朝鲜海峡都不太宽,而且海峡中又多有岛屿存在,起到了文化交流的中继作用,所以地区间的文化交流依然可以进行。而且,中国方面也可以通过环海近岸航行的办法,从山东半岛到达朝鲜半岛,甚至日本列岛。而史前时期的文化交流,在朝鲜半岛和日本列岛留下了大量的遗迹、遗物。

从器物方面看,朝鲜半岛和日本列岛的陶器和一些石器都有山东半岛史前文化的因素。"如朝鲜西浦项二期、弓山一期文化的陶器,胎土中夹云母、滑石、贝壳的作法与胶东半岛是一致的,有些器物和纹饰也比较接近,特别是遗址中出土的石斧更为相近。再如日本长野、井户尻出土的石斧与胶东半岛的也比较接近";[1]"山东的龙山文化是以磨光黑陶为其主要特征。而在日本北九州绳纹文化晚期遗址中也发现过一种表面经过仔细磨光的黑色陶器。日本的磨光黑陶比龙山文化的黑陶晚了1 000多年。日本绳纹文化晚期的黑陶很可能是受中国山东地区文化的影响而产生的"。[2]

从文化风俗方面看,山东大汶口文化和龙山文化时期存在的人工拔齿的习俗,在日本绳纹文化中也有发现。"这种拔齿习俗居然在日本的绳纹文化中期之末也出现了,而且拔出的齿也相同,即亦流行拔除上颌的两个侧门齿。日本的拔齿习俗比大汶口文化晚了1 000多年,而且大汶口文化是所有已发现的拔齿习俗地点之中最早的。可见,日本的拔齿习俗可能也是由山东传播过去的。但是,最近有新的发现:在日本冲绳岛港川遗址发现一男三女的人头骨,碳14测定年代为距今18 250±650或16 660±300年,属旧石器晚期。而在中国,至今尚未发现旧石器时代有人拔齿的证据。据此,有一种新的说法,'东亚拔牙的风俗很可能发源于冲绳,后来向北,向西分别传到日本列岛和中国的东部和南部沿海,再传向内地'"。[3] 上述古代人工拔齿的习俗无论是以何种方式传播的,它都说明了一点,山东地区与日本的文化联系在大汶口文化时期,最晚在龙山文化时期就开始了。

在史前时期,山东半岛对朝鲜半岛和日本列岛影响最大的可能是栽培稻的传播。中国史前的稻作农业起源很早,长江流域在1万多年前后已经有了栽培稻种植的证据。到距今5 000年时,中国的栽培稻已经扩展到了长江、淮河和黄

---

[1] 王锡平:《胶东半岛在东北亚考古学研究中的地位》,《胶东考古研究文集》,第79页。
[2] 逄振镐:《东夷文化研究》,齐鲁书社,2007年,第601页。
[3] 逄振镐:《东夷文化研究》,第601页。

河流域的大部分地区。山东栖霞杨家圈、日照的尧王城和两城镇、五莲县丹土、苏北藤花落等广大的黄淮平原等地都有栽培稻种植的证据发现。[1]

由河南省文物考古研究所、中国农业大学、韩国汉城农业大学的中韩两国专家共同完成的论文《也论中国栽培稻的起源与东传》提到：中国淮河流域和长江流域一样，也是栽培稻的发源地，理由是1991年在淮河上游的河南省舞阳贾湖遗址发现了距今约8 000年的人工栽培的稻谷。1992年以来，在韩国家瓦地遗址也发现了大量保存完好的稻壳，经碳14测定，其是距今5 000年的人工栽培的稻谷。根据这一考古发现，两国专家共同认为："山东沿海的稻作文化有可能直接向东传播至朝鲜半岛中部的汉江下游，然后再由此向南北两个方向扩散开来，向北至朝鲜半岛北部，向南直至日本列岛。因为朝鲜半岛北部和日本列岛至今未见有4KaBP左右的稻作遗存发现。从自然条件来讲，朝鲜半岛中部与山东半岛的纬度相当，自然环境可能更优越一些，而辽东半岛不仅纬度偏北，距离也不比朝鲜半岛中部近多少。"[2]中韩两国专家提出的山东沿海稻作文化的传播路线，为我们研究山东半岛与朝鲜半岛的古文化交流路线提供了新的视角，这就是在5 000多年之前，山东半岛与朝鲜半岛有一条不必绕道庙岛群岛而直达的海上航线——从山东半岛最东端的今荣成市成山头或石岛一带直接横穿黄海到达朝鲜半岛中部西海岸。

著名考古学家、北京大学教授严文明在《胶东考古记》一文中指出：在胶东栖霞杨家圈遗址发现稻谷遗存后，"由于有这一发现，稻作农业最初传入日本的路线开始明朗化了。过去有所谓北路说、中路说和南路说，后二说事实上不大可能，而前一说又缺乏证据。杨家圈的发现证明北路说是有道理的。如前所述，从大汶口文化直到岳石文化的长时期中，山东半岛的史前文化是单方面向辽东半岛传播的，而辽东半岛史前文化对朝鲜半岛的影响也是明显的。因此我提出了一个从山东半岛经辽东半岛、朝鲜半岛再到日本九州，以接力棒的方式传播过去的说法，简称'北路接力棒说'，此说后来因为在大连大嘴遗址和朝鲜平壤附近的南京遗址都发现了稻谷遗存而得到了相当的证实"。[3]

以上的考古发现说明，在史前时期山东半岛和辽东半岛与朝鲜半岛和日本列岛一直存在文化交流，而且内容丰富、途径多样。

---

[1] 靳桂云、栾丰实：《海岱地区龙山时代稻作农业研究的进展与问题》，《农业考古》2006年第1期。
[2] 河南省文物考古研究所等：《也论中国栽培稻的起源与东传》，《农业考古》1996年第1期。
[3] 严文明：《胶东考古记（代序）》，《胶东考古》，文物出版社，2000年，第3页。

第三章　夏商周时期黄海海域的发展

第一节　沿黄海政区与社会经济

在中国历史上,夏商周时期是中国文明社会的出现期。这一时期海洋文化因素日渐增多,如人们对海洋的认识得到了进一步拓展和深化,呈现出多方位的特征,既有对海洋物质层面的认识,也有海洋精神层面的开拓;人们开始关注近海海洋资源的开发与管理,以渔业和盐业为主体的海洋资源开发,成了国家经济基础的重要构成部分;部分海洋物产传播到内陆地区,正逐步朝着向适应中央王朝贡赋制度需要的方向发展;当时已经有了一定的航海能力,无论是近海区域,还是远海区域,都出现了航海能力较强的海运船只,出现了征伐敌国的海战船只,从而为海洋疆域的开拓、守护和跨海文化交流的产生和发展,奠定了物质基础。至周王朝后期,尤其是春秋战国时期,沿海诸侯国对于海洋的认识达到了前所未有的高度:海洋资源的开发在国家中地位突出,航海能力和文化交流能力大大增强,海洋观念更加突出,涉海生活更加丰富。

一、《禹贡》中的沿黄海地区

据《尚书·禹贡》记载,禹夏时已有了国家组织,禹夏的疆域分为九州:冀州、兖州、青州、徐州、扬州、荆州、豫州、梁州、雍州。其中冀、兖、青、徐、扬五州临海。

冀州。《禹贡》曰:"(冀州)恒、卫既从,大陆既作。岛夷皮服,夹右碣石入于河。"辖境相当于今山西、河北省境及辽宁西部。所临之海,即渤海和北黄海。"岛夷皮服",即海岛之夷以皮服来贡。

兖州。《禹贡》曰:"济、河惟兖州。"兖州东南方越过济水、西北以黄河为界,辖境相当于今山东西部、河北东南角。所临之海,即渤海。当时的黄河沿华北平原入渤海。

青州。《禹贡》曰:"海岱惟青州。嵎夷既略,潍、淄其道……厥贡盐𫄨,海物惟错。"辖境相当于今泰山以东之山东半岛。青州的贡品是海盐、海鱼等种类繁多的海产。古青州濒临渤海和黄海。

徐州。《禹贡》曰:"海岱及淮惟徐州。"徐州的疆域包括了今天山东南部,安徽、江苏的北部。东至海,即今黄海。淮夷的贡物是"蠙珠暨鱼"。

扬州。《禹贡》曰:"淮海惟扬州。"辖境"沿于江、海,达于淮、泗",相当于今淮河以南之江苏、安徽以及浙江、江西北部。所临之海,包括今黄海南部和东海北部。扬州的贡品有"织贝"。这一海域在夏商周时期被称为"南海"。

由上可知,三代中原王朝行政辖区内的海岸带及其海域,除了渤海之外,主要是黄海。但三代都是"万国来朝"的时代,因而其对"九州"的管辖,并不影响其与"九州"之外地区通过海路和陆路的交往交流。

二、夏商周时期的海产贡赋

从《禹贡》的记载可以看出,沿海地区的渔业资源、盐业资源以及蠙珠等珍品,已经开始成为中原王朝资源来源的一部分。

在商代,伊尹曾以法令的方式规定各地进献的贡品:"臣请正东符娄、仇州、伊虑、沤深、九夷十蛮、越沤、剪发文身,请令以鱼支之鞞、□鲗(乌贼)之酱,鲛(鲨鱼)𩽾、利剑为献。正南瓯邓、桂国、损子、产里、百濮、九菌,请令以珠玑玳瑁、象齿……为献。"[1]可见很多海产都成为了重要的贡品。

河南安阳殷墟妇好墓中也出土了一些沿海的红螺与海贝,其中货贝共出土6 880余枚。有大小两种,大的长约2.4厘米,小的长约1.5厘米,以大者居多,壳面皆呈瓷白色,大多数壳面琢有一圆孔,少数琢有一椭圆形孔。此种货贝为海南、西沙群岛常见种,分布于东海、南海等地。还有一件是经过加工的阿拉伯绶贝,其壳面布满虚线状褐色花纹,长6.1厘米,背部琢有一孔。此种绶贝分布于东海、南海等地。可见,当时的海陆文化交流十分深入。

至周代,有"𩵀(渔)人"、"𩵀征",职责是掌管捕鱼、供鱼、征收渔税以及执行有关渔业的政令。有学者推测,这些官职是从商代继承、发展而来的。

夏商周时期,随着社会生产力的发展,人们对海洋资源的认识不断深入,对

---

[1] 黄怀信等:《逸周书汇校集注》,上海古籍出版社,1995年,第970—975页。

海洋渔业资源的开发力度大大增强。一方面,捕捞技术有了初步发展,另一方面,海产品已经成为重要的贡品和商品,远离海洋的中原地区已经能够见到和吃到海鱼、海贝、海龟和海产蛤蜊等海产品。此外,海洋渔业在沿海诸侯国的经济发展中已开始占有重要地位,更突出地反映了当时海洋经济发展的程度。这种情况在春秋和战国时期尤为突出。海洋渔业和海上运输贸易,是春秋战国时期沿海诸侯国经济生活的主要构成部分和国家富强的主要源泉之一。

从海洋经济的结构上说,海洋盐业也占据了相当的比重。夏商周时期人们对于盐的类别、生产和流通均有了一定的认识,盐作为文字符号,也很早就进入了人们的生活之中。"散盐",即产于山东滨海的海盐,系人工煮炼而成。在滨海的齐国,已经出现了大盐业主,齐国统治者曾创造性地提出对海盐搞"转手贸易",为国家积聚了不少财富。在盐政上,官府直接介入食盐的生产和运销环节,形成了食盐官营制度,滨海的齐国首创了这一制度。

春秋战国时期,北方沿海的燕、齐和南方沿海的吴、越,都发展成为了沿海的重要邦国。

第二节　齐国的崛起与海洋开发

据《史记·周本纪》记载,周朝建立后实行"封邦建国"制,"封尚父于营丘,曰齐",尚父即姜尚(齐太公)。《孟子·告子》载:"太公之封于齐也,亦为方百里也。"可见当时齐国疆域很小,只有营丘周围方圆百余里之地。即便这面积不大的疆域,原本也是莱夷之地。于是便发生了"莱侯来伐,与之争营丘"(《史记·齐太公世家》)事件。莱夷原是主要活动于山东一带东夷族群的一支,大约殷商时已建立莱国。据《史记·齐太公世家》记载,姜齐立国之初面对"地潟卤,人民寡"的局面,确立了"因其俗,简其礼,通商工之业,便渔盐之利"的建国方略,"人民多归齐",奠定了齐国发展为东方海洋强国的基石。

一、齐国与莱夷

莱夷是胶东半岛的土著居民,以鸟为图腾。[1] 大约在距今 3 500 年前后,莱夷在胶莱平原一带形成古文化共同体。莱夷有着发达的农业(王献唐认为莱

---

[1] 李步青等认为莱夷以蛇或蚕为图腾,见《"9盉"铭义初释及其有关历史问题》,《东岳论丛》1984 年第 1 期。

人的名称源于其首先培育了小麦;于省吾认为甲骨文中的"来"字即小麦;李永先认为莱人完成了小麦品种的培育等),[1]制盐业和航海业。莱夷文化对辽东半岛、胶莱河以西以及中原地区产生过巨大的影响。大约到了殷商后期,莱夷建立了自己的古国——莱国。莱国大约位于今胶莱平原一带:其西部疆域与淄河、弥河中下游的齐国国都营丘相邻,其北部疆域至渤海,其南部疆域与莒国、介国相接(不超过今诸城、胶州),其东部疆域则延伸至胶东半岛。[2] 但是自西周以后,因受"尊夏卑夷"思想的影响,作为东夷支族的莱夷,其灿烂的文化受到贬抑并逐渐不为世人所知,到了春秋时期"内地人们依然和过去看法(一样),把他当作夷区,不问不闻,造成了历史上的空白"。[3] 作为东夷大国的莱国,西周初曾经与齐国抗衡。

两周时,虽然齐国与位于胶东半岛的莱夷之间时有争战之举,但是似乎并没有影响两国在鱼盐和柞蚕丝绸等商品贸易上的往来。《尚书·禹贡》记载:"莱夷作牧,厥篚檿丝。"檿丝就是柞蚕(山茧)丝。莱夷是最早发现和放养柞蚕的东夷古族。崔豹《古今注》载:"汉元帝永光四年,东莱郡东牟山,有野蚕为茧……收得万余石,民以为蚕絮。"野蚕即柞蚕。胶东莱人用本地所产的柞蚕丝织成的耐穿高档丝制品,在商周时期已享誉华夷各地。据《管子·轻重丁篇》记载:"昔莱人善染,练䌷之于莱纯锱。绢纻之于莱亦纯锱也。其周中十金。"这是说,胶东莱人善于染柞蚕丝绸,其生产的染色丝织品不但靓丽耐用,而且销售价格也远比周地要低得多。齐国为了鼓励商贾贩进更多优质价廉的莱国柞蚕丝绸,采取了"通齐国之鱼盐于东莱,使关市几而不征"(《国语·齐语》)等优惠政策。《管子·轻重乙篇》记载的"天下之商贾归齐若流水",自然包括从胶东莱国到齐国做生意的商贾们。

对齐太公"通商工之业,便渔盐之利"建国方略的贯彻,使得齐国空前富足强大起来,其盛况在《史记·货殖列传》中有载:"齐带山海,膏壤千里,宜桑麻,人民多文采布帛鱼盐。临淄亦海岱之间一都会也。"

日益强大的齐国于前602年(齐惠公七年)开始了征伐莱国的军事行动,并且最终于前567年(齐灵公十五年)灭了莱国。据《左传》襄公六年记载:齐军围莱国都城后,"丁未入莱。莱公共浮柔奔棠。正舆子、王湫奔莒,莒人杀之。四月,陈无宇献莱宗器于襄宫"。齐国灭了莱国以后,濒海且膏壤千里的胶东半岛

---

[1] 王献唐:《炎黄氏族文化考》,齐鲁书社,1985年,第222—230页;于省吾:《商代的谷类作物》,《东北人民大学学报》1957年第1期;李永先:《莱人培育小麦考》,《东岳论丛》2007年第4期。
[2] 杜在忠:《莱国与莱夷古文化探略》,《东岳论丛》1984年第1期。
[3] 王献唐:《山东古国考》,齐鲁书社,1983年,第210页。

成了齐国的东部疆土,齐国国土面积也因此扩大了一倍多,成为春秋时期著名的东方海洋大国。当时齐国的造船和航海术都很发达,所造船舶可载一二百人。齐人有着丰富的航海知识,甘德的《天文星占》以及《考工记》等古文献已经推算出了北斗星和其他星座的位置,这些先进技术对于提高海上导航的准确性无疑有着很大的帮助。

二、管仲开发海洋的贡献

齐太公的建国方略到了齐桓公时得到了很好地贯彻。前685年即位的齐桓公,任用了有雄才大略的管仲为相。君臣励精图治,推行富国强兵政策,制定了许多有效的改革措施,其中行"官山海"之制,建设"海王之国"便是重要的举措之一。《管子·海王篇》记载了齐桓公与管仲有关"官山海"的对话。当齐桓公询问管仲"吾何以为国"时,管仲回答:"唯官山海为可耳。"齐桓公进一步问道:"何谓官山海?"管子对曰:"海王之国,谨正盐策。"即靠大海资源成就王业的国家,一定要慎重地实行征盐政策。这不是对盐征税,而是实行盐专卖。"桓公曰:'何谓正盐策?'管子对曰:'十口之家十人食盐,百口之家百人食盐。终月,大男食盐五升少半,大女食盐三升少半,吾子食盐二升少半,此其大历也。盐百升而釜。今盐之重升加分强,釜五十也;升加一强,釜百也;升加二强,釜二百也。钟二千,十钟二万,百钟二十万,千钟二百万。万乘之国,人数开口千万也……'"管仲以月为计算单位,把齐国人对食盐的需求量和加价收入额加以计算。实行食盐专卖,寓税于盐价,就等于向男女老幼征收了人头税。人们在不知不觉中交了盐税,而且没有任何怨言,同时国家增收的目的也达到了。在《管子·地数篇》中,管仲就国家垄断盐的生产权与运销权提出了具体的措施:一是集中管理盐的生产,"君伐菹薪,煮沸水为盐,正而积之三万钟"。二是从时间上控制海盐的生产与销售,"至阳春,请籍于时"。这从生产环节上控制了海盐产量,为实行盐专卖奠定了基础;三是把齐国产的海盐输送到周边邻国高价销售以牟利,"君以四什之贾,修河济之流,南输梁、赵、宋、卫、濮阳。恶食无盐则肿。守圉之本,其用盐独重。君伐菹薪,煮沸水以籍于天下,然则天下不减矣"。由此可知,当时已经形成了以齐国为中心,向周边邻国辐射的海盐贸易通道。

作为"海王之国",齐桓公时代齐国已与吴国、越国以及朝鲜半岛的北发、朝鲜等国有了海上商贸往来。《管子·轻重甲篇》记载:"桓公问管子曰:'吾闻海内玉币有七策,可得而闻乎?'管子对曰:'阴山之礝碈,一策也。燕之紫山白金,一策也。发、朝鲜之文皮,一策也。汝、汉水之右衢黄金,一策也。江阳之珠,一策也。秦明山之曾青,一策也。禺氏边山之玉,一策也。此谓以寡为多,以狭为广。天下之数尽于轻重矣。'"文中的"发",一名"北发",古国名,位于朝鲜半岛。从"发、朝鲜之文皮"中可以得知,朝鲜半岛的北发和朝鲜所出产的文皮(虎豹之皮),是与齐国进行海上贸易的主要土特产。《管子·轻重甲篇》中还有这样一段文字:"桓公曰:'四夷不服,恐其逆政游于天下而伤寡人,寡人之行,为此有道乎?'管子对曰:'吴、越不朝,珠象而以为币乎!发、朝鲜不朝,请文皮、毤服而以为币乎!……故夫握而不见于手,含而不见于口,而辟千金者珠也,然后八千里之吴、越可得而朝也。一豹之皮,容金而金也,然后,八千里发、朝鲜可得而朝也。'"在这里,管仲认为只要加强贸易联系,就能让"四夷"来朝。齐桓公以后的齐国,其海上活动一直比较活跃,推动了齐国海外贸易的发展。

关于春秋战国时期齐国与朝鲜半岛、日本列岛间的海上往来,现有考古成果可予以证明:如在韩国庆尚南道的下岱遗址中,曾出土了一件齐式战国青铜鼎;在庆尚南道良洞里遗址曾出土了含两颗水晶珠的战国时期项链,据考证应来自当时的齐国,"这两颗水晶珠形制大小相同,均为算珠形,中间有圆孔以利穿系。用水晶做成的物品在这一时期的朝鲜半岛和日本还相当罕见,但却是齐国的大宗产品"[1]。据日本的考古成果可知:在日本佐贺县的弥生文化早期墓葬中,"发掘出土了最早的纺织品。它是被放在墓葬的陶瓮中的,是一寸见方的残布片,经测定,经线 40 至 50 根,纬线 30 根,与齐地所产丝绢大体相同"[2]。日本弥生文化墓葬中发现的齐地丝绢制品,显然是经胶东半岛古港从海路上传过去的。

第三节　燕、齐、吴、越的海洋经略

春秋战国时期,诸侯争霸、七雄并起,沿黄海地区自北向南先后分布着燕、齐、吴、越和楚等实力不一的诸侯国。各诸侯国凭借陆海环境的优势提升着各自的实力。

一、沿黄海地区的诸侯国

燕、齐立国初期,其统治范围并未到达黄海沿岸,吴、越最早属东海沿岸诸侯国,楚国很长时间内一直地处内陆。凭借长期的开拓和掠夺等手段,这些诸侯国

---

[1] 李慧竹:《汉代以前山东与朝鲜半岛南部的交往》,《北方文物》2004 年第 1 期。
[2] 李英森:《齐国经济史》,齐鲁书社,1997 年,第 566 页。

加入了沿黄海诸侯国的行列。

西周初,周武王封召公奭于燕。[1] 燕国早期的疆域未及辽东,不属于沿黄海诸侯国。燕昭王(前335—前279年)时期,燕国开始向东北南部经略。击东胡,据辽东,取箕氏朝鲜西北地"二千余里"。燕国在新取得的领土上置辽东郡等五郡,其领土到达今天辽宁地区。至战国后期,燕国成为沿黄海诸侯国。

齐灭莱夷成为沿海诸侯国,已见前述。莒国也是黄海沿岸诸侯国,其活动范围主要在今山东半岛东南部,其南部疆域到达今江苏赣榆。春秋时期,莒国频频出现在齐、鲁、吴等国争夺战中。齐国在其经略海洋的过程中,屡次进攻莒国。战国初,楚灭莒,但楚国无暇长期控制莒,最后,莒国疆域基本为齐吞并。齐国的沿海疆域进一步扩大。

周太王的儿子太伯、仲雍建立吴国。吴国最早在长江口以南活动,西周康王时其中心在今镇江一带,春秋后期迁往吴(今苏州)。周简王元年(前585年),寿梦即位,自此吴国有了纪年。寿梦以后,经多位吴王的经营,吴国的疆域逐渐扩大,淮河以南的沿黄海地区,很长时间都在吴国的控制中。吴国强盛时,淮河以北的部分沿海地区也一度属于吴国。

越国兴起于会稽(今绍兴)一带,周敬王(?—前477年)时,越国首领允常称王。后越王勾践灭吴称霸,取代吴国控制了南黄海沿岸地区。

楚国原来地处内陆,后在长期的对越战争中,逐渐取得越国的土地。楚考烈王(前262—前238年)时,楚吞并越国北部的琅琊地区。这样,南黄海沿岸的大部分地区成为楚国的疆域,楚国也在对越战争中逐渐拓殖为沿海诸侯国。

燕、齐、吴、越、楚成为沿黄海诸侯国的时间长短不一,其中,齐国、吴国、越国时间最久,燕、楚两国最为短暂。这也决定了其海洋经略的内容和程度。

二、河海连通的交通网

海洋开发需要健全完备的交通航线,早在商周时期,沿黄海地区已初步形成了一些重要的航线。及至春秋战国时期,随着海洋开发力度的加大,以及军事活动的增加,在各沿海地区逐步形成了河海一体的交通格局。

山东沿海的海洋交通早已开辟。齐桓公曾"游犹轴转斛,南至琅邪"(《管子·戒篇》)。齐景公好海上游玩事,"六月不归"(《说苑·正谏篇》)。齐景公曾对晏子说,"吾欲观于转附(今山东烟台芝罘)、朝舞(今山东省荣成市成山),

---

[1] 也有人认为周成王封召公之子于燕。

遵海而南,放于琅邪(今山东青岛黄岛区琅琊台一带)"(《孟子·梁惠王下》),说明当时山东沿海地区已基本形成了较为成熟的海洋航线。

吴越两国,所处地域河流纵横交错,海洋交通也有历史基础,再加上吴越两国国君开凿的人工运河,整个地区的河海交通形成网络:邗沟航线、淮河航线(从末口顺淮河而下,直达黄海)、海路溯淮入泗道(从太湖出海,或从东江入海,或从松江、浏河出长江口入海,沿古苏北海岸线往北,从淮河口溯淮而上,至淮安末口一带,接邗沟道)、泗沂水航线等。这些航线在当时的吴伐齐和越伐吴的战争中被多次用到。

根据《禹贡》描述的沿海地理,我们还可以勾勒出从苏北沿海入淮,溯淮至泗口,折入泗、沂,分别从彭城、邳州北上齐、鲁的线路。这说明当时黄海沿岸民众已能熟练利用河海交通网络来往于齐鲁与苏北间。

成熟的河海一体交通网的形成,是海洋开发活动的结果。同时,它反过来又促进了沿黄海地区的海洋开发。

三、陆海一体的经济格局

各国陆海经济相辅相成,农业、手工业、商业和海洋经济都较前代有所发展。海洋开发活动较西周有了大的提升,海洋经济活动已普遍展开。

司马迁曾经在《史记·货殖列传》中把全国划分成十余个经济区。其中,涉沿黄海地区的描述是这样的:燕地,"燕亦勃、碣之间一都会……有鱼盐枣粟之饶";齐地,"带山海,膏壤千里,宜桑麻,人民多文采布帛鱼盐。临淄亦海岱之间一都会也";东楚,"东有海盐之饶,章山之铜,三江、五湖之利,亦江东一都会也"。燕地的鱼、盐、枣、粟,齐地的桑、麻、文采、布帛、鱼、盐,东楚的海盐、铜、江河湖泊之利,这几个地区的经济虽各有侧重,但也有共同点:陆海经济共存,鱼盐经济是海洋经济的主要内容。

春秋战国时期,"东北曰幽州……其利鱼盐"(《周礼·夏官司马下·职方氏》),这和司马迁描述的燕地"有鱼盐枣粟之饶"是吻合的。"燕有辽东之煮"(《管子·地数篇》),则说的更具体,燕的鱼盐经济就位于辽东地区的沿黄海地带。与齐、吴、越三国相较,燕国的内地经济和海洋经济相对落后,这个判断应该符合史实。

齐国经济的起色与管仲改革密切相关。管仲主张大力发展农业、手工业和商业。他认为"仓廪实而知礼节,衣食足而知荣辱"(《史记·货殖列传》),齐国"设轻重鱼盐之利,以赡贫穷,禄贤能"(《史记·齐太公世家》)。在手工业方面,管仲设置管理手工业的机构,加强国家对重要手工业部门的管理,并将这些手工业的生产引导到加强军队装备和提高农业生产水平上。在商业方面,管仲主张设立市场,加强对市场物价的控制,以稳定国家经济。[1] 在海洋经济方面,齐人已深知向海讨生活的重要性,他们这样描述海洋渔业:"渔人之入海,海深万仞,就彼逆流,乘危百里,宿夜不出者,利在水也"(《管子·禁藏篇》);齐国还非常注重海盐业的发展,重视海盐业对国家财政的贡献。在管仲的改革下,齐国成为闻名历史的"海王之国"。

吴国的经济具有政治军事性特征。吴国在青铜器冶炼与铸造、战船建造、都城营造等方面都有较高水平。吴国还大力发展以水稻为主的农业。青铜冶炼和铸造的发达推动了青铜农具的普遍使用。[2] 手工业方面,吴国主要有煮盐业和采矿业。吴地的煮盐业在吴国时正式发展起来,"夫吴自阖闾、春申、王濞三人招致天下之喜游子弟,东有海盐之饶,章山之铜,三江、五湖之利,亦江东一都会也"(《史记·货殖列传》)。

越国的产业部门有农业、海盐业、纺织业、养殖业、冶铸业、陶瓷业、酿造业、商业等。海洋经济是越国重要的经济部门。越国十分重视海盐业的发展。越人以"盐"为"余",《越绝书》中很多关于"余"的记载都与盐有关,如朱余。在地名中,余杭、余支、余姚、余暨都应该和盐有关。[3]

四、造船业的发展与齐吴海战

春秋战国时期,由于经济和军事的需要,吴、越等国都积极发展造船业,尤其是战船的发展,在齐、吴、越等国的称霸过程中发挥了一定作用。

吴国的造船业已经到达一定规模。《越绝书·轶文》有:"伍子胥水战兵法内经曰:大翼一艘,广一丈五尺二寸,长十丈,容战士二十六人,棹五十人,舳舻三人……中翼一艘,广一丈三尺五寸,长九丈六尺。小翼一艘,广一丈二尺,长九丈。"[4] 除此以外,我们从别的文献上还可以看到吴国的船只种类还有突冒、楼船、桥船、戈船等,而专供吴王乘坐的船只称为"艅艎"。造船业也是越国的重要产业。早在西周初年,就有"于越献舟"(《艺文类聚·舟车部》)的记载。散见于文献中的越国船只,有独木舟、舲、戈船、帆船、楼船等。

无论是出于自保还是图谋称霸、兼并,军队建设的重要性都备受重视,尤其是"不能一日而废舟楫之用"的吴国和"以船为车,以楫为马"的越国。水军在吴

---

[1] 参顾德融、朱顺龙:《春秋史》,上海人民出版社,2001年,第73—75页。
[2] 毛颖:《吴国青铜农具初探》,《吴国青铜器综合研究》,科学出版社,2004年。
[3] 马雪芹:《古越国兴衰变迁研究》,齐鲁书社,2008年。
[4] 袁康、吴平辑录,俞纪东译注:《越绝书全译》,贵州人民出版社,1996年,第309页。

国军队中是很重要的一部分。越国的水军也十分出色,《汉书·严助传》载"(越人)习于水斗,便于用舟"。文献里的"楼船卒",是越国的水兵。《越绝书》等文献记载中的防坞、杭坞、石塘、舟室,一般被认为是越国专门训练水军的军港和基地。[1]需要说明的一点,这里的水军未必是专门在海上战斗的部队,春秋战国时期的江苏,河道密集,沟渠遍布,很多水军都是根据需要在河流、湖泊或大海上进行活动的。

伴随着战船的建造和水军的建设,海战在各国间相互侵伐的过程中越来越多。齐桓公二十三年(前663年),齐国欲北上讨伐孤竹、离枝。出发前,齐桓公担心越国从海上袭击,曾向管仲讨教防越之法。管仲建议"遏原流"、"立沼池",鼓励民人"矩游为乐"(《管子·轻重甲篇》),练习水性,以防备越水军的入侵。前485年,"徐承帅舟师,将自海入齐,齐人败之,吴师乃还"(《左传》哀公十年)。这一事件被学术界称为文献记载中的最早的海战。在越国与吴国的争斗中,越人曾出动水军加入伐吴战争。前482年,越军分三路讨伐吴国,其中两路越军都采取河海陆混合的交通路线:一路由范蠡与曳庸带领,从沿海进入淮河,以绝吴路;一路由勾践率领从海道至吴淞江,直达吴大城郊外。可见,春秋末期的沿海航路已经被开辟出来并得到较广泛的利用。

缘海之地长于海。纵览春秋战国史,无论是争霸、兼并战争,还是检视其经济开发的具体内容,燕、齐、吴、越的发展都有着很深的海洋印记。

第四节　琅　琊　港

一、琅琊古港的兴起

春秋战国时期中国北方的古港有琅琊、朝舞、转附等,主要集中在山东半岛沿海一带,其中尤以琅琊古港的知名度最高。琅琊(琅邪)古港位于今青岛市黄岛区琅琊台一带沿海处。关于琅琊古港的具体位置,2001年春青岛市文物局和胶南市(今青岛市黄岛区)博物馆的工作人员联合组成"胶南市沿海文物考察小组",对东起青岛经济技术开发区的薛家岛,西到胶南市与日照市接壤的沿海岛屿、港湾、渔村进行了考察。他们在考察后认为:琅琊镇夏河城村南,东到吴家村、西到红石头村、南到刘家崖下连同陈家贡湾在内的这片葫芦状海湾便是史载

---

[1] 傅振照:《绍兴史纲》(越国部分),百家出版社,2002年。

著名的大海港——琅琊古港。琅琊古港背倚齐邑(秦汉琅琊城),浩淼的海水可直达齐邑城根,大船泊在湾内,小船可驶抵城门前。从齐景公到汉武帝,历代帝王的船队驶抵琅琊港,均可在齐邑驻跸,广袤的港湾足可容纳其庞大的船队。琅琊古港面朝浩瀚无垠的黄海,其海岸线北边有灵山湾、胶州湾,南边则是海州湾。从琅琊古港北上沿山东半岛航行可至渤海以及朝鲜半岛、日本列岛;沿苏鲁海岸线南下可驶入东海、南海。

琅琊古港在先秦文献中多有记载,据《管子·戒篇》记载:"桓公将东游,问于管仲曰:'我游犹轴转斛,南至琅邪'";《晏子春秋·内篇下》记载:"景公出游,问于晏子曰:'吾欲观于转附、朝舞,遵海而南,至于琅琊。寡人何修,则夫先王之游?'"《孟子·梁惠王下》也有相似记载,齐景公出游,"问于晏子曰:'吾欲观于转附、朝舞,遵海而南,至于琅邪,吾何修而可以比于先王观也?'"转附即今烟台芝罘,朝舞即今威海荣成东北的成山。齐桓公在位之时琅琊还未属于齐国所辖,但是由于琅琊古港的知名度很高,齐桓公很想乘船南下到琅琊古港游览一番,但是他的这一愿望最终没能实现。齐灵公十五年(前567年),齐国灭了莱国,齐国辖地得以大幅度扩大,控制了山东半岛沿海的众多古港。齐景公时齐国有复霸之势,故而齐景公想实现先王(齐桓公)环海巡狩之愿,率船队遵海而南下,航行至著名的琅琊古港。

二、越王勾践迁都琅琊

关于琅琊(琅邪),《史记·封禅书》曰:"八曰四时主,祠琅邪。琅邪在齐东方,盖岁之所始。"司马贞《索隐》:"案,《山海经》云'琅邪台在勃海间'。案,是山如台。"《汉书·地理志上》"琅邪郡"条:"琅邪,越王句践尝治此,起馆台。有四时祠。"《吴越春秋·勾践伐吴外传》:"越王既已诛忠臣,霸于关东,从琅邪起观台,周七里,以望东海。死士八千,戈船三百艘。"关于勾践迁都琅琊之举,许多古文献也有记载,如《竹书纪年》卷下:"(周)贞定王元年癸酉,于越徙都琅邪。"《越绝书·外传记地传》:"亲以上至句践,凡八君,都琅邪,二百二十四岁。"《水经注·潍水》:"琅邪,山名也,越王句践之故国也。句践并吴,欲霸中国,徙都琅邪。"又《水经注·浙江水》:"句践都琅邪。"顾颉刚在《林下清言》中说:"琅邪发展为齐之商业都市,奠基于勾践迁都时。"他认为:"《史记》始皇二十六年'南登琅邪,大乐之,留三月,乃徙黔首三万户琅邪台下',正以有此大都市之基础,故乐于发展也。司马迁作《越世家》乃不言勾践迁都于此,太疏矣!"[1]

---

[1] 顾颉刚:《顾颉刚读书笔记》,台北联经出版事业公司,1990年,第8045—8046页。

关于越王勾践迁都琅琊的时间,古文献中有三种不同说法:一是《竹书纪年》卷下记载的周贞定王元年(前468年);二是《吴越春秋》记载的勾践二十五年(前472年);三是《越绝书》记载的"勾践徙琅邪,到建武二十八年,凡五百六十七年"。建武是东汉初期年号,建武二十八年即公元52年,以此上推567年为前525年,这一年勾践还没有出生,可见《越绝书》记载有误。《竹书纪年》与《吴越春秋》所记载的勾践迁都琅琊的时间虽然相差4年,但是客观反映了这次迁都的始年与终年,即前472年开始迁都,到前468年完成迁都。迁都是一项耗费人力、物力、财力的大型系统工程,短时间内难以完成。据《吴越春秋》记载,勾践迁都选择了海路,为之护航的越国戈船[1]达300艘,动用"以船为车,以楫为马,往若飘风,去则难从,锐兵任死"(《越绝书》卷八)的越国水师8 000余人。众多迁都之船和300艘护航戈船行驶在海面上,其场面何等壮观。越王勾践迁都琅琊,带来了大量军队和移民。据当地民间所传,今琅琊镇甸王家村西北二里的高坡上有7座土丘,相传为越王冢。[2] 越王勾践迁都琅琊以后的权力继承关系如下:勾践—兴夷—翁—不扬—无强—玉—尊—亲。自勾践到亲共在琅琊经营了200余年。关于越王勾践迁都琅琊,也有学者认为琅琊不是越国的再迁之都,而应当是越国在北方的一个重要城邑(陪都)。林华东在《越国迁都琅邪辨》一文中明确提出,琅琊应是"越国陪都"。[3]

经过越王勾践及其后代的多年经营,以及战国时期齐国的进一步经营发展,琅琊已经发展成为胶东半岛南部富饶繁盛的大都市。琅琊古港在原有基础上进一步发展成为南北海陆交通贸易的枢纽。朱活曾依据历年齐刀币出土的地点,勾勒出活跃于胶东半岛的商贸交通路线,这两条主要路线均经过海陆交通枢纽琅琊:一条是从海阳经即墨沿胶州湾往西南至琅琊,然后从琅琊至日照;另一条是从平度经诸城至琅琊再到日照。其中海阳—即墨—琅琊—日照这条商贸交通路线沿青岛滨海地带自东北向西南而去,尤为重要。[4] 因秦始皇、汉武帝曾乘船巡狩琅琊以及徐福船队两次东渡从琅琊启航等重大航海活动,琅琊港的知名度不断提升。

西汉宣帝本始四年(前70年)夏四月,有着千年以上辉煌历史的琅琊发生

---

[1] 戈船为古代的一种战船。《汉书·武帝纪》颜师古注:"《伍子胥书》有戈船,以载干戈,因谓之戈船也。"
[2] 清《诸城县志·古迹》:琅琊"城西北于家老岭多古墓,相传为越王冢"。于家老岭在今琅琊镇甸王家村西北处。
[3] 林华东:《越国迁都琅邪辨》,《中央民族学院学报》1989年第1期。
[4] 朱活:《从山东出土的齐币看齐国的商业和交通》,《文物》1972年第5期。

过一次强烈的地震。该地震对琅琊城及其琅琊古港的破坏极为严重。据《汉书·五行志》记载:"本始四年四月壬寅地震……北海琅邪坏祖宗庙城郭,杀六千余人。"这是有文献记载以来胶东半岛最强烈的地震。自此以后,关于琅琊港的记载从古文献中消失了。

第五节 亦真亦幻的黄海文化

一、邹衍的"大瀛海"说

(一)邹衍其人及其学说

邹衍,战国时期的齐国人,大约生于前324年,卒于前250年。相传其墓地在今章丘相公庄镇郝庄村。他是"稷下学宫"百家争鸣中的著名哲学家,时称邹子。因他"尽言天事",时人称他"谈天衍"。他提出了著名的天下"大九州"的地理学说,成为我国古代具有"海洋开放型地球观"的第一人。

《史记·孟子荀卿列传》记其著作有"《终始》《大圣》之篇十余万言",还有一本《主运》;《汉书·艺文志》记《邹子》49篇、《邹子终始》56篇。"五德终始说"和"大九州说"是其主要学说。司马迁《史记》把他列于稷下诸子之首,称"驺衍之术,迂大而闳辩"。"五德终始说",即他把春秋战国时期流行的五行说附会到社会的变动和王朝兴替上提出的历史观。"大九州说"即"大瀛海说",即他对地球、宇宙的空间认识,反映了战国时期人们对中国和世界地理的认识和推测,认为中国只是世界的一小部分。

邹衍主张的天下"大九州",即天下分为大的九州,中国之为"九州",实乃"小九州"。《史记·孟子荀卿列传》云:"(驺衍)先列中国名山大川,通谷禽兽,水土所殖,物类所珍,因而推之,及海外人之所不能睹。称引天地剖判以来,五德转移,治各有宜,而符应若兹。以为儒者所谓中国者,于天下乃八十一分居其一分耳。中国名曰赤县神州。赤县神州内自有九州,禹之序九州是也,不得为州数。中国外如赤县神州者九,乃所谓九州也,于是有裨海环之,人民禽兽莫能相通者,如一区中者,乃为一州。如此者九,乃有大瀛海环其外,天地之际焉。"

"裨海环之"之"裨海",明杨慎撰《丹铅续录·裨海》解释说:"《说文》裨,接益也。以小益大曰裨。"意即环绕一个个"州"的小海，支撑汇总为环绕大九州的大瀛海，今称之为"大洋"。

战国时代我国的航海水平已有所提高，人们对中国东部海域内的陆地和岛屿已经有所了解，加上齐地滨海的自然环境，海市蜃楼的奇妙景象和燕齐渔民、商贾，尤其是方士对海外异域风情的传闻和描述，这一切都激发了邹衍的灵感，开阔了他的思路，使他对人类所在的自然世界做出了大胆的推测，创立了"大九州说"。

（二）邹衍学说的影响

邹衍的"大九州"学说影响很大，人们不但相信，而且不断丰富、发展了它。在《淮南子·地形训》中，就记载了"大九州"的名称："东南神州曰农土，正南次州曰沃土，西南戎州曰滔土，正西弇州曰并土，正中冀州曰中土，西北台州曰肥土，正北泲州曰成土，东北薄州曰隐土，正东阳州曰申土。"《后汉书·张衡传》引《河图》曰："东南神州曰晨土，正南卬州曰深土，西南戎州曰滔土，正西弇州曰开土，正中冀州曰白土，西北柱州曰肥土，北方玄州曰成土，东北咸州曰隐土，正东扬州曰信土。"《初学记》引《河图括地象》曰："昆仑之墟，下洞含右，赤县之州，是为中则。东南曰神州，正南曰迎州（一曰次州），西南曰戎州，正西曰拾州，中央曰冀州，西北曰柱州（一作括州），正北曰玄州（亦曰官州，又曰齐州），东北曰咸州（一作薄州），正东曰阳州。"不管这些"大九州"的名称为何，人们相信它们都在中国的四周八方，中国在中央。所谓普天之下，中国为中，这样的"中国中心论"，可谓渊源有自。

邹衍的"大九州说"，对于齐、燕两国沿海一带的方士航海有很大影响。《史记》和《汉书》都说"燕、齐海上之方士传其术"。后至秦代齐地方士徐福航海并最终东渡，秦皇、汉武不断巡海求仙，自汉代开始的中国人的大面积航海，沟通环中国海乃至远航沟通各大洋的海外世界，都与邹衍的"大九州"学说和思想不无关系。

邹衍的"大九州说"，虽然缺乏严密的调查论证，并非"科学知识"，但无疑开阔了人们的视野，激发了人们探索域外的热情。尽管在人们没有真正认识地球以前，不少人认为"大九州"学说"闳大不经"，王充《论衡》也评价大九州说："此言诡异，闻者惊骇"，《盐铁论》批评大九州说："近者不达，焉能知瀛海？故无补于用者，君子不为；无益于治者，君子不由。"但随着后世中外航海的发展和文化交流越来越多，海外世界与中国往来日益频繁，"大九州说"的理论和思想价值逐渐被人们所认识。元代张翥在其《岛夷志略·序》中，就对其作了公允的评价："九州环大瀛海，而中国曰赤县神州，其外为州者复九，有裨海环之，人民禽兽,莫能相通。如一区中者乃为一州,此驺氏之言也。人多言其荒唐诞夸,况当时外徼未通于中国,将何以征验其言哉!汉唐而后,于诸岛夷力所可到,利所可到,班班史传,固有其名矣!"薛福成所撰《出使英法义比四国日记》也说:"昔邹衍谈天……司马子长谓其语闳大不经,桓宽、王充并讥其迂怪虚妄……今则环游地球一周者,不乏其人,其形势方里,皆可核实测算。余始知邹子之说,非尽无稽。或者古人本有此学,邹子从而推阐之,未可知也。"[1]由此可见,邹衍的"大九州说"的历史地位。

将天下分为几个为海洋环绕相间的大的地理单元,这种思维方式和理念以邹衍的"大九州说"为最早。16世纪西方人通过"大航海"增加了对世界的了解之后,将地球分为五大板块,中国人翻译为"洲",即来源于中国古代"大九州"之地球海陆板块结构为"州"(洲)的思维和观念。

明徐应秋撰《玉芝堂谈荟》卷二二记载:"邹衍谓九州之外又有九州……汉人采之,作《河图括地象》。近西洋耶稣教,称天下总分五大洲:一曰亚细亚,中国四夷天竺……居此内,南至沙马、大腊、吕宋等岛,北至新增白蜡及北海,东至日本岛、大明海,西至大乃河、墨河的湖大海、西江海、小西洋。二曰欧罗巴,则大西诸国居焉。南至地中海,北至卧兰的亚及冰海,东至大乃河墨河的湖大海,西至大西洋。三曰利未亚,黑人国在此,南至大浪山,北至地中海,东至西江海,仙劳冷祖岛,西至河折亚诺沧。四曰北亚墨利加,与亚细亚大洲,并东方奴儿干国相连。五曰南亚墨利加。其二大州在中国之东,全为大海所围,南北以微地相联,五大州外,近南极有墨瓦蜡泥加地方,无人居焉。其地尽在南方,惟见南极,而北极常藏其界,未审惟北边与大小爪哇,及墨瓦蜡泥峡为境也。又按:山起昆仑发脉州四部,水汇尾闾,统原四海,弱水西入黑水,南回瀚海,北转鸭绿,东来长江,七折大河,九曲北海之僻国,名骨刺,厥夜惟易,昼长夜短,西海之僻国,名天竺,西牖迎阳,向东则无日也。黑齿寅之极也,厥土惟易蒱林申之极也。厥土惨肃饮米已之极。风俗嚣酷,流鬼亥之极。风俗向阴戟手悬渡辰,东则惟热冲冲而已,漏天戍,西则惟寒凄凄而已,五台丑,北月炎雪积而六月尤寒,象台未,南岁际纳凉而季冬尤热。"[2]

二、神山与方士航海

司马迁在《史记·封禅书》中,记载了一则自战国以来在黄、渤海一带广为

---

[1] 薛福成:《出使英法义比四国日记》,岳麓书社,1985年,第76—77页。
[2] 徐应秋:《玉芝堂谈荟》,《文渊阁四库全书》本。

流传的三神山传说:

> 自威、宣、燕昭使人入海求蓬莱、方丈、瀛洲。此三神山者,其传在勃海中,去人不远;患且至,则船风引而去。盖尝有至者,诸仙人及不死之药皆在焉。其物禽兽尽白,而黄金银为宫阙。未至,望之如云;及到,三神山反居水下。临之,风辄引去,终莫能至云。

先秦时的"勃海"是一历史地域,它包括了今渤海和黄海,即当时齐、燕东部的辽阔海面。海上三神山,其实不过是海市蜃楼奇观加上方士们丰富的想象而成的神话传说罢了。

三神山传说始于战国时期。当时所盛传的三神山为蓬莱、方丈、瀛洲,也有岱舆、员峤、方壶、瀛洲、蓬莱五神山之说。战国时期成书的《山海经》有"蓬莱山(蓬莱山)"的记载,"蓬莱山在海中"(《山海经·海内北经》);《列子·汤问》有"勃海之东……有五山焉,一曰岱舆,二曰员峤,三曰方壶,四曰瀛洲,五曰蓬莱"的记载。齐、燕滨海地带有关海上三神山的传说除了与海市蜃楼这一自然奇观密切相关外,也与齐、燕之地自古航海业发达,涉海者往往具有丰富的海洋岛屿等地理知识有一定的关系。

《管子·轻重甲篇》中有:"发、朝鲜不朝,请文皮、毤服而以为币乎?"从此处可知,"春秋时期的齐国已有与隔海相望的朝鲜进行贸易的经验,并非常喜欢发部族和朝鲜的文皮(有花纹的兽皮)和毤服(脱毛之皮制的衣服),而与之进行交易的欲望也很强烈。与燕国不同,齐国与朝鲜通商当利用海路"。[1]《尔雅·释地》:"东北之美者,有斥山之文皮焉。"斥山亦即赤山,位于今荣成石岛,这里是天然良港,并不生产文皮,所谓"斥山之文皮",正是从朝鲜通过海路运来的。另外,战国时期齐国的物品主要发现于朝鲜半岛南部韩国境内,而朝鲜半岛北部的战国物品则主要来自燕国和赵国,说明战国时期齐国与燕、赵两国通往朝鲜半岛有着不同的路线。燕、赵民众主要经陆路从北方进入朝鲜半岛;而齐国民众则是走海路,从朝鲜半岛西海岸进入的。[2] 由于当时商贾们的海上交往皆为民间行为,他们在航海过程中所见到的海岛奇观等等,难得被史官或文人记录下来。一代代涉海者关于他们在海上所见到或所听到种种奇特之事的讲述,在黄、渤海沿岸民间产生了很大的影响。海市蜃楼的自然奇观,再加上一代代涉海者

---

[1] 李岩:《中韩文学关系史论》,社会科学文献出版社,1998年,第12页。
[2] 李慧竹:《汉代以前山东与朝鲜半岛南部的交往》,《北方文物》2004年第1期。

的讲述,构成了海上三神山传说发生的基础,之后经过方士们极富想象力的发挥和渲染,终于形成了如真似幻、奇特无比、引人向往的三神山传说。"古代的中国人对海外充满了一片好奇与遐想,想象遥远的海中一定有一个奇特的世界,从而产生了种种幻想与光怪陆离的神话传说。'三神山'传说就是其中的一个"。[1] 在神仙学说盛行的战国时期,"当时众多方士'为方仙道,形解销化','怪迂、阿谀、苟合之徒自此兴,不可胜数也'。可知当时三神山传说流传之广和人们对它的悬惑之深"。[2]

据《史记·封禅书》记载,寻找海上三神山与不死药之举,大约是从齐威王、齐宣王、燕昭王时代开始的,并由此兴起了一个专门的群体——方士。方士也称"方术之士",是指从事方术、方技等道术并宣传服食、祭祀可以长生成仙的人。据《史记·封禅书》记载,最早的方士是周灵王时的苌弘,据称他长于阴阳之学,明鬼神之事。战国时期,神仙之说十分盛行,认为可以找到使人不死的药物,人们服用这种药物便可成为"长生不死"的神仙(神人),自由自在地行动于天地之间。神人的种种行状在《庄子·逍遥游》中是这样描述的:"藐姑射之山,有神人居焉,肌肤若冰雪,淖约若处子,不食五谷,吸风饮露,乘云气,御飞龙,而游乎四海之外。"战国时期齐、燕沿海一带是方士群体的兴起之地,他们往往以海上三神山和不死之药为号召。由于齐威王、齐宣王和燕昭王深受神仙之说影响,坚信海中三神山上有仙人和不死之药,于是皆大征方士到大海中探寻三神山,自此掀起了中国古代史上空前的入海求不死药的浪潮。一批批方士寻仙的船队在茫茫大海上寻觅虚幻的三神山,其结果可想而知。

自战国时期开始的齐、燕方士大规模海上寻访三神山活动,对于黄渤海的航路探索具有不容忽视的意义。齐、燕皆为海上强国,方士群体庞大,其活动延续了百年之久,所积累的经验非常有利于海上航道的探索与开辟。

第六节 黄海周边的文化交流

一、嵎夷

《尚书·尧典》记载的尧舜禹时期的嵎夷,后来出现在朝鲜半岛,说明山东

---

[1] 李岩:《中韩文学关系史论》,第37页。
[2] 李岩:《中韩文学关系史论》,第38页。

半岛与朝鲜半岛在早期时就有人员往来和文化交流。

《尚书·尧典》的记载提到了嵎夷：尧为帝时，曾"命羲仲，宅嵎夷，曰旸谷。寅宾出日，平秩东作"。"旸谷"，即"阳谷"，意为太阳居住和出入的地方。这句话的意思是，帝尧任命羲仲居住在嵎夷生活的地方，这个地方被称作"旸谷"，并让羲仲在那里恭敬的迎接日出，以测定春季种植农作物的时间。

那么"旸谷"在哪里呢，史学家们有着不同的解读。依据《史记》的相关记载，多数专家认为"旸谷"就是后来秦始皇、汉武帝祭祀"日主"之地："日主，祠成山，成山斗入海，最居齐东北隅，以迎日出云。"嵎夷主要活跃在山东半岛东部沿海一带，这也是宋代以来历史地理学家们的主流观点，南宋著名学者薛季宣认为嵎夷在今登州。元代地理学家于钦的《齐乘》也认为，登州府为"《禹贡》嵎夷之地"。《齐乘》是山东现存最早的方志，也是全国名志之一，于钦又是山东益都（今青州市）人，对山东半岛的历史地理应是非常了解的。于钦在《齐乘·山川篇》中还提到："（斥山）盖以海滨广斥得名，高门之族居此，有千余家，东齐于氏皆斥山望也。……夏相时，于夷来宾，子欲居九夷，于夷其一也。或即嵎夷之转，或于国之裔，有奔海滨而君长东夷者。"于钦把斥山于氏和东方九夷之一的于夷（嵎夷）联系到了一起，进一步肯定了嵎夷最初生活在山东半岛东部沿海一带。明代成书的《大明一统志》也明确指出："（登州）唐虞时为嵎夷地。"唐代以来，登州辖山东半岛东部地区，辖区包括今威海市所辖的全部地域。以上观点都把登州与《尚书·尧典》记载的迎接日出的嵎夷联系在了一起，这说明山东半岛最东端的成山一带，曾是嵎夷活动的重要区域。

嵎（于）夷是东方九夷的一支，和其他夷族一起参与了与中原王朝的纷争。《后汉书·东夷传》对此有较为详细的描述，中原王朝式微时"渐居中土"，中原王朝强大时则被驱逐，尤其是在周公东征、周穆王讨夷和齐桓公攘夷的打击下，东夷族的势力逐渐衰微，有的与中原民族走向融合，也有部分夷民可能东渡黄海去往了朝鲜半岛或日本列岛。

晋代张华所撰《博物志》载："（齐）越海而东，通于九夷。"甚而到了宋代，高丽国王在给北宋皇帝的信函中，多次称自己的臣民"混迹于嵎夷"，称高丽的官吏是"嵎宅细民"。

二、石棚与支石墓

中国的中原地区在距今4 000年前后结束史前时期进入夏商时代，但由于各地文明发展的不平衡性，进入历史时期的时间也各不相同。朝鲜半岛和日本列岛的史前时期则延续更久，所以一些当地属于史前时期的文物遗迹，可以在中国找到更早的线索。比如朝鲜半岛很有名的支石墓。

支石墓,是古代东北亚地区广泛流行的一种墓葬形式。这种墓葬多用砾石或卵石铺底,再用石块砌筑墓壁并封顶。根据考古发现,胶东半岛也有类似支石墓的墓葬。如威海市乳山南黄庄的墓葬,墓壁四周用石块砌成,再盖以大石板,石板上积以石块封堵,同类墓葬在山东半岛东部威海市所辖的乳山、文登、荣成一带也有分布。这种墓葬形式与以土坑墓为主要墓葬形式的周代墓葬很不相同,"而与辽东半岛、朝鲜半岛比较常见的石棺墓有近似之处,只不过其墓壁四周以较平整的小石板或石块砌成"。[1]

日本、韩国和朝鲜学界所称的"支石墓",山东半岛称之为石棚。乳山南黄庄墓葬的年代大约在前10世纪—前8世纪;朝鲜半岛支石墓的年代大约在前5世纪至3世纪;日本九州支石墓的年代大约在前3世纪至2世纪。[2] 也就是说,山东半岛的这种墓葬形式早于朝鲜半岛和日本列岛,中国东北南部、朝鲜半岛和日本的支石墓与山东半岛南黄庄的墓葬有一定联系。山东文物考古研究所的刘延常研究员曾在日本进行过考察,认为日本"弥生文化石棺墓与山东乳山南黄庄墓地中石板墓相似,用较薄的石板组成箱式石棺"。[3] 因而有学者认为支石墓是石棚的进一步发展,日本、韩国部分学者甚至把它归入广义的支石墓当中。"南黄庄文化还有一个比较重要的现象,就是它的分布范围与现今山东半岛保存的石棚地名的分布范围比较重合,即都以山东半岛东部的荣成、文登和乳山为分布重心。所有这些可能同样意味着它与韩国的棋盘式支石墓及其发展形态石棺墓有一定联系"。[4] 这向我们暗示出山东石棚分布的大致范围,也证明了山东半岛在周代与辽东半岛和朝鲜半岛的文化交流,这种交流包括了古人类的往来迁徙。

当然,关于朝鲜半岛支石墓的起源也有不同意见,一种意见是,中国山东半岛发现的支石墓,与朝鲜半岛南部发现的支石墓形式一致,而中国东北辽东半岛发现的支石墓与平壤一带后期支石墓相同,故认为朝鲜南部的支石墓方式系由中国山东半岛传去,而北部的形式是由辽东半岛传入的;另一种意见则相反,认为支石墓是由朝鲜半岛传入中国的。[5] 但无论哪一种意见都说明,山东半岛在周代时与朝鲜半岛南部有文化交流。

---

[1] 李慧竹:《汉代以前山东与朝鲜半岛南部的交往》,《北方文物》2004年第1期。
[2] 蔡凤书:《支石墓之谜与古代中、韩、日的文化交流》,《山东大学学报》1996年第2期。
[3] 刘延常:《试论东夷文化与日本考古学文化的关系》,《华夏考古》2005年第4期。
[4] 李慧竹:《汉代以前山东与朝鲜半岛南部的交往》,《北方文物》2004年第1期。
[5] 参考蒋非非:《中韩关系史(古代卷)》,社会科学文献出版社,1998年。

第四章 秦汉帝国的黄海经略

第一节 秦始皇三巡黄海

秦始皇统一六国之后,为了加强对新占领地区的控制,一方面将郡县制推广到全国,另一方面开始大规模的东巡,而黄海沿海一带是他东巡的重点所在,曾三次亲临这一地区。当然,东巡的目的除了巩固疆土、宣传他的文治武功之外,寻访仙人、寻求仙药也是重要目的。

一、秦始皇东巡黄海的线路

根据对《史记》的梳理,第一次东巡黄海发生在秦始皇二十八年(公元前219年),"并勃(渤)海以东,过黄、腄,穷成山,登之罘,立石颂秦德焉而去。南登琅邪,大乐之,留三月。乃徙黔首三万户琅邪台下,复十二岁。作琅邪台,立石刻,颂秦德,明得意。"其路线为从渤海沿海出发,沿胶东半岛的近海航线航行,最终到达琅琊。

紧接着在第二年他又开始了第二次东巡,线路为"登之罘,刻石。……旋,遂之琅邪,道上党入"。史料虽未明确记载这次沿海航行的出发地,但与上次一样,都到了芝罘和琅琊。

第三次东巡发生在秦始皇三十七年,"还过吴,从江乘渡。并海上,北至琅邪。……自琅邪北至荣成山,弗见。至之罘,见巨鱼,射杀一鱼,遂并海西"。与之前不同,这次东巡由南往北而行。

秦始皇三次东巡黄海,或从北方出发,或从南方出发,虽然巡游线路不同,但其活动的主要地域都在黄海海域及其沿海一带,从而体现了这一区域的重要性。

二、秦始皇东巡黄海的活动

（一）刻石纪功

秦始皇东巡沿海时，一个很重要的目的就是向天下，尤其是向东部新占领地区的百姓宣扬自己的德行和权威。《史记·秦始皇本纪》提到，秦始皇在第一次东巡沿海时在芝罘和琅琊都曾刻石，但只有琅琊的石刻内容被记载下来（图四）；第二次东巡时又在芝罘刻石，内容被记录下来；第三次东巡则未刻石纪功。

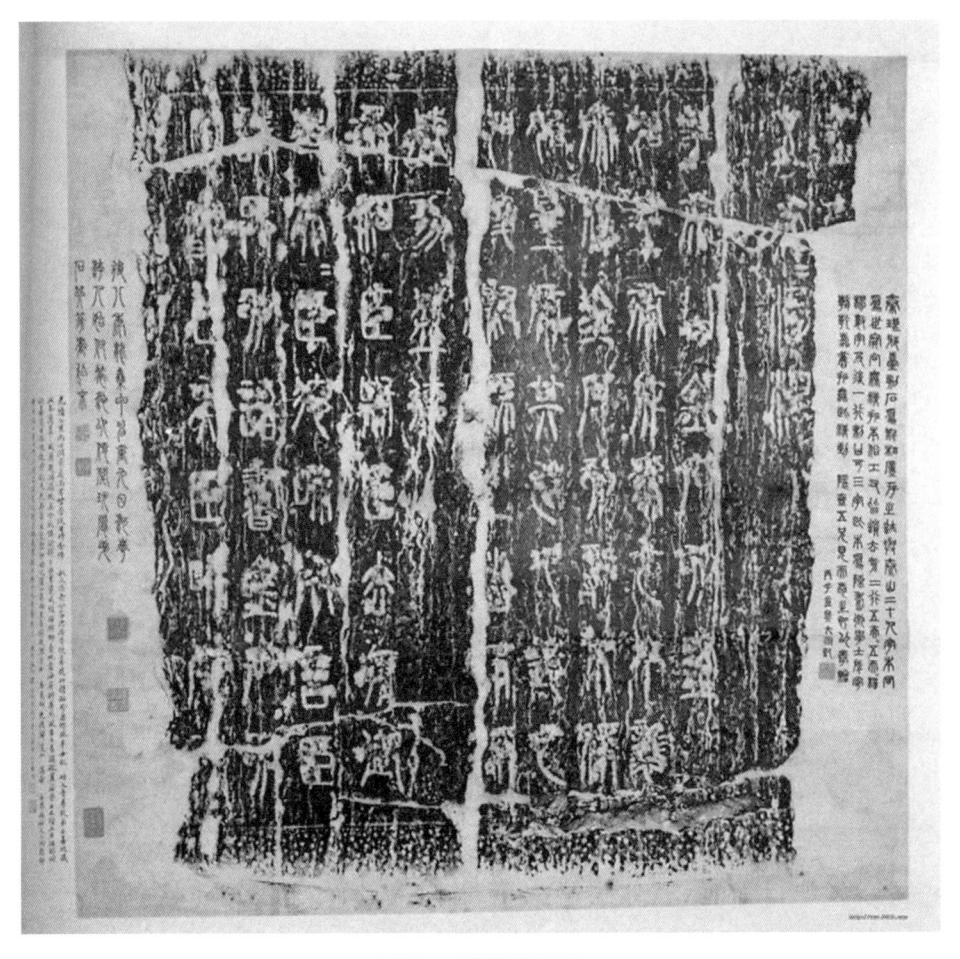

图四　琅琊石刻拓本

[转引自山东胶南琅琊暨徐福研究会：《琅琊与徐福研究论文集（二）》，香港东方艺术中心，2007年]

琅琊的刻石铭文曰：

> 维二十八年，皇帝作始。……东抚东土，以省卒士。事已大毕，乃临于海。皇帝之功，勤劳本事。上农除末，黔首是富。普天之下，抟心揖志。器械一量，同书文字。日月所照，舟舆所载。皆终其命，莫不得意。……皇帝之德，存定四极。诛乱除害，兴利致福。节事以时，诸产繁殖。黔首安宁，不用兵革。六亲相保，终无寇贼。驩欣奉教，尽知法式。六合之内，皇帝之土。西涉流沙，南尽北户。东有东海，北过大夏。人迹所至，无不臣者。功盖五帝，泽及牛马。莫不受德，各安其宇。
>
> 维秦王兼有天下，立名为皇帝，乃抚东土，至于琅邪。列侯武城侯王离……五大夫杨樛从，与议于海上曰：古之帝者，地不过千里……群臣相与诵皇帝功德，刻于金石，以为表经。

秦始皇在这一通刻石铭文中明白宣示此次东巡沿海的原因，即"安抚东土"。同时，铭文中还重点突出了秦始皇统一天下的伟大功业，宣示了皇帝的无上权威，从而有利于在东部地区推行秦朝的政令国法。

芝罘的刻石铭文曰：

> 维二十九年，时在中春，阳和方起。皇帝东游，巡登之罘，临照于海。从臣嘉观，原念休烈，追诵本始。大圣作治，建定法度，显著纲纪。外教诸侯，光施文惠，明以义理。六国回辟，贪戾无厌，虐杀不已。皇帝哀众，遂发讨师，奋扬武德。义诛信行，威燀旁达，莫不宾服。烹灭强暴，振救黔首，周定四极。普施明法，经纬天下，永为仪则。大矣哉！宇县之中，承顺圣意。群臣诵功，请刻于石，表垂于常式。

其东观曰：

> 维二十九年，皇帝春游，览省远方。逮于海隅，遂登之罘，昭临朝阳。观望广丽，从臣咸念，原道至明。圣法初兴，清理疆内，外诛暴强。武威旁畅，振动四极，禽灭六王。阐并天下，甾害绝息，永偃戎兵。皇帝明德，经理宇内，视听不怠。作立大义，昭设备器，咸有章旗。职臣遵分，各知所行，事无嫌疑。黔首改化，远迩同度，临古绝尤。常职既定，后嗣循业，长承圣治。群臣嘉德，祗诵圣烈，请刻之罘。

芝罘刻石意在表明秦国统一六国的正义性，即六国国君"贪戾无厌，虐杀不已",而秦始皇统一六国后"振救黔首,周定四级",让天下百姓过上了安定幸福的生活。天下统一之后,秦始皇仍然"经理宇内,视听不怠。作立大义,昭设备器,咸有章旗",同时大臣们能够各守本分、勤于政事,百姓们能够改变习俗、遵从新法,从而达到"常职既定,后嗣循业,长承圣治"的局面。

虽然《史记》明确提到了秦始皇东巡时曾刻石纪功,但这些石刻却在当地找不到了。据传是由于历代官绅频频来此探寻古迹,百姓不堪其扰,把刻石抛入海中。还有一说是后世百姓痛恨秦始皇施行暴政,将刻石推入海中。

(二)琅琊和芝罘的继续开发

东巡和刻石纪功仅是秦始皇治理和开发东部海疆的措施之一,制度建设和战略据点的经营更显始皇帝的卓越眼光。在制度建设方面,他将秦国的郡县制推广到东部海疆,在黄海沿海一带设立了辽东郡、琅琊郡、东海郡等,郡下再设县,由于郡县官吏由中央政府直接任命,从而加强了对这些地区的控制;战略据点的选择方面,由于东部沿海地域广大,人口众多,加之又是新占领的地区,除了派遣军队和收缴民间武器之外,经营琅琊、芝罘等战略据点更是维护统治的重要措施。

1. 秦始皇对琅琊的经略

上一章提到,琅琊在先秦时期就是东部沿海的重要港口,越国为了争霸中原还曾迁都琅琊。在天下统一之后,琅琊战略位置的重要性更加凸显出来。因为从琅琊出发,可东巡海疆、北慑齐地、南控吴越,可谓是秦朝控制东部领土的重要支点。

秦始皇第一次东巡沿海时,在琅琊停留了三个月。秦始皇喜欢巡游天下,一方面是为了游玩,更重要的目的是巩固疆土。统一之后的秦朝地域广大,需要巡游的地方很多,能够在琅琊停留三个月,凸显了他对琅琊的重视程度。之后,他更是命令迁徙三万户百姓到此,并免除迁徙百姓十二年的赋税徭役,可见其治理和开发琅琊的魄力和决心。

依靠特殊的地理位置和港口优势,琅琊本就十分发达,大量人口的迁徙和政治地位的提升(郡治所在),更使其成为秦朝东部沿海的重镇。秦始皇第二、三次东巡时也都到达了琅琊,看中的正是这里能够为巡游舰队提供各种物资保证。后来秦始皇派遣徐福东渡时也从这里出发,大概也与这里有条件、有能力支撑"入海求仙人"这样一个耗费大量人力、物力的远航活动有关。

2. 秦始皇对芝罘的重视

秦始皇三次东巡都经过的地点,除了琅琊之外,就是芝罘。之所以芝罘能够得到秦始皇的垂青,原因是多方面的。

其一,芝罘就是先秦文献中屡屡提到的"转附"古港,历史悠久,开发很早。如《孟子·梁惠王下》记载:"昔齐景公问于晏子曰:'吾欲观于转附、朝舞,遵海而南,放于琅琊。'"焦循的《孟子正义》认为,"转附"即是之罘山(今烟台市芝罘岛),"之"、"转"是一声之转,"附"、"罘"古音相通。因为开发很早,港口设施完善,芝罘能够容留秦始皇庞大的巡游队伍。

其二,芝罘是祭祀"阳主"的所在(图五)。《史记·封禅书》提到需要祭祀的八神,其中就有"阳主,祀之罘"。秦始皇东巡芝罘时,一个重要目的就是祭祀八神之一的"阳主",从而通过这一手段笼络和团结当地的百姓。

图五　重修的芝罘岛阳主庙

(刘凤鸣:《烟台区域文化通览·总卷》,人民出版社,2016年,第89页)

其三,芝罘也是山东半岛东部沿海的重要经济、文化中心。芝罘所属的腄县人口众多、经济发达,在东部沿海区域中居于重要地位。因而芝罘既是春秋时期就闻名遐迩的游览胜地,又是八神主之一的阳主所在地,还紧靠腄县县城,人员往来频繁,秦始皇要在山东半岛东部宣扬他的文治武功和政策主张,当然要选择最有影响的地带,而腄县附近的芝罘是最理想之地。

最后,秦始皇重视芝罘可能还有一个目的,即向东方诸国,特别是向朝鲜半岛、日本列岛上的国家显示自己的威德,因为这里有当时秦帝国与朝鲜半岛和日本列岛的重要海上通道。早在东周时期,芝罘就是沟通黄海沿岸区域的重要港口,秦朝时徐福东渡也曾经过芝罘到达朝鲜半岛南部或日本列岛。

所以说,秦始皇选择在芝罘岛刻石"诵功",也是在这里向海外的国家作宣传,宣传秦朝的国威,宣传秦朝的政策主张。

（三）寻访仙人、仙药和耀威海上

除了政治目的之外,秦始皇东巡还有一个很个人的目的,即寻访仙人、仙药,以求得长生不老(图六)。他第一次东巡时就派遣徐福去海中寻找仙山、仙人,之后还派遣卢生等寻访仙人、仙药。当秦始皇第三次东巡来到琅琊时,徐福寻找仙山、仙人八九年而未得,因而诈称:"蓬莱药可得,然常为大鲛鱼所苦,故不得至,愿请善射与俱,见则以连弩射之。"正巧"始皇梦与海神战,如人状。问占梦博士,曰:'水神不可见,以大鱼蛟龙为候。今上祷祠备谨,而有此恶神,当除去,而善神可致'"。之后,秦始皇派人准备连弩和捕巨鱼的工具,并带领舰队巡游海上,最终在芝罘射杀"巨鱼"。

图六　山东胶南琅琊台秦始皇入海求仙群雕
[山东胶南琅琊暨徐福研究会:《琅琊与徐福研究论文集(二)》,卷首插页]

秦始皇亲自出海射杀"巨鱼"的举动,绝不仅仅是为徐福"入海求仙人"扫清航路上的障碍,而是一次在大海中宣示威武的举动。秦始皇第三次来琅琊时,比前两次来的时候更急于对外宣示他说一不二的帝王之气。前两次来的时候是在统一六国之后不久,他还担心六国旧贵族和当地百姓的反叛,所以刻石"诵功"以树立他刚刚确立的帝国权威。而第三次来琅琊时,他不仅北却匈奴,控制了黄海以北的大片土地,而且将疆土扩至南海沿岸,设置了桂林、南海诸郡,此时的秦始皇可谓霸气十足。当他听说海上有大鱼阻挡寻仙之路时,自然要予以铲除。

秦始皇在陆地上的威武,世人已经领教了,但海上的人,还有海外的国家,还没领教过,这次铲除海上的大鱼给秦始皇提供了机会,所以秦始皇要亲自出马,要让大海上的大鱼和海外的国家看看大秦帝王的威力。这应是秦始皇亲自出海射杀"巨鱼"的主要动因。

秦国虽然一开始是内陆国家,以陆军称雄并统一天下,但在统一六国之后,秦始皇整合燕、齐、楚等国的造船技术和航海技术,建造了庞大的巡游舰队,而能够射杀海上"巨鱼"的战船则代表了当时造船技术的高峰。透过这只强大的水上军力,秦始皇告诉世人他的水军力量可以和他陆地上的军力媲美,同样可以所向披靡,战无不胜。

第二节 徐福东渡的历史与传说

上文已经提到,秦始皇曾两次派遣徐福寻访仙人、仙药,甚至不惜为此建造大船射杀"巨鱼"。虽然徐福东渡的最初目的是给皇帝寻访仙人、仙药,但他的航海活动促进了沿黄海区域的文化交流和人口迁徙,他的事迹在朝鲜半岛和日本列岛留下了很多传说,可谓构建"环黄海圈"的第一人。徐福是齐国人,熟悉山东地区的神仙文化,并以此说服秦始皇让他去寻访仙人、仙药;从后来活动看,他应该也具备一定的航海知识。

一、徐福船队的规模

根据《史记》记载,徐福第一次东渡带领了"童男童女数千人",第二次东渡带领了"男女三千人"。这里的数千或三千童男童女仅是入海求仙的"供奉"人口。船队规模当在上万人左右。

古代出海,行船要靠人工摇橹,远航需要的水手还会更多,从日本遣唐使船我们可以了解到,水手和勤杂人员能占到总人数的一半多,研究中日文化交流史的日本学者木宫泰彦认为,日本遣唐使的航船上"半数以上是水手"。[1] 秦代船的性能远远比不了唐代,船只所需水手和勤杂人员还应更多一些。

据《太平广记》所记,徐福东渡所用船只为楼船。中国船史研究会副会长、上海海事大学海洋文化研究所所长时平指出:徐福航海的"楼船属于大型楼船,搭载人数较多,适宜江湖和近海、远海长距离航行。……楼船属于较大的船,参

---

[1] [日]木宫泰彦著,胡锡年译:《日中文化交流史》,商务印书馆,1980年,第79页。

与操船水手应占船上人员半数以上"。[1] 除船队的水手和勤杂人员外,管理和看护数千童男童女的官员和随从人员也不会是小数目。徐福东渡远航,沿途要停靠许多地方,保卫数千人安全所需的士兵也不会太少。所以说,徐福每次出海应有上万人的分析并不夸张。

徐福东渡,是一次打着官方旗号、准备了丰富的海上生活资料和海外生存必需品的,有组织、有目的的海外大移民。徐福东渡,既是为了逃避秦始皇的严酷统治,避免秦始皇的政治迫害,也是借秦始皇之力去海外开拓新的地方。徐福为未来的发展和生存准备了充足的人力资源,还带着各种技艺人才和各种粮食种子,甚至连善射的兵员都准备得非常充分,这一切正是开拓新的地方所必需的。

二、徐福东渡的航线

徐福船队"入海求仙人"的航线为:从琅琊沿海岸线北上,到达山东半岛最东端的"荣成山",再绕过山东半岛西行至"之罘",再"遂并海西",沿海岸线向西进发。也就是说,从琅琊到芝罘的这一段航线,司马迁在《史记》里已经交代得很清楚了,可徐福的船队继续向西,从什么地方离开山东半岛进入大海去寻找仙山呢?《史记》没有说明,这又给后人留下了思考的空间。回答这个问题,应该从两处入手。一是,传说中的"仙山"的大体方位,也就是"仙山"经常出现的地方,即使徐福不相信有什么"仙山"、仙人,为了做样子给秦始皇看,也必须奔着出现"仙山"的方向去;二是,徐福率领这么多人,要逃避秦始皇的追查,逃得远远的,并找一个地方住下来,在当时的条件下沿着什么路线走才最安全,才能找到一个秦始皇的权力延伸不到的地方。

关于传说中"仙山"的大体方位,《史记·封禅书》记载:"三神山者,其传在勃(渤)海中,去人不远,患且至,则船风引而去。"蓬莱、方丈、瀛洲三座神山位于勃海中,而秦汉时期的勃海,包括现在的渤海和黄海的北部。《史记》中的三神山应是指海中的特殊现象——海市,而海市多发于今天蓬莱以北的庙岛群岛海面,秦始皇、汉武帝也是多在这一带派人寻找仙山、仙人。

秦朝时期,以当时的造船技术和航海水平来看,徐福船队从琅琊或胶州湾,或成山头,或芝罘一带横渡大海,经朝鲜半岛南部到达日本九州岛等地是要冒很大风险的。《新唐书》记载了登州(今蓬莱市)至朝鲜半岛南部的航线。这条航

---

[1] 时平:《关于徐福出海船舶的探讨》,《登州与海上丝绸之路》,人民出版社,2009年,第257—258页。

线途经庙岛群岛,航船可随时就近避风并补充淡水、食物等,安全系数较大。船队到了辽东半岛后再"循海岸水行",至朝鲜半岛西海岸南下。朝鲜半岛到日本九州岛的路线,《三国志·东夷传》有详细记载,也是"循海岸水行",即在朝鲜半岛东南部横渡朝鲜海峡,借助今韩国的巨济岛、日本的对马岛、壹岐岛等岛屿,到达日本的九州岛。秦朝徐福"入海求仙人"的航船条件和航海水平,远远比不了几百年以后的朝代,以当时的航船能力只能是"循海岸水行"。所以说,如果徐福船队的目标是朝鲜半岛南部或日本,走的也只能是《三国志》和《新唐书》里记载的航海路线,即从山东半岛北部古黄县一带(即古登州,今蓬莱)入海,沿着庙岛群岛到达辽东半岛,然后沿海岸线至朝鲜半岛西海岸,再南下至日本九州岛。

三、徐福东渡的传说

两千多年来,徐福求仙一事广为流传、众说纷纭。司马迁是一个严肃的历史学家,他在《史记》里多次提到徐福"入海求仙人",我们有足够的理由相信,徐福"入海求仙人"是真实的。

徐福船队的登陆地点选在哪里呢?史书上没有明确记载,直到今天也没有考古证据给予足够的支持。但近年来,中、日、韩三国学者围绕徐福故里和徐福东渡,从考古学、历史学、航海学、民俗学等多学科进行了全面的探讨,徐福东渡从山东半岛启航,先到朝鲜半岛,再由朝鲜半岛南下至日本列岛已成为中、日、韩三国学者的共识。

关于徐福"入海求仙人"的去向,司马迁在《史记》里只说"得平原广泽,止王不来",并没有明确说明"平原广泽"在什么地方,我们只能根据以后的史书记载来分析、判断。最早的记载,应是陈寿写的《三国志》。成书稍晚的《后汉书·东夷列传》记载的和《三国志》基本相同,应是采用了《三国志》中的记载。《三国志·吴书·孙权传》提到,徐福率领的数千童男童女到了澶洲,澶洲在会稽(会稽郡,在今苏杭一带)海外,是比较大的岛屿,"有数万家"在上面居住。而且澶洲离东吴一带很远,"所在绝远,不可往来"。

那澶洲在哪里呢?如果徐福先到的是朝鲜半岛,是不是还有一种可能,三国时代的澶洲指的是韩国的济州岛。虽然东吴无法横渡大海到达济州岛,而秦代徐福从山东半岛北部起航,经庙岛群岛,"循海岸水行"是可以到济州岛的。济州岛是今韩国第一大岛,位于朝鲜半岛南端,隔济州海峡与朝鲜半岛相望。济州岛在历史上被称为"瀛洲",有许多关于徐福寻仙求药的传说。济州岛的汉拿山海拔1 950米,为韩国最高峰。据韩国文献记载,汉拿山就是瀛洲山,是徐福寻找长生不老药的三神山之一。济州岛的汉拿山、西归浦、"徐市过之"石刻、朝天浦等,相传都与徐福东渡有关。相传徐福东渡到济州岛(时称瀛洲)寻找长生不老之药,在济州岛的正房瀑布海岸西行回国,西归浦(今西归浦市)因此而得名。如果此传说成立,那么徐福东渡至此西行归国,应指的是徐福第一次东渡,因为徐福第二次东渡,"得平原广泽,止王不来",再也没有回国。济州岛西归浦市正房瀑布的峭壁上原有"徐市过之"石刻。"1910 年,日本学者冢原熹先生在正房瀑布拍摄的'徐市过之'照片与撰写的《济州岛秦徐福遗迹考》一起被收入《朝鲜志》,现存日本东京大学图书馆。20 世纪 50 年代后期,遗址便湮没了。现只保存下来摩崖石刻的拓片"。[1] 朝天浦位于济州岛海边,相传当年徐福曾在此靠岸,在海边的岩石上刻下"朝天"二字,便去汉拿山(瀛洲山)寻找长生不老药了,于是此地便改称"朝天浦"。今济州岛西归浦市为追寻当时徐福的足迹在西正房瀑布附近建有徐福公园。这说明朝鲜半岛南部海岸,包括朝鲜半岛南部的济州岛都可能是徐福到达的地方。

据《三国志·东夷传》记载,朝鲜半岛南部生活着三韩——马韩、弁韩、辰韩。"马韩在西……辰韩在马韩之东,其耆老传世,自言古之亡人避秦役来适韩国,马韩割其东界地与之。……今有名之为秦韩者。始有六国,稍分为十二国。弁辰亦十二国……弁、辰韩合二十四国,大国四五千家,小国六七百家,总四五万户"。"(辰韩)土地肥美,宜种五谷及稻,晓蚕桑,作缣布,乘驾牛马。……国出铁,韩、濊、倭皆从取之。诸市买皆用铁……其俗,行者相逢,皆住让路。"辰韩的许多部落极有可能是齐人徐福或其随从建立的。

《后汉书》和《三国志》都明确记载,辰韩是由"避秦役"的秦人所组成的。大批秦人把高档丝织品和"作缣布"的生产工艺、制铁的技术带到朝鲜半岛南部。出走海外的秦人能够短时间在异国他邦建立起一个部落或国家,散兵流民是做不到的,只有像徐福这样有着严密组织系统的庞大人群才能建立起来。辰韩有几万户人口,虽说不可能都是徐福东渡时带去的人员,但以徐福带去的人员为核心,再聚集其他"避秦役"的散兵流民,组成一个个相对独立的村镇部落是完全可能的。辰韩"始有六国,稍分为十二国",开始有六个部落,后来又分成了十二个部落,极有可能是徐福第二次东渡的结果。徐福第二次东渡,诱使秦始皇不仅派遣了"男女三千人",而且"资之五谷种种百工而行",就是有准备、有目的的到海外去开拓新的事业。特别是像冶铁业这样既需要高技能,又需要多工序集体完成的行业,只有徐福集团才有能力在较短的时间里组织起有效的生产。

---

[1] 中国国际徐福文化交流协会:《徐福志》,中国海洋大学出版社,2007 年,第 260 页。

日本也有许多关于徐福的传说,所以不少专家坚持说"有数万家"居住的大岛是日本的九州岛。笔者也认为,陈寿在《三国志》里提到的澶洲应是日本的九州岛。范晔撰写的《后汉书·东夷列传》把徐福"遂止此洲"的夷洲及澶洲附在倭之后,也说明南朝人范晔视澶洲为倭国的一部分或与倭国相邻。唐代的许多诗人也都肯定澶洲即是日本,如唐代著名诗人皮日休在他的《重送圆载上人归日本国》中就有"云涛万里最东头,射马台深玉署秋。无限属城为裸国,几多分界是亶州"的话,明确指出亶(澶)洲就是日本。这一点,许多中、日史学家都给予了肯定。

五代后周时期,济州(今山东济宁市)开元寺僧人义楚在所撰《释氏六帖》(又名《义楚六帖》)中也明确提到徐福是到了日本:

> 日本国,亦名倭,东海中。秦时徐福将五百童男、五百童女止此国也。今人物一如长安。……又东北千余里有山,名富士,亦名蓬莱。其山峻,三面是海,一朵上耸,顶有火烟。日中上有诸宝流下,夜即却上,常闻音乐。徐福止此,谓蓬莱。至今子孙皆曰秦氏。

义楚在《释氏六帖》中,不仅明确提到徐福到了日本,而且还认为徐福到了富士山一带。义楚的信息主要源于他的好友、日本来华高僧宽辅的口述传闻。宽辅,法号弘顺大师,是公元927年来到中国的,义楚关于富士山的描述,显然是从宽辅那里得到的信息。义楚提到日本富士山一带是徐福一族繁衍生息之地,富士山是活火山,"一朵上耸,顶有火烟"是对火山喷发时的具体描述,而且义楚还把富士山的火山喷发与黄海沿海一带传说中的蓬莱仙境连了在一起:"日中上有诸宝流下,夜即却上,常闻音乐。徐福止此,谓蓬莱。"这说明在当时的日本,徐福的传闻和徐福信仰已经得到一定程度的认可。也有的学者对此提出了质疑,认为日本之所以在中国的五代时期有这样的传闻,而以前没有,可能是受隋唐时期中日文化交流的影响。这样的分析不能说没有道理,但要否定《义楚六帖》记载的真实性,同样拿不出任何有力的证据。

现存最早记载徐福东渡到达日本的日本文献是日本延元四年(1339年),日本南朝重臣北畠亲房编撰的《神皇正统记》。《神皇正统记》把徐福东渡至日本作为信史加以记载,而且提到由于秦始皇焚书坑儒,"孔子全经唯存日本矣"。其后,各类相关著作,包括地方文献、辞书中也都有了类似记载。在日本,更多的是有关徐福的遗迹和传说。从九州到本州的20多处地点,都流传着有关徐福登陆地点、活动遗迹、祠庙和墓葬等的传说,而且同类遗迹往往重复见于多处地点。

徐福遗迹主要集中在今和歌山县和佐贺县。1986年至1989年,在徐福传说较为集中的日本九州佐贺县吉野琨里发现了一处较大的日本弥生时代(公元前3世纪—公元3世纪)聚落遗址,这成为日本最重要的考古发现之一。它包括环壕遗址和大量的坟丘墓,同时还出土了铜剑、铜镜、铜铎和玉管等珍贵文物。铜剑、铜镜、铜铎和玉管等珍贵文物或来自中国,或为中国去的工匠所制作。[1] 吉野琨里遗址的发现为中国人东渡日本提供了较为有力的考古证据,尽管我们无法将徐福东渡与日本简单画上等号,但是考古证据和民间传说日趋一致,这是不争的事实,致使一些日本学者认为徐福东渡日本确有其事。更有许多日本人还以徐福的后裔自居,虽然我们无法考证其真伪,但一个传说历经一两千年仍有强大的生命力,必定有其存在的理由。

2 200多年前,徐福带领"男女三千人,资之五谷种种百工而行",实际就是假借"入海求仙人"到海外去开拓新的事业。徐福的船队给朝鲜半岛南部、日本列岛带去了秦王朝发达的造船、航海技术及先进的耕种方式、百工技艺与生活习俗等,推动了朝鲜和日本社会各个方面的进步。徐福率大批移民到朝鲜半岛南部和日本列岛,是中国传统文化,特别是黄海沿海一带文化向海外的一次大传播,是中日韩第一次大规模的经济和文化交流。在朝鲜半岛南部和日本列岛文化还比较落后的那样一个时期,一支庞大船队,在高大楼船的指挥下破浪前行,沿途传播的又是当时最先进的生产技术,为秦汉以后更大规模的人员往来和文化交流打下了基础。

第三节　汉武帝巡海与东征朝鲜

汉朝建立以后,实行郡国并行制,沿黄海区域的郡县多有变动,还出现了一些小的封国。由于秦末战争破坏巨大,汉初以来一直实行休养生息的政策。汉代的大规模的航海活动,到汉武帝时期才开展起来。一方面,汉武帝效仿秦始皇亲自巡视东部沿海一带;另一方面,他还派遣水军渡海东征朝鲜,形成了以汉帝国为中心的"环黄海文化圈"。

一、汉武帝巡海

汉武帝巡视东部沿海的动机和秦始皇是一样的,一是考察东部沿海一带的

---

[1] 安志敏:《吉野琨里遗迹的考古发现——记日本最大的弥生文化环壕聚落》,《考古与文物》1990年第2期。

仙道文化,以期求得长生不老的仙方,幻想自己能够长生不老。据史书记载,汉武帝有十次来到东部沿海一带,或在海上,或在陆上,祭海求神,寻访仙迹。但更重要的一点是想借助神权的力量来达到巩固东部海疆和维护皇权的目的。

汉武帝平定南越之后,开始巡视东部沿海一带。这十次"东巡海上",主要发生在今黄海沿海一带。《史记·孝武本纪》记载,元封元年(前110年)春,汉武帝"东巡海上,行礼祠八神"。"八神",即齐地八神主,其中芝罘的阳主、成山的日主、琅琊的四时主都在今黄海沿海一带。元封元年夏,汉武帝"复东至海上望,冀遇蓬莱焉",汉武帝仍是到山东半岛沿海一带祭祀齐地的神仙,并希望能见到这些仙人。元封二年春,大臣公孙卿说在东莱山(今龙口莱山)见到了仙人,并说那仙人"想见天子"。汉武帝封公孙卿为中大夫,而且还"东莱,宿留之数日,毋所见,见大人迹"。之后汉武帝又派出数以千计的方士去寻找神仙奇物,采集灵芝仙药。《汉书·武帝纪》记载,元封五年冬,汉武帝"行南巡狩……自寻阳浮江,亲射蛟江中,获之。舳舻千里……遂北至琅邪,并海,所过礼祠其名山大川"。这里不仅明确记载了汉武帝乘船来到了琅琊,而且还写了汉武帝在浔阳江亲自射杀大鱼,及汉武帝的船队在江中首尾相接、千里不绝的威武气势。这如同之前提到的秦始皇在芝罘海域射杀大鱼一样,都是在炫耀帝国的强大和威武。太初元年(前104年)十二月,汉武帝"东临勃海,望祠蓬莱","勃海",即渤海。太初三年春正月,汉武帝又"行东巡海上"。汉武帝这一次"东巡海上"来到的地方仍然和上一次一样,也是在山东半岛的北部和东部沿海一带。天汉二年(前99年)春,汉武帝"行幸东海",古代"东海",包括今黄海的大部和东海,这次汉武帝行幸的"东海",指的也是山东半岛东部沿海一带,这从下面的记载就可以看出。太始三年(前94年)春二月,汉武帝"行幸东海,获赤雁,作《朱雁之歌》。幸琅邪,礼日成山。登之罘,浮大海。山称万岁"。这一次汉武帝"行幸东海",明确提到了"琅邪"、"成山"、"芝罘"三个地方。这一次不仅在有齐地神主的地方进行了祭祀活动,在荣成成山头举行了祠日大典,还在当年秦始皇射杀大鱼的芝罘岛一带海域举行了隆重的游海活动,宣示皇家的神圣和威严,惊天动地的"万岁"欢呼声响彻大海。从这里可以看出,汉武帝到山东半岛一带"巡海",绝不仅仅只是寻找仙人、仙山,而是和秦始皇一样,到东部边疆来炫耀帝国的威武。太始四年夏四月,汉武帝"幸不其,祠神人于交门宫,若有乡坐拜者。作《交门之歌》"。"不其",指不其县。《汉书·地理志》载:"不其,有太一、仙人祠九所,及明堂。武帝所起。"汉武帝到不其县来,主要是在交门宫举行祭祀活动,为了显示皇家的气派,还组织人在交门宫大唱交门之歌。征和四年(前89年)春正月,汉武帝"行幸东莱,临大海",这里的"东莱"仍是指东莱郡,指今胶东半岛北部及东部沿海地区。《汉书·郊祀志》记载,汉武帝"复修封于泰山。东游东莱,临大海",再次把祭祀泰山和"东巡海上"结合到了一起。两年以后,也就是后元二年(前87年)二月,汉武帝去世,"东巡海上"的活动这才终止。

汉武帝十次"东巡"沿海,有九次到了今黄海沿海一带,虽说有一次没有明确说明,但通过分析也可以得出相同的结论。汉武帝如此重视黄海沿岸一带,正如我们在前面所说的,是为了显示了他对齐地神主的诚意和控制东方海疆的雄心壮志。汉武帝"东巡海上"期间,从海上出兵朝鲜,就是他炫耀武力、扩展疆土的最好说明。元封二年,也就是在汉武帝第三次到山东半岛东部沿海一带巡视的同一年,在山东半岛发生了中国航海史乃至东方航海史上的一次重要事件,这就是汉武帝"遣楼船将军杨仆从齐浮渤海,兵五万人"远征朝鲜。

二、汉武帝东征朝鲜

汉初时朝鲜是汉朝的附属国。到右渠执政的时候,他却不再朝觐汉朝的皇帝了。周围许多小国想拜见汉朝皇帝,也被右渠阻拦。元封二年,汉武帝派使臣涉何去指责右渠,但右渠不愿接受汉朝的诏命。涉何离开朝鲜时,在边界上刺杀了朝鲜裨王,汉武帝认为他杀死朝鲜将军有功,授予他辽东东部都尉的官职。朝鲜王怨恨涉何,调兵袭击辽东,杀了涉何,而汉武帝派水陆两军讨伐朝鲜。当然,汉武帝出兵朝鲜,绝不仅仅是因为朝鲜刺杀了汉朝的官员而进行报复,扩展疆土、实现霸业应是汉武帝攻占朝鲜的主要目的。

山东半岛东部,即今黄海沿海一带是楼船军"从齐浮渤海"的起点,是这次大规模的军事行动的后方补给基地。汉武帝多次"东巡海上"到黄海沿海一带炫耀武力,也促使黄海沿海一带提升了支撑庞大海运所需要的后勤保障能力。

杨仆到底率领了多少楼船军"从齐浮勃海",不同的典籍有着不同的解读。中华书局标点本《史记·朝鲜列传》:"天子募罪人击朝鲜。其秋,遣楼船将军杨仆从齐浮渤海;兵五万人,左将军荀彘出辽东,讨右渠。……楼船将军将齐兵七千人先至王险。""兵五万人"与"楼船将军杨仆从齐浮渤海"分断,可以理解为"兵五万人"随"左将军荀彘出辽东"。《汉书·朝鲜列传》:"天子募罪人击朝鲜。其秋,遣楼船将军杨仆从齐浮勃海,兵五万,左将军荀彘出辽东,诛右渠。"按照《汉书·朝鲜列传》的标点,完全可以"遣楼船将军杨仆从齐浮渤海,兵五万人"连读,这样就可以理解为"兵五万人"是随"杨仆从齐浮渤海"的。南宋时期著名的史学家、文献学家吕祖谦对《史记·朝鲜列传》记载的"兵五万人"有这样的解读:"遣楼船将军杨仆左将军荀彘击朝鲜解题曰杨仆从齐浮渤海兵五万人海道也荀彘出辽东陆道也。"吕祖谦的上述文字显然应做这样的标点:"遣楼船将军杨仆、左将军荀彘击朝鲜,解题曰:杨仆从齐浮渤海,兵五万人海道也。荀彘出辽东陆道也。""兵五万人海道也",吕祖谦认为"兵五万人"是从属于杨仆率领的"从齐浮渤海"的楼船军,而不是左将军荀彘率领的辽东军。

《汉书·武帝纪》载:"遣楼船将军杨仆、左将军荀彘将应募罪人击朝鲜。"楼船将军杨仆排在左将军荀彘之前,也说明了此次征讨朝鲜应是以杨仆为主。从《史记·朝鲜列传》记载的作战情况看,杨仆与荀彘从不同的方向分头作战。由此我们可以得出这样的推断:杨仆所统领的兵员数量应该在荀彘之上,至少数量相当,但无论如何不可能是杨仆只有"齐兵七千人",而荀彘拥"兵五万人"。

从以上分析可知,《史记·朝鲜列传》记载的"楼船将军将齐兵七千人先至王险",只是说楼船将军杨仆率领齐地士兵七千人,首先到达了王险城(当时朝鲜的都城,一说在今朝鲜平壤市,又一说在平壤市西南大同江南岸),而不是说杨仆率领的楼船军只有七千名齐地的士兵。据《史记·南越列传》记载,楼船将军杨仆在平越时统领的是"江淮以南楼船十万师"。据《汉书·两粤列传》记载,杨仆统领的楼船士可能更多,"南粤反……赦天下囚,因南方楼船士二十余万人击粤"。此次征讨朝鲜,必定也会有部分平粤时的楼船军,杨仆之所以率领"齐兵七千人先至王险",是因齐地的士兵,也就是驻守在山东半岛的楼船军熟悉山东半岛与朝鲜半岛之间的海域情况,并且山东半岛与朝鲜半岛之间往来频繁,齐兵也较南兵熟悉朝鲜半岛的情况。所以杨仆把齐兵作为先头部队是很正常的。但这并不等于说,杨仆率领的五万士兵只有七千人是齐兵,只是"齐兵七千人"作了先头部队,后续的,特别是做后勤保障的仍少不了大量的士兵。至于汉武帝出兵朝鲜共动用了多少部队?《史记·朝鲜列传》里没有记载,但从山东半岛渡海的楼船军是五万人可以推断,从陆地进入朝鲜的也决不会少于这个数字,否则,无法战胜势力强大的朝鲜。

对于"楼船",司马迁在《史记·平淮书》中记载,汉代的"楼船高十余丈,旗帜加其上,甚壮"。《后汉书·隗嚣传》也有"又造十层赤楼帛阑船"的记载。所谓"帛阑船",是以帛装饰栅栏的楼船。楼船有十层之高,可能有些夸张,但汉代的楼船是多层建筑,"旗帜加其上,甚壮"应是可信的。关于汉代楼船的结构(图七),汉代刘熙所撰《释名》有这样的描述:"其上板曰覆,言所覆虑也。其上屋曰庐,象庐舍也。其上重屋曰飞庐,在上故曰飞也。又在上曰爵,室于中候,望之如鸟雀之警视也。"[1] 楼船共有四层,最上层可能较小,相当于我们今天的船桥,作驾驶室或观察室。但刘熙对楼船的大小及载人的数量没有记载。

---

[1] 王先谦:《释名疏补证》,中华书局,2008年,第266页。

图七 汉代楼船模型
（席龙飞：《中国古代造船史》，武汉大学出版社，2015年，第118页）

虽然我们不能判定"楼船将军杨仆从齐浮渤海"的具体出发地点，但大致可以推知，汉武帝对朝鲜的用兵应是从山东北部沿海一带出发的。首先，春秋战国至秦汉时期山东半岛北部有一系列的著名港口（港湾），如芝罘、黄县、腄县等，秦皇汉武巡海时多驻扎这里；其次，从以后的历史经验看，三国到隋唐时期中原政权征伐辽东半岛和朝鲜半岛也是从这里出发的。[1]

关于楼船军远征朝鲜的航海路线，学界争论较多，不过大多数学者认为是"循海岸水行"，因为即便是到了造船和航海技术较为发达的隋唐时期，采用的也多是这条路线。不过，以杨仆"严酷""敢挚行"的性格和急于立功的想法，率领的又是熟悉这段海路的齐兵，其先头部队极有可能从山东半岛的最东端的成山头出发，选择一条虽有风险，但航程最近的航路，这样的选择"可以更为迅速地抵达战场"。[2] 而且从后来的"楼船将齐卒，入海，固已多败亡"的记载看，也说明杨仆的先头部队走的是一条充满风险的航程。但杨仆率领的七千名齐地的士兵一次性渡海，无论走的什么航线，都可以想象出这是一支非常庞大的舰队，再加上后续跟进的几万士兵，在黄海的海面上，是一个多么浩大壮观的场面。这也显示了山东半岛东部沿海，即黄海沿海一带有着支撑庞大海运所需的后勤保障能力，有着当时设施完善、技术先进的造船和海上远航基地。黄海沿海一带是汉代中国连接东方海外诸国的桥头堡，也是开展与朝鲜半岛民间海上往来和海

---

[1] 刘凤鸣：《山东半岛与古代中韩关系》，中华书局，2010年。
[2] 王子今：《论杨仆击朝鲜楼船军"从齐浮渤海"及相关问题》，《鲁东大学学报》2009年第1期。

上贸易的重要场所。正是因为汉武帝时期有着强大的水军,才能水陆夹击,"遂定朝鲜,为四郡",将朝鲜半岛北部纳入大汉的版图,形成大汉帝国的"环黄海圈"。

第四节 "环黄海圈"的贸易

汉武帝平定朝鲜之后,"以其地为乐浪、临屯、玄菟、真番郡"(《汉书·武帝纪》),大汉帝国的"环黄海圈"的形成,也进一步促进了"环黄海圈"的人员往来和海上贸易的繁荣。

《史记·平准书》记载:"彭吴贾灭朝鲜,置沧海之郡,则燕、齐之间靡然发动。"《汉书·食货志》的记载是:"彭吴穿秽貊、朝鲜,置沧海郡,则燕、齐之间靡然发动。"两书的记载有一些差异,清代史学家钱大昕在他的《廿二史考异》中提到:"《汉书·食货志》较《史记》为确。"理由之一是,灭朝鲜的是汉武帝派去的荀彘、杨仆,而不是彭吴贾。钱大昕甚至认为"无彭吴贾其人也"。他认为《史记》中提到的"灭(减)"字,"当为濊字之讹,濊与薉、秽(穢)同,贾为商贾之贾,谓彭吴与濊朝鲜贸易,因得通道置郡也"。钱大昕的理由能自成一说,也很有见地。按照钱大昕的说法,虽然我们无法考证彭吴是哪里人,做生意走的是海路还是陆路,但从《汉书》和《史记》都记载的"燕、齐之间靡然发动"来看,燕、齐两地与朝鲜半岛的联系更加密切了,这包括人员往来和商业活动。

《后汉书·东夷列传》载:"马韩之西,海岛上有州胡国。……乘船往来,货市韩中。"《三国志·东夷传》载:"州胡在马韩之西海中大岛上。"州胡国的具体位置,在今天的韩国何处有不同的解读。一是济州岛说。州胡就是韩国的济州岛,因济州岛在历史上曾被称作州胡,韩国的词典也有这样的解释。1928年在济州市山地港筑港工地附近熔岩层下发现了中国汉代的遗物,具有代表性的是五铢钱、货泉、货布、大泉五十等货币。"五铢钱"是西汉武帝时铸造的,王莽时仍延续使用,其他货币则都是王莽时代铸造的。持济州岛说的学者认为,由于韩国南部、日本北九州都发现有货泉等货币,因此从济州市山地港出土的货币可以推断:这些汉代文物应是进行交易时留下的,符合"货市韩中"的记载。但否定者认为,济州岛在马韩之南,不符合史书中"马韩之西"的记载,而且济州岛远离中国大陆,也不是汉代"乘船往来,货市韩中"的理想场所。中国从汉代一直到三国时期,以当时的航运能力,从黄海沿岸横渡黄海难以直达朝鲜半岛南部的济州岛,辽东半岛与韩国做生意完全可以走陆路,没必要冒海上的风险"乘船往来"。如果州胡国在济州岛,"乘船往来",货市韩倭倒是有可能,但史书记载的是"货市韩中"而不是货市韩倭,而且,当时日本到济州岛冒的风险也很大。所以有的韩国学者,包括朝鲜的部分学者不同意州胡国是在济州岛的说法,而是提出另一观点,即州胡国是在中国庙岛群岛的长山岛,理由是长山岛在"马韩之西",是当时中韩海上交往的必经之路,也是"乘船往来,货市韩中"的最理想场所。虽然州胡国在什么地方还需要进一步考证,但至少可以说明,在汉代朝鲜半岛南部就已经有了通过海路进行的中韩贸易活动了,而且海上贸易的中国货物应主要来自山东半岛。

州胡国"货市韩中"的韩,应指的是朝鲜半岛南部的三韩,即马韩、弁韩、辰韩,但主要指的是马韩,因为州胡国离马韩最近。"货市韩中"的"中",当然指的是汉朝时的中国,而且主要是指山东半岛沿海一带。虽然从距离看,朝鲜半岛北部的乐浪郡离马韩更近,但一则二者有陆路相通非常近便,用不着冒险在海上进行交易;二则两地物产相似,交易的动机也不足。而山东半岛沿海一带,汉朝时经济发达、物产丰富,为贸易往来提供了充足的货源,况且当时"循海岸水行"的航路已经开辟,齐地之人善于航海,具备了进行海上贸易的物质条件。

另外,还有一种说法,州胡可能在朝鲜半岛东南部的莞岛一带。莞岛一带是唐与新罗时期张保皋从事中、日、韩三国贸易的基地,该地土生土长的张保皋可能受到了先人们"乘船往来,货市韩中"的启示,而投身于中、日、韩三国贸易。当然,这只是一个推测,在没有一个确定答案的前提下,这样的推测或许会对学界提供一个新的考证思路。

据《史记·货殖列传》和《汉书·地理志》记载,秦汉时期的山东沿海地区经济十分发达,尤其是故齐地区的桑蚕纺织业在全国都是处于领先地位的,其盛产的高档丝绸不仅可供贵族使用,还走入民间,并能用于海外贸易。而且汉武帝巡视东部沿海时,"散财帛以赏赐,厚具以饶给之,以览示汉富厚焉",向随从巡游的外国人炫耀,而他所赏赐的财帛不少应是齐地生产的丝绸产品等。

除了丝绸之外,自周代以来山东沿海就以出产食盐闻名天下,近海的便利条件,官方组织的生产经营,使这里生产的海盐不仅可供国内使用,也可用于对外贸易。如日本考古学家鸟居龙藏曾指出:"梦金浦附近盛产木材,汉人贩运山东的盐来交易木材,获利甚巨,地方因此繁荣起来。"[1]

经过春秋战国和秦代的发展,汉代的冶铁业已经十分发达。铁制生产工具

---

[1] 朱云影:《中国文化对日韩越的影响》,广西师范大学出版社,2007年,第363页。

的使用推动了生产力的发展。铁制工具和冶铁技术通过山东沿海也传向了朝鲜半岛。

这一时期朝鲜半岛发现了不少来自山东沿海的遗物。如朝鲜黄海道长山串附近的梦金浦遗址中,曾发掘出汉式铁斧及冶铁的遗迹。张政烺先生还提到,在平壤乐浪郡旧址发掘的古墓中"发现绫绢残片,以及菱文之罗,织工很精,大概是从山东半岛运输来的。足证这种精美的丝织物,已为运销朝鲜半岛的商品"。[1] 这些山东沿海的遗物说明,汉代时的环黄海圈的贸易已经十分繁荣。

第五节 黄海沿岸的经济与社会

秦汉时期,沿黄海地区的经济迅速发展,特别是以渔盐为特色的海洋经济开始在经济体系中发挥重要作用。随着人口的增加,文化交流、经济活动的兴盛,以及秦汉官方航海活动的频繁,一些著名的沿海城市崛起。

一、海洋渔业的勃兴

这一时期海洋渔业的进步表现在以下几方面:渔获量的增加使渔业成为沿海部分居民的生业模式;海产品加工方法的进步和部分海产珍品的出现;政府对海洋渔业进行管理的探索。

早在春秋战国时期,随着沿海居民人口的增加,沿海各地的渔业活动日趋活跃。及至秦汉时期,这一局面进一步扩大。沿海地区出现了"以渔采为业"(《汉书·王莽传》)的渔户,又有亦农亦渔,"鱼采以助口食"(《后汉书·刘般传》)的沿海居民。在先秦时期海洋经济的基础上,秦汉时期沿黄海地区的海洋经济有了进一步发展,尤其是山东沿海地区的渔获量大大增加,甚至到了"莱黄之鲐,不可胜食"(《盐铁论·本议》)的地步。

这一时期的海产品加工方法有了进一步提升,如《说文解字·鱼部》介绍了当时三种鱼产品加工的方法:"鮨,鱼䏽酱也,出蜀中";"鮺,藏鱼也。南方谓之䲙,北方谓之鮺";"鲍,饐鱼也"。鲍,"埋藏淹使腐臭也"。

一些海产珍品已经为秦汉时人所熟悉,这也是秦汉海洋渔业进步的重要表

---

〔1〕 余逊:《汉唐时代的中朝友好关系》,《五千年来的中朝友好关系》,开明书店,1951年,第18页。

现。如鲍鱼,在古代常被称作鲍鱼,如新朝皇帝王莽喜食鲍鱼,甚至在"军师外破,大臣内畔,左右亡所信"的危急时刻,"莽忧懑不能食,亶饮酒,啖鲍鱼"(《汉书·王莽传》)。

随着沿海地区人口的增加,海洋渔业的迅速发展,西汉武帝时期东莱沿海的官员曾试图将渔业纳入官营。《汉书·食货志》载:"长老皆言,武帝时县官尝自渔,海鱼不出,后复予民,鱼乃出。"不过这次渔业官营的尝试以失败告终。汉宣帝时期曾有增加海租的提议,海租即渔课,就是对渔业进行征税。东汉时则设有都水官一职,《后汉书·百官志》载:"(郡县)有水池及鱼利多者,置水官,主平水收渔税。"至于沿海郡县是否设有都水官,《后汉书》虽未言明,但我们揣测也应该有。

二、海盐业的发展

秦汉时期,天下一统,安定统一的政治局面为海盐生产的发展奠定了基础。沿黄海地区的盐业,在先秦尤其是齐国盐业的基础上有了更大的发展。

(一)两汉盐业政策的演变

西汉初年,朝廷实行与民休息的政策,大开山泽之禁,盐政管理比较放松,海盐制造业多掌握于富商巨贾手中。汉初以盐业致富者不乏其人,如齐地的刁间,《史记·货殖列传》载:"齐俗贱奴虏,而刁(刀)间独爱贵之。桀黠奴,人之所患也,唯刁间收取,使之逐渔盐商贾之利,或连车骑,交守相,然愈益任之,终得其力,起富数千万。"刁间致富诚然与其精明、有胆识的个人能力有关,但汉初煮盐权归之于民的政策则是根本原因。又如汉初的吴王濞,"招致天下亡命者盗铸钱,煮海水为盐","以铜盐故,百姓无赋","国有富饶"(《史记·吴王濞列传》)。至汉武帝元狩年间(前122—前117年),盐业专卖制度建立,盐业经营权和制盐权均收归朝廷。东汉对海盐业曾实行过官办,但不久又允许私人煎制,朝廷设官收税。"郡国盐官、铁官本属司农,中兴皆属郡县"(《后汉书·百官志》)。

(二)汉武帝时海盐业的官营

为从大盐商手中夺取利源,也为解决当时遇到的财政困难,汉武帝开始了整顿盐业官营的措施。元狩四年,大农丞东郭咸阳和孔仅"领盐铁事",侍中桑弘羊参与筹划盐业官营。一年后,大司农颜异向汉武帝提出盐铁官营的具体实施方法。盐业官营大致有以下三点:海盐业收归朝廷管理,收入应归朝廷;汉朝廷招募民人、自筹经费煮盐,朝廷给予其煮盐的器具——牢盆及煮盐工本费;打击私人煮盐,规定对制私盐者"钛左趾,没入其器物"(《汉书·食货志》)。汉武帝在听取建议后,决意执行。元狩六年,孔仅与东郭咸阳到全国各产盐地落实盐业官营。他们任盐官,建立专卖机构。盐业官营增强了西汉中央财政的实力,"当此之时,四方征暴乱,车甲之费,克获之赏,以亿万计,皆赡大司农,此皆……盐铁之福也"(《盐铁论·轻重篇》)。

(三) 汉代的盐官设置

汉武帝在全国主要盐区都设立了盐官。据《汉书·地理志》记载,西汉共置盐官38处,其中,沿黄海海盐产区设盐官6处。分别是辽东郡的平郭(今辽宁省盖州市南)、东莱郡的东牟(今山东省烟台市牟平区)、东莱郡的昌阳(今山东省文登区南)、琅琊郡的长广(今山东省莱阳市东)、琅琊郡计今(今山东省胶州市)、琅琊郡海曲(今山东省日照市东港区)。由此看来,今天的辽宁沿海只设有一处盐官,而今天的江苏地区则没有盐官。当然,《汉书》可能存在疏漏,但其不至于将江苏沿海众多盐官都忽略不计。不管如何,我们认为这反映了当时海盐业发展的区域差异。

实际上,除了以上《汉书·地理志》记载的盐官,我们也不排除其他地方曾设有盐官。杨远先生认为"疑琅邪郡赣榆、临淮郡盐渎两地,也当产盐,尤疑东海郡也当产盐,姑存疑"。[1] 这一质疑是很有道理的,连云港市东海县尹湾村汉墓出土的《东海郡属县乡吏员定簿》证实了这一点。据记载,西汉时此地置有"盐官吏员"82人,并附有详单,说明盐官不仅人数众多,并且分工明确。[2] 而且据《后汉书·百官志》记载,"凡郡县出盐多者置盐官,主盐税",我们认为《汉书》对盐官设置的记载是有疏漏的。

再言之,即便不设置盐官的地方,其海盐业的发展也不容忽视,比如西汉的盐渎(今盐城市)一带是重要的产盐地。西汉初年,盐渎为射阳侯项伯的封地,"因汉初在这里'煮海兴利,穿渠通运',故名'盐渎'"。[3]

除了文献记载之外,有关盐官印章的发现也是盐官设置的有力佐证。如莱州市博物馆收藏有一枚东汉时期的东莱郡"右主盐官"铜印,印面近似正方形,铜印重达6.5公斤,印面上部铸有一虎一兕相对搏斗的形象,二兽下面铸有四个

---

[1] 杨远:《西汉盐、铁、工官的地理分布》,《香港中文大学中国文化研究所学报》1978年第9卷。
[2] 高敏:《试论尹湾汉墓出土〈东海郡属县乡吏员定簿〉的史料价值》,《郑州大学学报(哲社科版)》1997年第2期。
[3] 盐城市方志办:《盐城市县概览》,盐城市方志办,1998年。

阴文大字"右主盐官"。[1] 此铜印之所以造型特大,因为它不是用于盖在盐政等公务文书封泥或文书本身之上的,而是用来封盐的专用封记图章。传世的封泥里,更早的还有"琅邪左盐",是西汉高祖至文、景时期的。[2] 另外,上海博物馆藏有"琅盐左丞"印。这都说明汉代时黄海沿海一带的盐业生产非常发达。

三、沿海港口的兴起

秦汉两代,沿黄海地区的海洋活动渐趋频繁,既有民间的沿海民众捕鱼、煮盐和贸易等海洋开发活动,也有秦皇、汉武东巡海上和燕齐两地方士航海寻仙等官方航海活动。这些海洋活动在一定程度上促进了沿海港口的发展,沿黄海地区出现了几个著名的港口,如琅琊港、芝罘港、广陵港等,其中琅琊港最为典型。

琅琊港早在先秦时期就是全国著名的港口。秦汉时期,秦皇、汉武巡海和徐福东渡要么以琅琊港为基地,要么停驻这里进行巡游休整。秦始皇还命令向琅琊大量移民,大力开发琅琊沿海一带。

作为港口,琅琊港除了参与巡海、求仙等活动外,还扮演着运输港的角色。《史记·主父偃传》载:"(秦始皇)使蒙恬将兵攻胡,辟地千里,以河为境……然后发天下丁男以守北河……又使天下蜚刍挽粟,起于黄、腄、琅邪负海之郡,转输北河,率三千钟而致一石。"这次运粮活动发生于蒙恬"发兵三十万人北击胡,略取河南地"(《史记·秦始皇本纪》)之时。蒙恬北击匈奴需要大量的军粮,而沿海的山东地区自然承担了部分粮食的运送,其运送路线的起点就有琅琊港。

琅琊兴起于先秦,鼎盛于秦至西汉中期,汉宣帝时的一次大地震之后琅琊港开始淡出历史舞台。秦皇、汉武巡海时多次路过的地方除了琅琊港外,还有芝罘和成山。

广陵即今江苏扬州。先秦秦汉时期的江苏沿海陆海环境与今天有较大差异。苏北的海岸线曾经发生多次变化,苏北沿海今范公堤一线以东还没有成陆,长江入海口大约在扬州、镇江一线。[3] 广陵城建于先秦时期,西汉时广陵城又成为诸侯王都城和广陵郡的治所。吴王濞时,广陵"城周十四里半"(《后汉书·郡国志》)。广陵的闻名,除了作为都城和治所外,关键是它江、海交汇的地理位置和以渔盐为特色的海洋经济。"夫广陵在吴越之地……三江、五湖有鱼盐之

---

[1] 孙家洲、杜金鹏:《莱州文史要览》,齐鲁书社,2013年。
[2] 陈直:《两汉经济史料论丛》,陕西人民出版社,1980年。
[3] 赵英时、吕克解、杨达源:《黄淮海平原东部全新世以来海岸变迁的遥感研究》,《黄淮海平原水域动态演变遥感分析》,科学出版社,1988年,第153页。

利,铜山之富,天下所仰"(《史记·三王世家》)正好说明了这一点。

综上,秦汉时期的沿黄海地区的经济和社会较先秦时期有了更大的发展,也为今后的发展奠定了基础,其以渔盐为特色的海洋经济更是大大超越了以前。而秦汉时期沿黄海地区海洋经济迅速发展的原因主要有以下三方面:一是沿黄海地区有良好的经济发展基础,渔业资源、盐业资源、土地资源丰富,开发很早;二是大批内地移民迁入沿黄海地区,如秦始皇二十八年的移民琅琊和汉武帝时期的东瓯族民内迁,为沿海地区的经济和社会发展补充了劳动力;三是渔盐经济受到当时人们尤其是统治者的重视。

第六节 汉代文学中的黄海

秦皇、汉武十分看重海洋,曾多次巡海。巡海的队伍声势浩大、场面壮观,巡海之时还刻碑立石、筑台迁户、祭海祷神,宣扬皇帝的德行和权威,因而强化了人们的海洋意识,文人雅士们也愈发地把海洋作为他们创作的题材。秦汉时期人们对海洋的开发进一步深入,海洋经济活动日趋频繁。随着造船和航海技术的发展,跨海的文化交流日渐增多,人们对海外的认识也更加广泛。人们对海洋的认识更多了,对海洋的感情更多了,生产力的提高和物质生活的发展使得人们的艺术创造力和审美愉悦需求也进一步发达起来,因而海洋文学的发展成为必然。秦汉海洋文学的成就主要表现在以下几个方面。

一、史家笔下的黄海

《史记》《汉书》等史家之书大多长于文采,后世也多视其为文学典范,其中犹以《史记》最被人推重。我们仅以《史记》为例来看史书中对于涉海之人、之事的记述,有很多完全可以看作是如同今日的报告文学或传记文学一样。如关于三皇五帝及其后世世系的追根溯源,其中有很多涉海的神话传说;对周边尤其是沿海民族和海外诸国民人特性与生活方式,对齐、燕诸王的经营海洋,对秦始皇及二世、汉武帝等的东巡视海等等,都记述得十分形象生动。如《史记·封禅书》载:

> 于是始皇遂东游海上,行礼祠名山大川及八神,求仙人羡门之属。八神将自古而有之,或曰太公以来作之。齐所以为齐,以天齐也。其祀绝,莫知起时。八神:一曰天主,祠天齐。天齐渊水,居临菑南郊山下者。……五曰阳主,祠之罘。六曰月主,祠之莱山。皆在齐北,并勃海。七曰日主,祠成

山。成山斗入海，最居齐东北隅，以迎日出云。八日四时主，祠琅邪。琅邪在齐东方，盖岁之所始。皆各用一牢具祠，而巫祝所损益，珪币杂异焉。

自齐威、宣之时，驺子之徒论著终始五德之运，及秦帝而齐人奏之，故始皇采用之。而宋毋忌、正伯侨、充尚、羡门高，最后皆燕人，为方仙道，形解销化，依于鬼神之事。驺衍以阴阳主运显于诸侯，而燕齐海上之方士传其术不能通，然则怪迂阿谀苟合之徒自此兴，不可胜数也。

自威、宣、燕昭使人入海求蓬莱、方丈、瀛洲。此三神山者，其传在勃海中，去人不远；患且至，则船风引而去。盖尝有至者，诸仙人及不死之药皆在焉。其物禽兽尽白，而黄金银为宫阙。未至，望之如云；及到，三神山反居水下。临之，风辄引去，终莫能至云。世主莫不甘心焉。及至秦始皇并天下，至海上，则方士言之不可胜数。始皇自以为至海上而恐不及矣，使人乃赍童男女入海求之。船交海中，皆以风为解，曰未能至，望见之焉。其明年，始皇复游海上，至琅邪，过恒山，从上党归。后三年，游碣石，考入海方士，从上郡归。后五年，始皇南至湘山，遂登会稽，并海上，冀遇海中三神山之奇药。不得，还至沙丘崩。

二世元年，东巡碣石，并海南，历泰山，至会稽，皆礼祠之，而刻勒始皇所立石书旁，以章始皇之功德。

这样绘声绘色的记载还有很多，如汉武帝也多次东巡海上，祠海求仙，其中《史记·孝武本纪》载："上遂东巡海上，行礼祠八神。齐人之上疏言神怪奇方者以万数，然无验者，乃益发船，令言海中神仙者数千人求蓬莱神人。公孙卿持节常先行候名山，至东莱，言夜见一人，长数丈，就之则不见，见其迹甚大，类禽兽云。群臣有言见一老父牵狗，言'吾欲见巨公'，已忽不见。上即见大迹，未信，及群臣有言老父，则大以为仙人也。宿留海上，与方士传车及间使求仙人以千数。"

二、海赋：汉代海洋文学的绝唱

汉代文学以汉赋的成就最为文学史家所看重。汉代写海、咏海的作品也同样以赋最为重要。如司马相如的《子虚赋》，对楚国和齐国的丰饶和富足极尽铺排之能事，其中写到齐国的内容："且齐东渚钜海，南有琅邪，观乎成山，射乎之罘；浮勃澥，游孟诸，邪与肃慎为邻，右以汤谷为界，秋田乎青丘，彷徨乎海外。"[1]实际上这就是一篇张扬"海王之国"的赋作。鲁迅称其"广博闳丽，卓绝

---

[1] 金国永：《司马相如集校注》，上海古籍出版社，1993年，第27页。

汉代",其对后世的影响很大。

真正以大海作为全篇描绘对象的文学作品,当首推东汉班彪(或题班固)的《览海赋》:

> 余有事于淮浦,览沧海之茫茫。悟仲尼之乘桴,聊从容而遂行。驰鸿濑以漂骛,翼飞风而回翔。顾百川之分流,焕烂熳以成章。风波薄其裔裔,逸浩浩以汤汤。指日月以为表,索方瀛与壶梁。曜金璆以为阙,次玉石而为堂。蓂芝列于阶路,涌醴渐于中唐。朱紫采润,明珠夜光。松乔坐于东序,王母处于西箱。命韩众与岐伯,讲神篇而校灵章。愿结旅而自托,因离世而高游。骋飞龙之骖驾,历八极而回周。遂竦节而响应,勿轻举以神浮。遵霓雾之掩荡,登云涂以凌厉。乘虚风而体景,超太清以增逝。麾天阍以启路,辟阊阖而望余。通王谒于紫宫,拜太乙而受符。[1]

这是多么神妙诱人的海上仙境!无怪乎齐威、齐宣、燕昭、秦皇、汉武等那么神往!

班彪、班固身处两汉之交,都是正统的儒家学者,这在《览海赋》的开篇就有鲜明的体现:"余有事于淮浦,览沧海之茫茫。悟仲尼之乘桴,聊从客而遂行。""悟仲尼之乘桴",作者观茫茫沧海而领悟出孔子"离世""高游"的人生选择。近年来常有论者将尊儒与敬海对立起来,把海洋观的薄弱归罪于儒家的束缚,认为中国古人对海充满了黑暗恐怖的记忆,这是对儒家文化的误读和曲解。儒家以天下大同、四海一家为理念,孔子在《论语·公冶长》中说:"道不行,乘桴浮于海。"自汉代开始,中国政治、社会文化尊崇儒家,"汉文化圈"及其作为内核的"儒家文化圈",就是通过航海沟通环中国海世界而实现的。

任何一种文化都不是凭空而来,而是基于传统的。汉代的"废黜百家、独尊儒术",是一种政治与社会的主导价值观的选择,历史证明儒家是实现古代社会治理的最有效的思想文化,而法家、兵家是维护这种社会治理、实现国家安全必不可少的价值取向;老庄及其道家是人文精神不可或缺的文化张力,是对儒家文化政治社会机制的有机调解和补充。如此等等,都反映在汉代及其后世的以儒家文化为核心的汉文化的主要内涵之中。因此,在汉代及其以后的文人创作中关于海洋的情感和理性的认知与感悟,都充分体现了这种既积极入世的现实主义,又思想空灵的浪漫主义主题。在汉代文人的赋作中,大海绝非"一片阴森可

---

[1] 白静生:《班兰台集校注》,中州古籍出版社,1991年,第49页。

怖、荒蛮无际、昏晦凶险、暗昧幽冥的地域",而是充满了人类社会之理想世界的斑斓可期。

在《览海赋》中,积极入世的儒家文化,超脱的道家文化等都有体现,再加之丰富的想象,将大海描摹的瑰丽雄奇,令人神往。

再看王粲的《游海赋》:

> 含精纯之至道兮,将轻举而高厉。游余心以广观兮,且仿佯乎四裔。乘菌桂之方舟,浮大江而遥逝。翼惊风以长驱,集会稽而一眺。登阴隅以东望,览沧海之体势。吐星出日,天与水际。其深不测,其广无皋。寻之冥地,不见涯泄。章亥所不极,卢敖所不届。洪洪洋洋,诚不可度也。处隅夷之正位兮,同色号于穹苍。苞纳污之弘量,正宗庙之纪纲。总众流而臣下,为百谷之君王。洪涛奋荡,大浪踊跃。山隆谷窊,宛亶相搏。怀珍藏宝,神隐怪匿。或无气而能行,或含血而不食,或有叶而无根,或能飞而无翼。鸟则爰居孔鹄,翡翠鹅鹔,缤纷往来,沉浮翱翔;鱼则横尾曲头,方目偃额,大者若山陵,小者重钩石。乃有贡蛟大贝,明月夜光,蠵鼊璃珇,金质黑章,若夫长洲别岛,旗布星峙,高或万寻,近或千里;桂林丛乎其上,珊瑚周乎其趾。群犀代角,巨象解齿,黄金碧玉,名不可纪。[1]

汉代时,随着对海洋开发利用的深入,人们的海洋知识也日益丰富,从而为海洋文学创作打下了物质基础。如王粲的赋中提到很多海上的鸟、鱼、龟、贝等,如果没有丰富的海洋知识,是无法创作出来的。虽然当时的人们还无法对海市蜃楼做出科学的解释,但大量的近距离观察也让当时的人积累了很多经验,而海市蜃楼的奇特性也大大拓展了人们的想象力,因而王粲《游海赋》中汪洋恣睢、雄奇壮丽的海洋图景也是有所本的。再加上大量华美词汇的使用,排比句式的运用,就出现了海洋文学作品中的奇观——海赋。

除了直接描绘大海之外,一些海洋相关的自然现象也引起了文学家们的关注,并创作了一些诗篇。如潮汐现象引发的海潮,已经进入了秦汉文学家的创作视线。中国古代三大涌潮之一的广陵潮在西汉时已闻名天下,枚乘所写的《七发》生动描绘了广陵涛(潮)的壮观景象:

> 然闻于师曰,似神而非者三:疾雷闻百里;江水逆流,海水上潮;山出内

---

[1] 俞绍初:《王粲集》,中华书局,1980年,第14—15页。

云,日夜不止。衍溢漂疾,波涌而涛起。其始起也,洪淋淋焉,若白鹭之下翔。……横暴之极,鱼鳖失势,颠倒偃侧,沈沈湲湲,蒲伏连延。神物怪疑,不可胜言。直使人踣焉,泂暗凄怆焉。[1]

到东汉时,广陵潮仍名著当世。东汉王充在《论衡·书虚篇》中说"广陵曲江有涛,文人赋之",说明汉代时广陵观涛乃一大胜景,文人览涛观海,以诗赋铺排,抒情状景,已蔚为风气。

除了"铺采摛文、体物写志"的赋之外,处于孕育期的诗歌也涉及了海洋文学的创作,最著名的当为东汉末年曹操的《观沧海》:

> 东临碣石,以观沧海。水何澹澹,山岛竦峙。树木丛生,百草丰茂。秋风萧瑟,洪波涌起。日月之行,若出其中。星汉灿烂,若出其里。幸甚至哉,歌以咏志。

这位杰出的政治家、军事家和诗人,面对大海的壮阔与苍茫,歌以咏志,其叱咤风云的博大胸怀、凌云壮志和苍凉、悲壮的情感杂糅交集,胸中的大海意象丰满而又诗笔简约,激情奔涌而又用语朴实,这样就更能带给人以品味流连、感慨唏嘘的空间,从而获得审美艺术享受。

由上观之,汉代的海洋文学为后世的海洋文学开辟了"铺采摛文、体物写志"的传统,奠定了其文学史上的重要地位。以上所举,其作为铺写或观照对象的海洋海域,主要是今黄海。这些海洋文学,是黄海海域的人文社会内涵尤其是其精神文化的最好注脚。

---

[1] 费振刚等:《全汉赋校注》,广东教育出版社,2005年,第36页。

第五章　魏晋到隋唐五代时期的黄海

东汉灭亡以后,中国出现了三国鼎立的政治格局,沿黄海区域的国家主要是魏国。吴国为制衡魏国,曾跨海联络位于辽东地区的公孙渊,后公孙氏势力为司马懿所灭。魏晋时期,中央王朝仍能控制朝鲜半岛北部。西晋灭亡后,北方陷入长期的割据战乱时期。隋朝统一之后,隋炀帝修建大运河、巡游扬州,并曾多次出征辽东,沿黄海地区在此一时期占有重要地位。唐朝建立后,唐太宗到唐高宗时期也曾多次出征辽东,并设置了安东都护府。唐朝时,中、日曾围绕朝鲜半岛展开第一次大规模的争夺,并以中国的获胜而告终,凸显了沿黄海地区在东北亚政治格局中的特殊地位。

此一时期出现过较大的分裂局面,如三国鼎立、十六国和南北朝等,一些割据政权出于增强国力以及军事征战的考虑而积极发展造船业和海外交通,其造船和航海整体水平反而有所提高,不过黄海沿岸港口的兴衰交替也表现得比较明显。统一时期,经济发展,海外贸易繁荣,造船和航海技术快速发展,如唐朝时期。从行政区划设置的密度看,沿黄海区域在这一时期获得较大发展。中国文化进入隋唐时期以后,文明高度成熟,对周边的影响很大,沿黄海区域是中国文化向朝鲜半岛、日本传播的重要出发地,这一区域的海外贸易也十分繁荣,出现了一些有影响的港口和成熟的航海路线。

第一节　黄海区域的造船业

一、概况

魏晋南北朝时期,中国尤其是北方地区频繁的政治争斗和军事征战带来了巨大的社会动荡,农业和手工业生产都大受冲击,但就造船业而言,由于受各王朝的重视而得到了发展,整体能力却比汉代有所提高。曹魏时马钧运用齿轮传动原理创造了指南车;西晋时楼船得到普遍使用,桨、橹等船舶用具也发展得更加成熟,《晋书·王濬传》中曰"舟楫之盛,自古未有";西晋末年八王之乱后匈奴、鲜卑、羯、氐、羌等少数民族相继建立的北朝政权,出于政治、经济和军事的需要,对船舶的建造和使用也非常重视,沿黄海区域制造出相当数量和颇具规模的大船。隋唐时代,国家统一的局面使得社会经济较快发展,造船技术大为进步,造船能力不断提升,所造船只遍布江河湖海,"天下诸津,舟航所聚,旁通巴、汉,前指闽、越,七泽十薮,三江五湖,控引河洛,兼包淮海。弘舸巨舰,千舳万艘,交贸往还,昧旦永日"(《旧唐书·崔融传》)。此时,造船场地几乎遍及全国各地,沿黄海区域依然是传统上重要的船舶制造区域。

二、北朝青州造船

南北朝时沿黄海区域的造船能力在后赵征讨辽东之役中体现得颇为显著。后赵本身造船水平很高,例如石虎(字季龙)在将都城迁到邺城后,要把存放在洛阳的原西晋皇家礼器与乐器运往新都邺城,因这些礼器与乐器太过庞大沉重,难以运送,所以"造万斛舟以渡之"(《晋书·石季龙载记》),可见后赵能够制造出万斛大船。石虎从山东半岛出兵二十万征伐段辽,其中横海将军桃豹、渡辽将军王华所统领的海上水师多达十万人,为了给庞大的水师队伍提供渡海装备,石虎曾在青州地区打造战船,一次就完成一千只。后在准备进攻辽东地区前燕王慕容皝的过程中,石虎还派将领率青州的兵士戍守海岛,并用海船运送给养,其中光粮草就先后运送了三百万斛。从这些海船强大的运送能力中,可见沿黄海区域船舶的制造水平非常高超。后赵征讨前燕的战役规模声势浩大,"令司、冀、青、徐、幽、并、雍兼复之家五丁取三,四丁取二,合邺城旧军满五十万,具船万艘,自河通海,运谷豆千一百万斛于安乐城,以备征军之调"(《晋书·石季龙载记》),仅运送给养就动用船舶达上万只,同样从侧面反映了当时这一区域造船能力之强、数量之多。

三、隋代东莱造船

虽然隋朝的统治时间只有短短的二十多年,但在造船一事上投入颇多,史籍中有关于五牙舰和龙舟(图八)的记载。

《隋书·杨素传》记载,杨素统率舟师对陈朝军队作战时,"造大舰,名曰五牙,上起楼五层,高百余尺,左右前后置六拍竿,并高五十尺,容战士八百人,旗帜加于上。次曰黄龙，置兵百人。自余平乘、舴艋等各有差。及大举伐陈，以素为行军元帅，引舟师趣三峡"。五牙舰的特点是起楼五层，体式巍然，《文献通考》等文献也有类似记载。李盘等所撰《金汤借箸十二筹》则有关于五牙舰上所使用的拍竿的生动记述："拍竿：其制如大桅，上置巨石，下作辘轳，绳贯其颠，施大舰上。每舰作五层楼，高百尺，置六拍竿，并高五十尺，战士八百人，旗帜加于上。每迎战敌船，迫逼则发拍竿击之，当者立碎。"

图八　隋炀帝龙舟
［王冠倬《中国古船图谱（修订版）》，生活·读书·新知三联书店，2011年，第96页］

　　龙舟是在隋代大运河开凿后建造出来的。大运河的扩展和开凿，将黄河流域和长江流域两个经济发达地区联结在一起，推动了漕运的发展，也促进了造船业的繁荣。隋炀帝于605年、610年和616年，三次率庞大的船队沿运河巡游江都，为此建造龙舟及各种游船数万艘。《资治通鉴》卷一八〇记载："龙舟四重，高四十五尺，长二百尺。上重有正殿、内殿、东西朝堂，中二重有百二十房，皆饰以金玉，下重内侍处之。皇后乘翔螭舟，制度差小，而装饰无异。别有浮景九艘，三重，皆水殿也。又有漾彩、朱鸟、苍螭、白虎、玄武、飞羽、青凫、陵波、五楼、道场、玄坛等数千艘，后宫、诸王、公主、百官、僧、尼、道士、蕃客乘之，及载内外百司供奉之物，共用挽船士八万余人，其挽漾彩以上者九千余人，谓之殿脚，皆以锦彩为袍"。除龙舟外，还有平乘、青龙、蒙冲、八棹、艇舸等数千艘战船。船队"舳舻相接二百余里，照耀川陆，骑兵翊两岸而行，旌旗蔽野。"龙舟上层建筑高大，为了解决其稳定性问题，"底上密排铁铸大银样如卓面大者。压重庶不欹侧也"。[1] 隋炀帝第一次巡游江都的龙舟船队船只之精、规模之大，反映了隋代的强大造船能力。

　　隋代有这么强的造船能力，沿黄海区域也应该有能力打造体量巨大的海船。该区域的船舶制造和使用情况可通过文献记载和沿海出土实物窥见一斑。隋炀帝曾三次派兵征讨高句丽，其中水师多从山东半岛出发，所用船只也多为在此打造。第一次征讨时，曾"敕幽州总管元弘嗣往东莱（今山东莱州）海口造船三百

---

［1］　孟元老撰，邓之诚注：《东京梦华录注》，中华书局，1982年，第185页。

艘"，可见山东半岛地区具有较强的造船能力。当时隋王朝大肆驱使造船工匠和百姓，"官吏督役，昼夜立水中，略不敢息，自腰以下皆生蛆，死者什三四。……七月，发江、淮以南民夫及船运黎阳及洛口诸仓米至涿郡，舳舻相次千余里，载兵甲及攻取之具，往还在道常数十万人，填咽于道，昼夜不绝，死者相枕，臭秽盈路，天下骚动"（《资治通鉴》卷一八一）。造船和运输之苦引起民众和隋军极大不满，又受海区天气状况、高句丽反抗等因素影响，隋朝三次东征均以失败而告终。

除了文献记载，山东平度出土的一艘隋代双体木船可以为沿黄海区域隋代造船情况提供参考（图九）。该船于1975年秋在山东省平度县新河乡出土，出土地点位于莱州湾南面的冲积平原上，北距海岸线仅15公里，附近有潍河、胶莱河、沙河等流过，在隋代该地尚是海滩所在。虽然出土地点靠近渤海，但由于山东半岛独特的地理结构和渤黄海的相连、相近性，也可以为了解黄海海域的造船业提供参考信息。

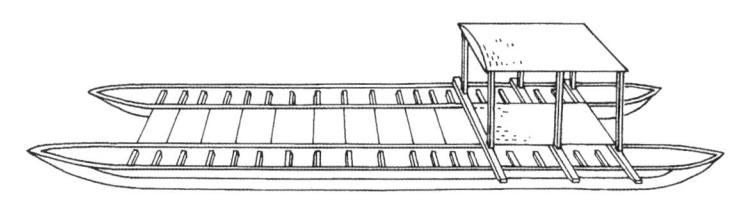

图九 平度双体船
[王冠倬：《中国古船图谱》（修订版），第97页]

该船船体不尽完整，有火烧过的痕迹，但仍能看清其结构，系由两只独木舟纵向并列连接而成，是迄今出土的最早的双体海船。两只独木舟各自由三段粗大树段刳挖而成，相隔一定距离并肩平行排列，中间由若干根横梁连接成一个整体。横梁的两端由铁钉分别固定在两只独木舟的相近船舷上。两只独木舟和连接横梁上面铺设有甲板，因而船体稳定性得到加强，也扩展了船只的使用面积。该双体古船附近还发现了三根长木，"应是船上的伏梁。伏梁两端各凿去长方体的一小段，呈阶梯形。整根伏梁就像是一个拉长了的凸字，中间高起平台是未经凿砍的中间部位，其长度相当于整船左右舷间的宽度。将伏梁反扣在船上，平台部位正好嵌入船身。伏梁两端各有一个竖穴。如在竖穴中安上立柱，就形成左右各一排共六个支撑点，可用以构成船上篷架或舱房之类建筑物。经测量，该双体船残长20.22米，最宽处2.82米，其载重量约为23吨"。[1]

---

[1] 王冠倬：《中国古船图谱》（修订版），第97页。

四、唐代登州、莱州的造船基地

唐代时,国家统一,经济发展,海外交通频繁,造船能力不断增强。这个时期的主要造船基地多与盛产丝绸和瓷器的地区相重叠,造船业与贸易活动相互促进。就海船制造来说,造船基地分布在全国各沿海地区,"南方的造船基地十分众多,主要有扬州、苏州、常州、杭州、绍兴、福州、泉州、广州、琼州和高州等",北方则为登、莱二州。[1] 贞观十八年(644年)唐太宗东征时,命洪、饶、江三州造船四百艘运送军粮,命张亮率兵四万、战舰五百艘自莱州泛海攻取平壤。这说明唐时登州、莱州地区有极强的造船能力。甘肃敦煌莫高窟第45窟的壁画有唐代海船的形象,说明唐代的航海和船舶已成为当时社会生活中值得重视的事物。[2]

唐代造船技术最突出的革新是在造船工艺上广泛使用了水密隔舱和榫接钉合(又称钉接榫合)技术,即船底舱用木板隔开,并在隔板与船舷的结合处采用拼接板材、钉锔加固、捻料填塞、油灰捻缝等方法予以密封,再加上防腐与减少阻力的技术、大腊的设置、金属锚的使用等,使得唐朝的造船技术在当时居于世界领先地位。这些先进技术在已出土的唐代木船上有确切的实证,而沿黄海区域也有发现。1960年扬州施桥镇出土一大一小两只唐代晚期木船,其中大船残长18.4米,最大宽4.3米,深1.3米,全船分为五个大舱和若干小舱(图一〇)。[3] 1973年江苏如皋马港河故道出土的唐代早期木船残长17.32米,最宽处2.58米,舱深1.6米,船底板厚8—12厘米,船舷板厚4—7厘米,船体上部损坏,但下半部基本完好。该船在结构上的一大特色也是具有水密隔舱。如皋唐船分为九舱,各舱之间都安装隔舱板,中间舱位有桅杆座一具。舱面覆盖木板或竹篷。在船体接合技术方面,如皋唐船船体纵向的木料均由三段榫接而成;两舷则以长木上下叠合,用两排铁钉上下交错钉连,船底则以铁钉按人字形排列钉牢;板材缝隙用石灰桐油调和制成的捻料填充;铁钉钉入木板后,外面亦用油灰抹盖。[4] 扬州出土的船则采用了斜穿铁钉的平接技术,比如皋出土的木船采用的垂穿铁钉的搭接技术更先进。水密舱结构和榫接钉合与油灰捻缝技术的显著优点有三个:第一,如果某舱不幸破损,其他舱不致被连累受损,保证了船只与货物的安全,也便于修复;第二,隔舱板横向支撑船舷,增强了船体抗御侧向水压、风浪的能力;第三,榫钉接合与油灰捻缝使得板材合缝处更加严密坚固。

---

[1] 陈希育:《中国帆船与海外贸易》,厦门大学出版社,1991年,第10页。
[2] 王冠倬:《中国古船》,海洋出版社,1991年,第68页。
[3] 江苏省文物工作队:《扬州施桥发现了古代木船》,《文物》1961年第6期。
[4] 南京博物院:《如皋发现的唐代木船》,《文物》1974年第5期。

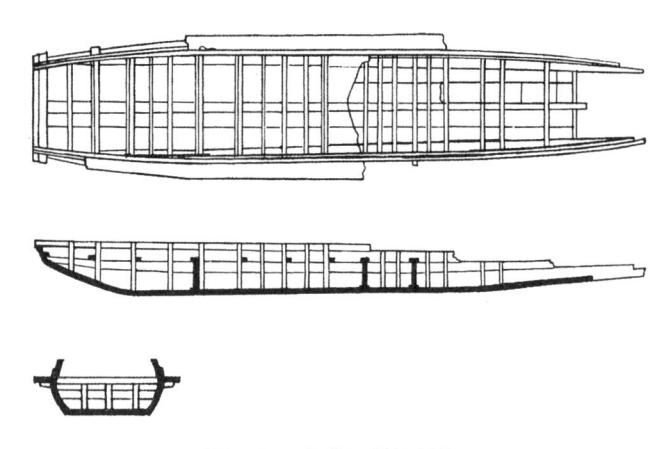

图一〇 唐代扬州施桥船
[王冠倬:《中国古船图谱》(修订版),第103页]

根据文献记载,我国的唐代海船以船身大、容积广、构造坚固、抗风浪力强、航海技术纯熟而著称于近海远洋。当时大船长达20丈,可载六七百人,载货万斛。日本遣唐使或学问僧所乘遣唐船,虽然是由日本朝廷下令在日本各地制造的,但也是吸收中国造船经验的产物,所谓"建造者和驾驶者,大都是唐人"。[1]根据日本博物馆所藏的日本遣唐船绘画来看,船上所用双帆是用篾席制成的。这种硬帆的优越性在于可利用侧向来风,只要是非正逆风,皆可行驶,是中国风帆的优秀传统。船艏设有绞碇机,碇石为木石结合碇。舷侧缚有竹橐,可有两个作用:一是在横摇时可增加入水一侧的浮力,减缓横摇的幅度;二是像今日的载重线标志,用以限制船舶的装载量。[2]

就全国而言,唐代船型多样,凡适航水面都有适航船只航行,南福北沙的格局开始形成。福船是中国古代四大船型之一,船底呈尖圆状,近似V形,从两舷向下逐渐内收,俗称尖底船,特点是吃水深,利于破浪而行。文献中有一艘唐玄宗天宝年间尖底船的记载:"舟之身长十八丈,次面宽四丈二尺许,高四丈五尺余。底宽二丈,作尖圆形。银镶舱舷十五格。可贮货品二至四万担之多。"[3]应该是已知最早的尖底船,分为十五舱。福船后来发展成了中国古代船只中庞大的福船系列,适合深水远洋航行。与此同时,沿黄海区域日渐流行沙船。沙船在8世纪中叶或稍后出现在长江口,其船型是以平底船为基础发展演变而来的,特点是平头、方艄、平底,船身较宽,吃水浅,行驶平稳,非常适用于水浅沙滩多的浅水区。它最先出现于

---

[1] [日]木宫泰彦著,胡锡年译:《日中文化交流史》,商务印书馆,1980年,第108页。
[2] 席龙飞:《中国古代造船史》,武汉大学出版社,2015年。
[3] 蔡永廉:《西山杂志·王尧造舟》,嘉庆年间抄本。

长江下游因泥沙沉积而成的崇明岛,开始被称为崇明沙船,后逐渐被简称为沙船。沙船问世后,因性能优异,立即在长江以北得到广泛应用,不仅成为内河航运的重要船种,而且大量用于北方近海航线,后被称为"北洋船"。

五、唐代的水战具

在唐代黄海海域发生过几次海战,但目前对于这几次海战所用战船的具体情况尚不清楚,仅能从关于唐代的水战具一般情况的记载中略知一二。唐时河东节度使、幽州刺史并防卫使李筌在其《太白阴经·水战具篇》列出了六种战术作用各不相同的舰艇:一曰楼船,用其"以张形势";二曰蒙冲,"以犀革蒙覆其背",取其"矢石不能败";三曰战舰,前后左右皆可迎敌;四曰走舸,"棹夫多,战卒少","往返如飞";五曰游艇,"回军转阵,其疾如飞",便于侦察、巡逻;六曰海鹘,"舷下左右置浮板,形如鹘翅。其船虽风浪涨天,无有倾侧",都是航海性能优异的战船。[1]

据席龙飞研究,所列的六型战船中前五种前朝早已出现过,而海鹘船则新出现于唐代。海鹘船的主要性能特点是"其船虽风浪涨天无有倾侧"。就是说这型战船摇摆幅度较小,在风浪中也有较好的稳定性。其有此优越性能,无外乎两点:一是在船型上"头低尾高,前大后小,如鹘之状";二是在装备上"舷下左右置浮板,形如鹘翅"。所谓"浮板",目前有两种解释:一说为披水板,另一说为舭龙骨。[2] 披水板、舭龙骨在《江苏海运全案》中都有述及,[3] 其中披水板被称作"橇头",设在船之两旁,根本用途在于防止和减缓船舶在受侧风时产生的横向漂移;舭龙骨被称作梗水木,即减摇龙骨,是设在舷下船舶底部开始向舭部转弯部位(即舭部)的两条木板,当船舶横摇时因有梗(阻)水的作用,从而产生阻尼力矩以减轻摇摆。目前尚无唐代海鹘船出土,所以具体情况尚待考证。

第二节 航海技术的提高与近海航线的扩展

黄海海域是我国国内南北海运的主要场所,也是我国沟通日本、朝鲜半岛的

---

〔1〕 李筌:《太白阴经》,《中国历代兵书集成》,团结出版社,1999年,第475页。
〔2〕 席龙飞、何国卫:《中国古船的减摇龙骨》,《自然科学史研究》1984年第4期。
〔3〕 贺长龄:《江苏海运全案》,光绪元年刻本。

主要通道。魏晋到隋唐五代时期这一海域的航海活动比较频繁。在国家分裂的时期,陆路交通因政权分立受阻,海路交通则会更受重视,得到特别开发。自东汉灭亡至隋朝统一,除西晋有过短暂统一外,中国一直处于分裂割据状态。这种政治局面使南北方的交通、中原王朝与朝鲜半岛的陆路交通都遭受阻隔,在这种情况下,黄海海域的海上交通在汉代基础上得到进一步拓展。隋唐统一全国后,则把与该海域的海上交往推向了全面繁荣,环黄海圈在频繁的航海活动基础上隐然成形。

一、航海技术的提高

此一时期,沿黄海区域的航海技术日渐提高,特别是到了唐代,航海技术达到了相当高的水平,当时中国舟师以航海技术高超闻名于世。

人们对航海知识较以往有了更多了解,天文导航术在当时近海与远洋航行中的应用已日趋普遍,船员们懂得利用太阳和星辰来引导船舶安全航行。据《谈薮》记载:"梁汝南周舍,少好学,有才辩。顾谐被使高丽,以海路艰难,问于舍。舍曰:'昼则揆日而行,夜则考星而泊。'"[1]这则记载表明,在黄海海域航行中,行船或锚泊都离不开太阳与星座的参照,也说明了当时对天文导航术的倚重。梁代航海重视天文,谓"梯山航海,交臂屈膝,占云望日,重译至焉"[2]。

此一时期,季风规律已被我国舟师充分利用。利用风向对帆船海上航行至关重要,在很早人们就试图掌握风向的变化规律。《史记·律书》已将每一种风与特定的月份联系起来,汉代出现了"铜凤凰"、"相风铜乌"等测风仪,并出现了关于测知季风的记载,三国时"吴范字文则……知风气"(《三国志·吴范传》)。到了晋代,出现了轻巧的木制相风鸟,用来测定风向。南北朝时期在中西航海中对季风的利用日益广泛,《宋书·蛮夷传》记载,各国商船"泛海陵波,因风远至"。唐人则用羽毛制成"五量"来测定风向和风力。

黄海海域夏季时多刮偏南风,秋冬季时近中国海区多刮东北风,近日本九州海区多刮西北风。能否合理利用季风关乎航行的成功与否。唐代日本遣唐使由日本来中国多走南岛航线,即从九州唐津或唐津以东的博多湾沿海一带开航,直航长江口,驶抵扬州一带。[3] 然而"从统计数字看,遣唐使船在旧历六七月,东

---

[1] 张英等:《渊鉴类函》卷三六,《文渊阁四库全书》本。
[2] 《职贡图序》,《艺文类聚》,上海古籍出版社,1965年,第996页。
[3] 蒋华:《扬州和唐津》,《海交史研究》1982年第4期。

南风最盛的季节开航的时候比较多。现在看来,进行这种逆风而上的航行,无异于自蹈死地。可见,关于季风的知识,当时的日本人大概还不了解。之所以走南岛路和南路的船只几乎全部遇难沉没,出现了人数众多的牺牲者,完全是由于这种航海技术的幼稚所致"。[1] 与此同时,鉴真的第六次东渡发生在天宝十二年(753年)十一月,此时台风季节已过,正值冬季季风期,他们一行人很顺利地到达了日本,说明成功利用了季风。到了839年以后,人们对季风规律的认识有了很大进步。木宫泰彦《日中文化交流史》指出,唐开成四年(839年)至天祐四年(907年)间的航海和以前大不相同,船舶极少遇到漂流,而且航行时间大为缩短,其原因除了所乘船舶是技术先进的唐船外,但"最重要的原因恐怕是唐朝商人已经掌握了东中国海的气象而航行的"。[2]

唐僖宗中和四年(884年)十月,在唐朝为官的新罗人崔致远以出使新罗使臣的身份受遣前往新罗。他从扬州启航后拟经山东半岛乳山浦泛海新罗,当崔致远抵达乳山后,时令"已及冬节",海风不顺,便只好靠港候风。其《桂苑笔耕集》卷二〇对此有记述:"某舟船行李,自到乳山,旬日候风,已及冬节,海师进难,恳请驻留。某方忝荣身,惟忧辱命,乘风破浪,既输宗悫之言;长楫短篙,实涉惠施之说。虽仰资恩煦,不惮险艰,然正值惊波,难逾巨壑。今则已依曲浦,暂下飞庐,结茅茨以庇身,糁藜藿而充腹。候过残腊,决撰归期。若及春日载阳,必无终风且暴。便当直帆,得遂荣归。"[3] 可见到了唐朝后期,黄海海域的人们对季风的利用已非常普遍。

二、中国南北沿海直通航线的开辟

先秦秦汉时期由山东半岛到辽东半岛的航线和由江浙沿海到山东半岛的航线已经先后分段开通。前者到了魏晋至隋唐五代时期还屡次得到了政治和军事上的运用。三国时期,吴国十分重视发展海外交通,范文澜先生曾说孙权是"大规模航海的提倡者",东吴孙权不仅多次派船队去海外访问,还多次派遣船队,绕过曹魏控制区从海上与割据辽东的公孙渊建立联系,并沟通了与高句丽的海上交通,从而开辟了中国南北沿海的直航航线。

据《资治通鉴》卷九五记载,当时东吴船队从建康(今南京)沿长江东下,抵长江口北端海门附近之料角后转向北,沿黄海海岸北行,绕过山东半岛东端的成

---

[1] [日]中村新太郎著,张柏霞译:《日中两千年——人物往来与文化交流》,吉林人民出版社,1980年,第61页。
[2] [日]木宫泰彦著,胡锡年译:《日中文化交流史》,第121页。
[3] [新罗]崔致远撰,党银平校注:《桂苑笔耕集校注》,中华书局,2007年,第731页。

山角,进入登州大洋,再沿庙岛群岛北渡渤海海峡,经大谢岛(即长岛)、乌湖岛(即北城隍岛)等,到达辽东半岛南端的都里镇(今辽宁抚顺附近)。这条航线的开通在当时尤其便利了江南地区和东北地区的直接交通,促进了经由黄海的南北交流。孙吴赴辽东船队规模较大,多时达百艘,随行人员有万名,携带货物,沿途交易、互赠特产。海上交往促进了物产交流,江南的纺织品传到了东北,东北的貂马传到了江南。

东晋南朝时期,这条航线日益繁忙起来,成为六朝时期江南地区与东北地区交通的重要通道,使得这些南方政权得以越过北朝诸政权,通过海路与东北地区的少数民族政权和朝鲜半岛诸国建立交往和交流。咸和九年(334年),东晋朝廷派谒者徐孟到辽东册封慕容皝为镇军大将军、平州刺史、辽东公等。《资治通鉴》卷九五载:"船自建康出大江至于海,转料角至登州大洋;东北行,过大谢岛、龟歆岛、淤岛、乌湖岛三百里,北渡乌湖海,至马石山东之都里镇。"《南齐书·高丽传》也记曰:"乘舶泛海,使驿常通。"根据《太平御览》的记载,晋代时江南的蚕桑也通过这条航线传至辽东地区。

三、唐代跨黄海的海上漕运

唐代,中国社会经济发达、文化繁荣,国力强盛,在沿海航行方面,唐朝开始利用海运调运南北物资。从敦煌出土的《开元水部式》残卷中,可以窥见一些大概情况:"沧、瀛、贝、莫、登、莱、海、泗、魏、德等十州,共差水手五千四百人,三千四百人海运,二千人平河,宜二年与替。"[1]这十州中,沿海的有泗、海、登、莱、沧等州,有海运水手三千四百人,可见当时的海漕运输具有相当规模。《开元水部式》中还有从登州海运北上的情况:"安东都里镇防人粮,令莱州召取当州经渡海得勋人谙知风水者,置海师贰人,拖师肆人,隶蓬莱镇,令候风调海晏,并运镇粮。"[2]都里镇是唐代设置于辽东半岛上的一个军镇,每年消耗的镇粮需要海运供给。此外,武则天万岁通天元年(696年),契丹叛唐,朝廷诏左卫将军薛讷"绝海长驱,掩其巢穴",当时王庆任登州司马,"仍充南运使",从南方运粮至登州、莱州一带,然后再从这里运往辽东。杜甫《后出塞》一诗对于近海航运盛况做过描绘:"云帆转辽海,粳稻来东吴。"《昔游》诗中有云:"幽燕盛用武,供给亦劳哉。吴门转粟帛,泛海陵蓬莱。"这些诗作反映了江南物资通过黄海转运至河北地区的情况。

---

〔1〕 转引自刘俊文:《敦煌吐鲁番唐代法制文书考释》,中华书局,1989年,第330页。
〔2〕 转引自刘俊文:《敦煌吐鲁番唐代法制文书考释》,第331页。

第三节　黄海海域的港口

一、黄海海域港口的变迁

航海活动与海港之间存在相互依存、相互促进的关系,魏晋到隋唐五代时期黄海海域日趋频繁的航海活动促进了新海港的产生和发展,后者反过来又为航海活动的发展提供了依托基地。更多的航海活动,更多的海港,交相呼应,共同构成了环黄海圈活跃的海路交通图景。

黄海海域海港历史悠久,早在夏商周三代时期就出现了琅琊、转附等名港,秦汉时黄海沿岸的琅琊、之罘、安陵(即灵山卫)则都是重要港口。到了魏晋至隋唐五代时期,沿黄海区域由于正处于南北对峙区,受战乱频发和政治格局变动的影响,原有的名港发展受挫,且地位普遍下降。新的政治格局和新的经济、海上交通状况催生了新的著名口岸。山东半岛北部的登莱地区由于离南北对峙交界地区较远一些,该地区港口的使用日趋频繁,登州(蓬莱)港一度发展成为北方地区的主要港口和海上军事用兵的重要基地,也是当时中原王朝联系朝鲜、日本的出入港。唐代统一的政治局面、繁荣的经济状况、开放的对外政策、先进的航海与造船技术等因素有力地促进了海港的发展,沿黄海大小诸海港普遍出现了繁荣景象,其中登州仍然是黄海海域最为繁盛和重要的海港。

这一时期由于东北沿海局部地区在曹魏、后燕、北燕等政权统治下出现了开发加快的局面,加之从山东半岛东北海岸赴辽东半岛和朝鲜半岛交通往来的影响,这一时期辽东沿黄海沿岸随之新兴起若干的港口,例如马石津与三山浦等,成为环黄海圈海上往来的重要组成部分。

值得注意的是,随着北方海上军事活动的大规模开展,以及沿海地区经济的逐渐恢复,这些港口与渤海沿岸、东海沿岸、朝鲜半岛、日本等诸海港相互联通,形成了海上交通网。在山东半岛以北,唐代形成了主要由登州(今山东蓬莱)、莱州、平州(今秦皇岛)和都里镇(今辽宁旅顺)等几个港口组成的黄渤海海上交通网。在唐代的军事行动中,为给唐朝大军提供支援兵力和后勤补给,军需物资自扬州港启运北上,绕行山东半岛后一般都沿渤海湾的海岸线航行,抵达平蓟等地。在这个过程中,黄渤海沿岸港口的联系愈发密切。

二、马石津

马石津即今旅顺。马石津在马石山以东,故称马石津。马石山古称将军山,即今之旅顺老铁山。据金毓黻先生考证:"马石津即马石山之津口,今称旅顺口,愚谓马、乌二字形似,马石山应作乌石山,今老铁山,其色焦黄,因以得名。"[1]马石津即汉代以来三国时期的沓津或沓渚,因汉代属沓氏县(今大连市金州区),后改称东沓县,港口称沓渚、沓津。三国时期已发展为辽东地区对外通航、通商的重要港口。当时孙吴船队即在此停泊,上岸交易,并从此处再经由陆路去往公孙渊势力的首府襄平(今辽宁朝阳)。东晋册封慕容皝的船队也是从马石津乘船返航的。可见,在晋朝时这里仍是南北通航的重要港口。

马石津地处渤海与黄海的分界线上,正与山东登州隔海相对,是联系、捍卫中原和东北的军商要港。自开港以来一直受历代统治者重视,不过其名称有所变化。隋炀帝三次东征时,这里是隋军进军的一个口岸,被称为马石津或都里海口等。

唐代时该港口设有军镇,被称为都里镇,海上交通繁盛。都里镇是唐王朝设置于辽东半岛上的一个重要军镇,其防守将士的口粮需经海路运送供应。唐代军镇守军,大都五千到一万人,即使以五千计,每年消耗的口粮数量也不少,可见当时海上交通的频繁。登州通往都里镇的航线,不仅是入高句丽、渤海道的必经之径,而且也是唐朝重要的海上运输线。

三、三山浦

三山浦港在汉沓氏县(今金州区)的海滨,今大连附近。三山浦因大连湾口处的三山岛而得名,自汉代以来,是从山东去往中国东北、朝鲜半岛和日本列岛的必经港口。东汉末年,山东登州与辽东海路通畅,因躲避战乱而流徙到辽东的人很多。当时知名之士如邴原、管宁、王烈、太史慈等,都曾流寓到辽东。据《三国志·邴原传》记载,邴原到辽东后"一年中往归原居者数百家,游学之士,教授之声不绝"。孔融托船家捎寄给邴原的信中说:"……顷知来至,近在三山。……奉问榜人舟楫之劳,祸福动静告慰。"可见,当时三山浦与山东半岛之间的航海往来十分频繁,已是一处繁忙的港口。唐中期时三山浦改称"青泥浦"。

四、登州港

登州港所在即先秦时期的黄、腄两地,今山东蓬莱。唐武德四年(621年)设

---

〔1〕 金毓黻:《东北通史》,五十年代出版社,1944年,第109页。

登州,治所在文登县(今山东文登区),登州之名开始出现。登州港在唐朝海漕运输中是南北运输干线中最重要的中转港,也是当时北方地区重要的商港、军港和对外交通港口。

登州港之所以能够在此一时期崛起为重要海港,一方面它地处山东半岛北缘,北临渤海,与辽东半岛隔海相望,东南临黄海,岸线曲折,自然条件良好;另一方面,这里远离分裂时期的南北对峙前线,受兵祸袭扰较轻,经济发展有着相对良好的环境;加之山东半岛自春秋战国以来开发很好,是北方丝织品和黄金的主要产地,因而登州港在唐代成为重要的国内贸易港。频繁的贡使贸易和兴盛的私人贸易,都推动了登州港的繁荣发展。开元年间,"海内富实,米斗之价钱十三,青、齐间斗才三钱"(《新唐书·食货志》),从一个侧面反映了当时今山东一带经济发展、生活富足的情况。登州的优越条件,甚至引起了崛起于东北地区的少数民族政权的觊觎,如开元二十年(732年),渤海靺鞨曾越海入寇登州。

登州港的军事作用也很明显。唐朝几次用兵,登州都是重要的中转站。一方面,唐军从这里出发渡海到辽东或朝鲜半岛作战,另一方面东北前线的军粮也要通过登州港进行中转。为了保卫和维持登州港的运行,唐中央政权在登州长年驻扎水手5 400余人,每期两年,轮番更调。安史之乱后,因陆路交通受到阻隔,登州港更是维系朝廷和东北地区的重要枢纽。

在对外方面,登州港是"登州海行入高丽渤海道"起讫港,是唐王朝与高丽、新罗、日本诸国海上往来的门户,因而受到唐王朝的高度重视。唐朝廷在这里设有专门接待新罗、渤海使团人员的"新罗馆"和"渤海馆"。各国使节、僧人、士子、客商在登州登陆、从登州归国,唐朝使节和客商从登州出发前往上述国家。值得一提的是,在登州港繁荣的贸易往来中新罗商人非常活跃,他们往返于中国、新罗和日本之间,参与了北起登州、莱州、密州,南至楚州、扬州、苏州、明州,东到朝鲜半岛、日本列岛的商业网络发展。因为登州的新罗人非常多,以至于唐朝廷在这里设置了管理新罗人的勾当新罗所。

五、楚州港

楚州即今天的淮安,在历史上曾被称为淮阴、射阳等。其地在淮河之滨,靠近黄海,有通海、煮盐之利,又处在运河与淮河交汇处,交通十分便利。加之周围经济富庶,楚州发展成为这一带的交通枢纽、商业中心和运输中心。唐代的楚州向东连通黄海,可与朝鲜、日本等国交往,向西与泗、卞、颍、涡等河相连,可以直抵中原、西上长安;向南可经运河通往苏州、杭州、明州,与那儿的阿拉伯、波斯商人交往。

楚州也有大量新罗人在此居住、经商,新罗人聚居的地方被称为新罗坊。日本高僧圆仁来华时三次经过楚州,都得到了新罗人的帮助。圆仁的《入唐求法巡礼行礼记》卷四载:"日本国朝贡使皆从此间上船,过海回国。"可见,唐代末期时楚州成为中国和日本两国往来的重要港口。

除了马石津、三山浦、登州港、楚州港这些大港以外,黄海沿岸还密布着许多小型口岸。在唐代,登州、密州、海州、楚州境内的适泊港湾皆可供过往船只停泊靠岸或放海远航。正如日本学者木宫泰彦在《中日交通史》中所说的,唐与新罗交通颇繁,楚州以北,现今江苏省与山东省沿海各州县处处有往来口岸。其中比较有名的如大朱(珠)山海口、乳山浦、青山浦、赤山浦等,这些港口可能规模不大,但由于港湾条件好,又居于黄海沿岸,因而多有从事环黄海贸易的新罗、日本船只停靠、交易,有些港口还有一定规模的新罗人居住。

中国沿黄海分布的大小港口,与朝鲜半岛、日本列岛面向黄海分布的港口一起构成了环黄海圈的海上交通体系,对于中国文化的传播、环黄海文化圈的构建起到了桥梁作用。不过,在唐代的安史之乱后,北方的社会经济遭到严重破坏,再加上整个中国经济重心的南移,北方各港,包括沿黄海分布的各港口与日益蓬勃的南方港口相比显得逊色不少。从先秦时期的芝罘、琅琊,到魏晋南北朝隋唐时期的登州,再到之后宋元时期的泉州,古代港口的发展见证了中国经济与文化的变迁。

第四节　中国与朝鲜半岛的海上交流

魏晋至隋唐五代时期,中国与朝鲜半岛、日本列岛往来频繁,除隋朝及唐初一段较短的时间,绝大部分时间都保持着友好往来。

一、循海岸水行航线

三国鼎立时期,北方地区归曹魏管辖。朝鲜半岛北部设有乐浪郡、带方郡,属辽东管辖,但辽东太守公孙渊割据辽东,不仅拥兵自立,而且"隔断东夷,不得通于诸夏"(《三国志·东夷传》),阻挠朝鲜半岛南部的国家及日本诸国和中原曹魏王朝交往。为了消灭割据军阀,打通与朝鲜半岛及日本列岛诸国的往来通道,魏景初二年(238年),魏明帝派太尉司马懿出兵辽东。司马懿打败了公孙渊,实际控制了乐浪郡、带方郡,恢复了曹魏王朝与朝鲜半岛南部国家及日本诸国的往来。

三国时期,朝鲜半岛南部仍称韩,分属马韩、辰韩、弁韩。朝鲜半岛南部的马韩、弁韩、辰韩及倭国(今日本)与曹魏朝廷的往来多走水路,经带方郡、乐浪郡西海岸,走秦汉时期的古海道,沿辽东半岛沿海,经庙岛列岛,过渤海海峡,进入山东半岛的东莱郡,再横穿山东半岛走陆路到达洛阳。三国时期,随着航海技术的提高,这种往来更加频繁了。当时这条"循海岸水行"的航线是比较安全的,秦朝的徐福入海求仙可能走得也是这条航线。

二、东亚诸国"从东莱浮海"

南北朝时期(420—589年),中国南北分割,王朝频繁更迭,但与朝鲜、日本的交往并没有中断。百济国在今韩国西部,与南朝宋的交往只能走海路,渡海从山东半岛登陆是当时最便捷、最安全的通道。《北史·百济传》记载,百济国"其人杂有新罗、高丽、倭等,亦有中国人。其饮食衣服,与高丽略同",这也说明了当时各国人民之间的友好往来及和谐共处,而黄渤海沿海区域作为当时交流的主要通道,为与朝鲜半岛各国的友好往来作出了贡献。

据《魏书·百济传》记载,北魏延兴"五年,使安等从东莱浮海,赐余庆玺书,褒其诚节。安等至海滨,遇风飘荡。竟不达而还"。"安",指北魏出使百济的使者邵安;"余庆",即百济国王;"东莱",指光州所辖东莱郡。可见,北魏王朝与百济国的交往也走的是海路,是从光州东莱郡一带出海的。《梁书·东夷列传》记载,朝鲜半岛东南部的新罗国"随百济奉献方物",必定也是经山东半岛东部的东莱郡往返。后来北齐控制了整个黄渤海沿海区域,南部疆界到达长江沿岸,中原政权与朝鲜半岛的往来更加密切了。中国与朝鲜半岛的关系并未因朝代的更迭而受到影响,而且,似乎一个朝代比一个朝代重视,梁朝比宋、齐时期更密切、更频繁。

这一时期中国与日本的关系也发生了变化。南北朝时期的宋、齐王朝允许日本倭王督办朝鲜半岛南部诸国的军事,给后来日本侵略朝鲜半岛制造了借口,为中日在朝鲜半岛上的利益争端埋下了隐患。

三、"登州海行入高丽渤海道"

隋唐时期,中国与朝鲜半岛、日本列岛的交往日趋频繁,而且层次越来越高,规模越来越大,黄渤海沿海的诸多港口既是朝鲜半岛各国和日本进出中国大陆的主要通关口岸,也是中国开展对外贸易的重要基地。

隋朝统一全国后,进一步加强了与周边邻国的交往。隋朝主动与百济、新罗和日本等国遣使通交,日本也派遣隋使来中国学习。唐初盛世,社会安定,经济繁荣,文化昌盛,国威远播,其采取的对外开放政策,更是吸引了很多外国使节、学者、僧侣和商人来到唐朝,或学习中国文化,或开展商贸活动。这一时期,朝鲜半岛和日本列岛的政治形势也发生了变化,645年(唐太宗贞观十九年),日本孝德天皇继位,在日本国推行"大化革新",掀起了学习唐朝文化的热潮。676年(唐高宗上元三年),新罗统一朝鲜半岛。统一后的新罗政治稳定,经济发展,并十分重视海外贸易,因而和唐朝的关系非常密切。

遣隋使和初期的遣唐使从朝鲜半岛进入中国的具体路线有两条,"从瓮津半岛直接横越黄海以达山东半岛的尖端部分,或者是沿着北朝鲜的高句丽所属的西海岸北上,从辽东半岛的尖端经庙岛列岛,到达山东半岛的登州附近,以后则由陆路去长安"。[1] 瓮津半岛在今朝鲜境内,属朝鲜黄海南道瓮津郡。也就是说,这些使者到中国来,仍然沿朝鲜半岛西海岸线北上,到达瓮津半岛后,或继续"循海岸水行",经庙岛列岛进入山东半岛,或横越黄海直达山东半岛东部。

《新唐书·地理志》记载的"登州海行入高丽渤海道",这里的"高丽",指隋时和唐初的朝鲜半岛;"渤海",指渤海国。唐朝时,渤海国在今中国丹东、长春、哈尔滨以东地区,还包括今朝鲜、俄罗斯的部分疆土。可以看出,"登州海行入高丽渤海道"是一条从山东半岛东部一带出海,"循海岸水行"到达朝鲜半岛东南部的路线,虽说隋唐时期的航海知识和航船能力足以支持横渡渤海、黄海直达朝鲜半岛西海岸,但"循海岸水行"不仅便于粮食及淡水的补给,也是当时最为安全的航线。隋唐时期的航海技术仍然以地文导航为主,航海者主要通过可视性地理坐标来判断航道。从登州北行,庙岛群岛的许多岛屿都可以作为海上地貌标识,进入辽东海域后沿海岸绕行,岛屿及近岸山峰的可视性标志也很多,航海者的视野始终不离陆岸或岛洲。如果远离陆岸礁岛,则容易迷失方向。同时,航线离岸岛越近,则航行越安全,一旦遭遇风暴或船只损坏,可以较快地驶向陆岸。

统一朝鲜半岛后的新罗虽然也与唐王朝有过一段不愉快的交往,但时间很短,而且即使在关系交恶时期,唐与新罗的来往也始终没有中断。据统计,新罗以"各种名义向唐派出使节126次",唐王朝以"各种名义向新罗派出使节34次,双方共160次"。[2]

当然新罗、日本与唐王朝的交往,多数是以朝贡的形式进行的,当时的"朝

---

[1] [日]藤家礼之助著,张俊彦等译:《日中交流二千年》,北京大学出版社,1982年,第63页。
[2] 杨昭全:《中朝关系史论文集》,世界知识出版社,1988年,第11页。

贡",实际也是一种变相的官方贸易往来,历史上称之为"朝贡贸易"。大唐帝国为了显示自己的富庶和大度,对朝贡回赠的物品大都十分丰厚,其数量和价值大都超过朝贡的物品。需要说明的是,这些回赐物品并不是在京城里得到的,而是在出关时由"州官准敕给禄",〔1〕由出境所在的州府按朝廷的旨意给予,这也免除了由京城到港口之间的货物运输的劳苦。黄渤海沿海一带既然是遣隋使、遣唐使的主要通关口岸,也就有责任"准敕给禄",这也有利于黄渤海沿海一带物产的对外宣传和交流。

四、唐朝平卢军节度使与东亚诸国的关系

安史之乱之后,唐朝廷在山东半岛的青州设立了"平卢军节度使,治青州,管淄、青、登、莱四州"(《旧唐书·地理志》),平卢军节度使还兼押新罗渤海两蕃使,代表朝廷负责与新罗、渤海等国的外交事务,这一制度一直延续到五代时期。黄海沿海一带成为当时新罗、渤海等国进京的主要通道和开展贸易活动、文化交往的主要场所。

(一)李正己开拓海外贸易,"雄居东方"

"押新罗渤海两蕃使"是中国历代朝廷有史以来第一次专门设立的职位,以负责中央政府授权的对朝鲜半岛诸国的外交事务。这是经历"安史之乱"之后,大伤元气的唐中央政府力图重新恢复对东亚诸国的宗主国地位,但又力不从心而采取的由地方藩镇政府代行中央部分外交职权的一种措施。唐中央政府对东亚诸国的部分外交事务,原由河南道负责,河南道的职能之一就是:"远夷则控海东新罗、日本之贡献焉"(《唐六典》卷三)。

唐代的河南道辖今山东、河南、安徽、苏北大部地区。显然,河南道的这部分外交职能在"安史之乱"后转给了驻山东半岛的节度使衙门。当时驻山东半岛的"平卢淄青节度观察使、海运押新罗渤海两蕃使"李正己不仅控制了今山东的绝大部分地区,而且还把持了苏北、河南北部的部分地区,同时还受朝廷委托负责管理辖区的海运业务和新罗、渤海两国使节出入唐境时的安置、护送等外交事务。由于节度使还掌管着管内的陆运、海运业务,实际上凡是路经管内地盘的,包括当时东北亚的黑水国及日本进出黄渤海沿海的一带人员和贸易活动,都在节度使管辖之内。据《旧唐书》记载,李正己利用自己掌控的这些权力,"货市渤海名马,岁岁不绝。法令齐一,赋税均轻,最称强大"(《旧唐书·李正己传》)。

---

〔1〕 白化文等:《入唐求法巡礼行记校注》,花山文艺出版社,1992年,第112页。

《资治通鉴》卷二二五也提到:"正己用刑严峻,所在不敢偶语,然法令齐一,赋均而轻,拥兵十万,雄据东方,邻藩皆畏之。"李正己积极开拓海外贸易,发展经济,使以青州为中心的平卢军节度使管辖地区成了当时的富庶之地。平卢军节度使有自己的军队,而且"军资给费,优赡有余"(《旧唐书·食货志》),为李正己称霸一方提供了重要的保障。李氏家族把持了管内的陆运、海运,并被授权负责对新罗、渤海两国的外交事务六十多年,控制了山东半岛的海外贸易,积累了大量的财富,为其维持长期的藩镇割据奠定了坚实的经济基础,也令后来唐中央政府清除李氏家族的反叛付出了沉重的代价。

日本圆仁和尚在《入唐求法巡礼行记》中记载,有大量的新罗人居住在山东半岛沿海及苏北沿海一带,这除了唐朝宽容的移民政策和对外国人来华有一些优惠措施外,也与李氏家族对新罗人的庇护有关。李氏家族之所以能够吸引大批朝鲜半岛的新罗人来黄海沿海定居,是与其搞地方割据有密切关系的,新罗人的商队对地方经济的发展带来很大好处,而新罗侨民的定居又增加了地方上的劳动力。李氏家族正是出于这样一种动机,又掌握着海事管理的权限,所以大量新罗人才会居住在黄海沿海一带。李正己家族控制着山东半岛和苏北地区,而这些地区也是新罗人来华活动和居住数量最多的地区,这些地区众多的新罗村、新罗坊、新罗馆、新罗所等,都反映了李氏家族把持的地方政权对新罗人来华活动的欢迎和重视程度。

(二)薛平制止贩卖新罗人口

李氏家族之后,唐王朝任命薛平为平卢军节度使,兼任押新罗渤海两蕃使,薛平不仅在任内期间为百姓做了许多好事实事,得到了百姓的拥戴,而且为制止贩卖新罗人口做了大量的工作,得到了新罗朝廷的赞许,为唐与新罗友好关系的发展作出了贡献。

唐宪宗元和十四年(819年)三月,朝廷任命"薛平为青州刺史,充平卢军节度淄、青、齐、登、莱等州观察等使"(《旧唐书·宪宗本纪下》)。薛平任平卢军节度使期间,因政绩突出而深得百姓的爱戴,以至于调职离任时,"百姓遮道乞留,数日乃得出"(《旧唐书·李正己传》)。也正因为薛平对下层贫苦百姓有着深厚的同情心,加之还担负着唐朝廷与新罗关系的责任,所以当了解到辖区内存有贩卖新罗人口的现象时,薛平立即向朝廷上书要求禁止贩卖新罗人口,并着力清除贩卖新罗人口的祸患。

据《唐会要》卷八六记载:

长庆元年三月平卢军节度使薛苹奏:"应有海贼诱掠新罗良口,将到当管登、莱州界及缘海诸道,卖为奴婢者。伏以新罗国虽是外夷,常禀正朔朝贡不绝,与内地无殊。其百姓良口等常被海贼掠卖,于理实难。先有制敕禁断,缘当管久陷贼中,承前不守法度。自收复已来,道路无阻,递相贩鬻,其弊尤深。伏乞特降明敕,起今已后,缘海诸道应有上件贼诱卖新罗良人等,一切禁断。请所在观察使严加捉搦,如有违犯,便准法断。"敕旨:"宜依"。

从薛平的奏章中可以了解到,薛平的前任控制山东半岛时,贩卖新罗人口的活动非常猖獗,虽唐王朝明令禁止贩卖人口,但由于薛平的前任,即李氏家族,特别是李正己的孙子李师古、李师道统治山东半岛时"不守法度",致使海盗"诱掠新罗良口",贩卖到李氏家族管辖的登州、莱州和其他的沿海州郡。薛平上书朝廷,新罗"百姓良口等常被海贼掠卖,于理实难",要求对贩卖新罗人口的行为"严加捉搦,如有违犯,便准法断",加大对贩卖新罗人口的打击力度,并得到了皇帝的批准。

(长庆)三年正月,新罗国使金柱弼进状:"先蒙恩敕禁卖良口,使任从所适。有老弱者栖栖无家、多寄傍海村乡,愿归无路,伏乞牒诸道傍海州县,每有船次,便赐任归,不令州县制约"。敕旨:"禁卖新罗,寻有正敕。所言如有漂寄,固合任归。宜委所在州县切加勘会,责审是本国百姓情愿归者,方得放回。"

从公元823年新罗国使金柱弼的进状可以得知,节度使薛平在唐朝廷支持下所采取的禁止买卖新罗人口的重大举措取得了显著成果。对此,新罗国遣使对唐王朝表示感谢,同时希望能给要求归国的新罗难民提供帮助。这说明节度使薛平在打击贩卖新罗人口的活动中发挥了主要作用。无论是主动向朝廷上书,要求加大对贩卖新罗人口的打击力度,还是积极执行朝廷禁止买卖新罗人口的禁令,薛平都功不可没。

这里之所以强调节度使薛平在禁止买卖新罗人口中所发挥的重要作用,还有一个原因,就是韩国的有些文学及影视作品为了美化和拔高新罗国官员张保皋在打击海盗方面的正面形象,不顾历史事实,诋毁薛平在其中所发挥的重要作用,更有甚者,我们国内还原封不动将韩国的这些文学及影视作品介绍给中国读者和观众。下面会提到,当时的新罗国官员张保皋在剿灭贩卖新罗人口的海盗方面作出了很大贡献,但这应是借助了唐朝廷打击买卖新罗人口这一有利时机。

张保皋当时所率领的士卒只是镇守在朝鲜半岛的西南海岸,还难以控制朝鲜半岛西部的大片海域,更无法制止在中国境内的人口贩卖活动。如果没有节度使薛平在禁止贩卖新罗人口中所发挥的不可替代的重要作用,张保皋难以有很大的作为。打击海盗、禁止贩卖新罗人口的成功,是唐朝廷和新罗国合力完成的,是包括许多像薛平、张保皋这样有正义感的两国官员协同努力的结果,而绝非仅凭张保皋一己之力所能办到的。

(三)五代十国时期,与东北亚诸国的外事活动和贸易持续活跃

唐以后的五代十国时期,中原王朝与新罗国及后来的高丽仍保持着非常密切的关系,黄渤海沿海一带仍然在中原王朝与朝鲜半岛的交往中扮演着重要角色。五代十国时期,由于割据混战、陆路受阻,中原王朝与朝鲜半岛的往来只能通过山东半岛进行。山东半岛东部的登州、莱州、密州等地的港口也就成了中原王朝与高丽等东亚诸国友好往来和商贸活动的主要口岸。五代时期,由于平卢军节度使兼押新罗渤海两蕃使仍代表朝廷负责与新罗、渤海等东亚诸国的外交事务,所以这一时期的黄渤海沿海一带海外贸易也持续活跃。

据《册府元龟》卷九七六记载,后唐天成二年(927年)三月"新罗国前登州都督府长(史)张希岩、新罗国登州知后官本国金州司马李彦谟,并可检校右散骑常侍"。这句话表明了两点:一是说后唐时期新罗人张希岩曾做过登州都督府长史这样的高官,都督府长史在级别上相当于上州刺史,一般为从三品;二是说明后唐时期新罗国在登州设有"知后官",新罗国的金州司马李彦谟兼任登州知后官。"新罗国登州知后官",用我们今天的话说,就是"新罗国驻登州的办事处官员"。新罗人不仅可以在中原王朝做三品大官,而且在登州等地还设有办事处,说明五代时期新罗与中原王朝的来往非常频繁,而山东半岛东部登州沿海一带也就成了沟通新罗与中原王朝的主要通道。新罗人在登州任高官,加强了新罗与山东半岛东部地区的联络;新罗国在登州设立知后官,说明经登州进出中原王朝的新罗国官员、商人及其他人员非常之多。登州的外事活动受押新罗渤海两蕃使管辖,说明这时的山东半岛和在唐朝时期一样,仍然是对朝鲜半岛友好往来的主要通道和商贸基地。

中原的五个王朝(后梁、后唐、后晋、后汉、后周)占据的都是中国的北方地区,高丽、新罗往来中原走海路最便捷的路线就是从山东半岛出入。《五代会要》卷三〇里还提到,后周广顺元年(951年),高丽国王派遣使节到后周来,结果使节之一的通事舍人"顾彦浦溺海而死"。这也说明高丽使者走的是海路。五代时期的高丽、新罗走海路,只能是从山东半岛东部的登州沿海港口登岸,经过

青州的平卢军节度使兼押新罗渤海两蕃使衙门审查并办理好相关的手续后才能进京(开封或洛阳)。由此可见,押新罗渤海两蕃使衙门在五代时期仍然在中国的对外交往中占有重要位置。

五代时期,中原王朝与东亚诸国继续保持着频繁的官方贸易往来。如《新五代史·四夷附录》记载:"周世宗时,遣尚书水部员外郎韩彦卿以帛数千匹市铜于高丽以铸钱。六年(959年),昭遣使者贡黄铜五万斤。"《旧五代史·外国列传》记载,后周显德六年,"高丽遣使贡紫白水晶二千颗"。对这一段史料,《高丽史》也有记载:高丽光宗九年(958年)"是岁,周遣尚书水部员外郎韩彦卿、尚辇奉御金彦英赍帛数千匹来市铜"。高丽光宗十年"冬,遣使如周,献铜五万斤,紫白水精各二千颗"。[1] 这说明五代时期中原王朝与高丽的朝贡贸易数量很大。五代时期,中原王朝经登州与黑水国的官方贸易也很活跃。《新五代史·四夷附录》记载,后唐同光二年(924年),"黑水兀儿遣使者来,其后常来朝贡,自登州泛海出青州"。《五代会要》也提到:后唐长兴二年(931年)五月,"青州奏,黑水兀儿部至登州卖马"。黑水靺鞨也来登州做生意,这说明山东半岛东部沿海登州一带不仅是黑水部落到中原王朝朝贡的必经之地,也是开展各种官方活动及对外贸易的重要基地。

除官方贸易往来外,此一时期民间的贸易往来同样非常频繁。后唐天成四年"二月,青州奏,于登州岸获新罗船一只,进其宝货"(《五代会要》卷三〇)。后唐"末帝清泰元年(934年)七月,登州言:'高丽船一艘至岸,管押将卢昕而下七十人,入州市场'"。"十月,青州言高丽遣人市易"(《册府元龟》卷九九九)。以上既说明了五代时期山东半岛东部沿海登州一带与朝鲜半岛的民间贸易依然非常活跃,也进一步佐证了五代时期的押新罗渤海两蕃使衙门仍然控制着与东亚诸国的外交活动和黄渤海沿海地区的对外贸易。

五、张保皋、崔致远在黄海海域的活动

唐代时,由于中国与新罗的关系很好,海上交流的通道也非常顺畅,大量新罗人在中国留学、经商甚至做官,其中张保皋、崔致远等都在沿黄海区域留下了活动足迹,为中国与朝鲜半岛的海上贸易和文化交流作出了贡献。

(一)张保皋与赤山法花院及海上贸易

前文提到,唐代中后期时沿黄海区域出现了贩卖新罗人为奴的现象。

---

[1] 金渭显:《高丽史中中韩关系史料汇编》,食货出版社,1983年,第14、15页。

中国官吏薛平为打击这一现象进行了不懈努力,而最后的成功也有赖于一位新罗义士的配合,这个人就是张保皋。张保皋早年曾到过中国,"善斗战,工用枪"。面对猖獗的贩卖新罗人为奴状况,他向新罗兴德王请兵万人,镇守新罗西南莞岛清海镇附近的海面,有力打击了贩卖人口的海盗,保卫了海上交通安全。

除了打击贩卖人口的海盗外,张保皋还凭借有利的地理位置和丰富的海上经验,以及自己熟悉中国情况的特长,开始从事利润丰厚的唐日贸易。他动员和组织了在中国大陆,特别是黄海沿岸一带的新罗侨民,在山东半岛的赤山浦建起了中韩日三国贸易的重要基地——文登法花院。有专家指出:"登州文登法花院就是张保皋船队的大本营之一,这是新罗人和日本人至唐都长安的重要登陆口岸,另外几个船队的主要停泊处还有牟平县的乳山浦以及苏北的沿海区域涟水县和楚州。如在楚州的新罗坊还有修造船场。当时在中国山东、江苏北部海岸形成一条船队服务线,到处拉客,为来自新罗和日本的人们进行海上服务贸易。"[1]张保皋把新罗国清海镇和山东半岛的赤山浦作为中、韩、日三国贸易的重要基地和主要通道,几乎垄断了唐、新罗、日本三国间的海上贸易,成为了名副其实的"海上王"。

新罗人张保皋的海上民间贸易之所以兴盛,有着深刻的社会背景:"当时新罗和唐王朝中央势力开始衰微,地方势力抬头。新罗真骨贵族阻断了地方势力参与中央朝政的可能,致使后者只得利用当时比较发达的海上交通转向海外贸易,其中主要对象是中国,但也有日本。而当时的中国藩镇割据严重,政府鞭长莫及,从而迎来中韩非官方贸易的空前繁荣。……张保皋是新罗时期最大的海商巨富和黄海船队的创立者。"[2]

(二)崔致远和中国道教思想的东传

在韩国,崔致远被称为韩国汉文学的鼻祖、奠基人。据记载他是"新罗国湖南之沃沟人,年十二,辞家从商舶入唐。十八宾贡及第"。[3] 唐僖宗时期,他官至殿中侍御史,赐紫金鱼袋,也曾任职于淮南节度使衙门,因而对中国感情很深,也非常了解中国文化。唐僖宗中和四年,崔致远归国,在新罗国先后任翰林学士、兵部侍郎等职。他因不被重用,无心仕途,后携家隐于寺院,以老终年。

---

[1] 辛元欧:《古代中朝海上交往与船文化交流》,《中国航海》2000 年第 2 期。
[2] 辛元欧:《古代中朝海上交往与船文化交流》,《中国航海》2000 年第 2 期。
[3] 王重民等:《全唐诗外编》,中华书局,1982 年,第 311 页。

黄海沿海一带是中国道教文化的重要思想源头,由于地处大海之滨,其特有的开放性、包容性的文化传统,使得道、释、儒三种文化和谐共存。崔致远作为"朝鲜道教最有影响的传人",必然也把这样一种道教思想带到朝鲜半岛。崔致远《鸾郎碑序》载:"国有玄妙之道,曰风流。设教之源,备详仙史,实乃包含三教,接化群生。且如入则孝于家,出则忠于国,鲁司寇之旨也,处无为之事,行不言之教,周柱史之宗也。诸恶莫作,诸善奉行,竺干太子之化也。"[1]"鲁司寇",指儒家创始人孔子,孔子曾任鲁国司寇。"周柱史",指老子李耳(李聃),被尊为道教始祖。"竺干太子",指释迦牟尼,佛教创始人。新罗国盛行的儒、佛、道思想相融合的花郎道,也应是黄海沿海一带悠久深厚的道教文化传统,及道、释、儒多种文化共存的文化氛围相互影响的结果。

第五节　中国与日本列岛的海上交流

一、曹魏时期"循海岸水行"航线

从汉光武帝册封倭王可见,中国很早便与日本建立了正式联系。到曹魏时期,这一联系又有扩大的趋势。尤其是曹魏政权,曾与日本多次互派使臣。238年司马懿平定了割据辽东的公孙渊势力,魏国恢复了对朝鲜半岛北部的控制。当年六月,控制日本南部诸国的倭女王立即派遣使者与曹魏政权通好,并向魏明帝奉献了物品,魏明帝也回赠了大量的物品。这些在《三国志·东夷传》中有详细记载。"倭女王遣大夫难升米等诣郡,求诣天子朝献",并"男生口四人,女生口六人,班布二匹二丈"。魏明帝对此深为嘉许,封倭国女王"亲魏倭王",赐予金印紫绶和大量的金、珠、刀、铜镜以及各色丝绸织品。正始元年(240年),魏明帝为了加强与倭国之间的友好关系,又派人"奉诏书印绶诣倭国,拜假倭王,并赍诏赐金、帛"等物。倭王也对魏王的厚礼进行了答谢。正始四年,"倭王复遣使大夫伊声耆、掖邪狗等八人"渡海到魏国,"上献生口、倭锦、绛青缣、绵衣、帛布、丹木"等物。到了正始六年(245年),魏国第二次派出使者渡海赴日,"诏赐倭难升米黄幢,付郡假绶"。从238—247年的短短10年中,魏和倭的使节交通约为6次,魏使倭2次,倭使魏4次,可见当时中日之间的海上交通相当频繁。

---

[1]　金富轼:《三国史记》,吉林文史出版社,2003年,第56—57页。

战国以来形成的传统中日航线是从山东半岛渡渤海到辽东半岛,沿海岸航行至朝鲜南端,然后再从釜山经对马岛航抵日本的宗像。这条航线是在航海技术能够克服对马海流以后开辟的,在日本被称作"海北道中"。曹魏时在传统航线的基础上开辟了新的赴日航线。据《三国志·东夷传》记载:

> 从郡至倭,循海岸水行,历韩国……七千余里,始渡一海,千余里至对马国……又南渡一海千余里,名曰瀚海。至一大国……东南陆行五百里,到伊都国……有千余户,世有王,皆统属女王国,郡使往来常所驻。东南至奴国百里。

这条航线从山东渡渤海,沿海岸航抵朝鲜南端的带方郡,然后沿朝鲜半岛西岸南下,绕过半岛西南端,再沿着曲折的海岸和岛屿群到达半岛东南部的釜山地区,接着取对马岛和壹岐岛为中介横渡朝鲜海峡,抵达九州北部的福冈松浦沿岸,最后分赴日本列岛上的有关地区。这条"对马—壹岐"航线比秦汉时的"对马—冲之"航路偏西,反映了三国时期的船舶结构和航海技术较前代有了明显进步,能够完全克服对马暖流对航行的影响了。

二、南北朝时期中日海上交流

西晋统一中国之后,继续与朝鲜半岛和日本列岛的诸国保持友好关系,据《晋书·东夷列传》记载,西晋初年时,"(倭人)遣使重译入贡"。短暂的西晋政权结束后,北方地区陷入战乱。当时鲜卑族在辽西重新崛起,隔断了晋朝与朝鲜半岛的联系,同时朝鲜半岛上也战乱频仍且与倭敌对,因此原来由山东渡渤海,沿朝鲜西岸向南航行,过对马岛而渡日的航路被阻。东晋以后,南朝刘宋建立,此时朝鲜半岛南部的百济已经"与倭和通",从朝鲜半岛南部可以通往日本,所以这条南道航线得以在南朝刘宋时期开辟出来。对此《文献通考》卷三二四做了解释:"倭人自后汉始通中国……实自辽东而来……至六朝及宋,则多从南道,浮海入贡及通互市之类,而不自北方,则以辽东非中国土地故也。"

这条航线以建康为出发点,顺江而下,出长江口后即转向沿岸北航,到达山东省成山头的文登地方,然后横渡黄海,到达朝鲜南部,过济州海峡、对马岛、壹岐岛到达福冈(博多),再过关门海峡(穴门),入濑户内海,直达大坂(难波津)。南朝刘宋时期,日本使者曾前后八次循此航线到达过刘宋都城建康,南朝齐、梁、陈时,中日之间仍经由这条航路保持联系。沿着这条航线航行虽然风险较大,航海距离却缩短了许多。

三、隋唐时期中日海上交流

(一) 中日传统航线的继续

隋朝统一中国之后,继续维持与日本的友好关系。日本有遣隋使来华,隋朝也派遣大臣出使日本。此一时期的航路与南朝时基本相同。当时由中国赴日本,是先到百济,然后经壹岐、对马到博多。据《隋书·东夷传》记载,隋炀帝曾派遣文林郎裴世清出使日本,其航路从山东文登出发,东南行横渡黄海,"度百济,行至竹岛(朝鲜全罗南道珍岛西南的一个小岛——引者注,下同),南望𨈓罗国(济州岛),经都斯麻国(对马岛),迥在大海中,又东至一支国(壹岐岛),又至竹斯国(筑紫,即博多),又东至秦王国,其人同于华夏,以为夷洲,疑不能明也。又经十余国,达于海岸,自竹斯国以东,皆附庸于倭。"

这条航线在唐代继续得到沿用。如日本遣唐大使藤原常嗣、日本求法僧圆仁,当他们回国时,都是在文登乘船沿着这条航线东渡的。这条航线也是从江南扬州通新罗的海道,而后再从新罗延长到日本。华北沿海船舶去日本时,也就近选取此线从文登出航。不过南道航线由于需要横穿黄海,与沿海岛和海岸而行的传统北道航线相比,有一定的危险性。

(二) 南道航线的开辟

唐天宝年间日本与新罗的关系恶化,中国通过新罗赴日的传统航线被阻,因而开辟了从扬州等长江流域海口直接横渡东海的南岛航线。该航线中途不作停泊,直达日本本土以南的奄美(大岛),然后转向北航,经夜久(屋久岛),多𢑓(种子岛),再从萨摩海岸北上到达博多等地。大约二十几年后,又开辟了从长江口(楚州或明州)出发,横渡东海,直航日本值嘉岛的南路航线,唐船由此再向北到达九州。唐大历十二年(777年),日本遣唐使已不再走南岛旧路,而是从南路航线来扬州登岸。[1] 这是大历年间开辟的一条新航线。这条航线与北路航线、南岛航线相比,航程最短,中途没有停靠口岸,顺风时只需十天左右便可到达值嘉岛。

从日本遣唐使实际成行的十六次航程来看,前七期遣唐使团除第二期第二舶走的是南路以及第六期只到达百济外,其余均是走的北路;而后期除第十

---

〔1〕 [日]木宫泰彦著,胡锡年译:《日中文化交流史》,第772页。

二期"迎入唐大使"高元度在入唐时走北路外,其余均是走的南路。[1] 可见南路航线开辟后,北路航线的利用率下降了。然而即便如此,也还是有许多遣唐使节或僧侣等是经黄海北路回国的。如第十期遣唐使判官平群广成回国时原本从苏州入海,但"恶风忽起,彼此相失",平群广成又返回长安,日本著名留学生阿倍仲麻吕替他向唐朝请求"取渤海路归朝,天子许之"。于是平群广成在开元二十七年三月从登州入海,先到渤海国,再搭乘渤海国国王使臣船只回到日本。[2] 据《入唐求法巡礼行记》卷二记载,文宗开成四年,日本第十八期遣唐使返航时,雇佣了九艘新罗船,选择从登州界内的庐山过海,但遇逆风,后从山东半岛东端的赤山浦横渡黄海归国。

(三) 圆仁与《入唐求法巡礼行记》

唐代,许多随日本遣唐使来华的僧人和留学生也在黄海沿海一带留下了足迹,其中著名的日本"慈觉大师"圆仁和尚还留下了珍贵的历史文献《入唐求法巡礼行记》。圆仁和尚(794—864年),日本下野都贺郡人,幼年为僧,圆仁的师傅是广智,广智的师傅是道忠,而道忠的师傅即著名的鉴真大师,也就是说,圆仁和尚自幼就间接地受到中、日文化的熏陶了。在历经艰辛后,他于唐开成三年随遣唐使船到达中国扬州。圆仁和尚在中国求法十年,足迹走遍半个中国,写下了著名的日记体著作《入唐求法巡礼行记》。

对中国的海域史研究而言,《入唐求法巡礼行记》的价值是多方面的:其一,圆仁记载了他从日本来中国和从中国返回日本,以及沿中国海岸航行的具体线路,对于唐代的航海路线研究具有重要价值;圆仁记载了沿途所经过地区的社会情况和佛教寺院情况,对于研究沿海地区的社会经济发展有参考价值;圆仁曾在沿海的很多港口辗转,记录了这些港口的一些具体情况,对今天的古港研究也有重要补充;圆仁接触了很多新罗人,并得到很多帮助,而新罗人在当时的沿黄海区域贸易中扮演了重要角色,因而这方面的记载对于当时海上贸易研究也有重要作用。这也是前文多次提到圆仁及其著作的原因所在。

还需要指出的是,圆仁和尚回国时除带回了大批的佛教经典以及种种佛具法物外,还带回一些诗文集和杂书。据《入唐求法巡礼行记》中《入唐新求圣教目录》记载,有《嗣安集》一卷、《百司举要》一卷、《两京新记》三卷、《庄翱集》一

---

[1] [日]木宫泰彦著,胡锡年译:《日中文化交流史》,第63—72页。
[2] 汪向荣、夏应元:《中日关系史资料汇编》,中华书局,1984年,第95页。

卷、《李张集》一卷、《杜员外集》二卷等等。圆仁回国后,致力于佛法的弘扬,间接地也推动了中国文化的传播。

第六节 黄海海洋文化

一、海神的封敕与祠祀

至迟到夏朝时期,人们的"四海"观念就已十分普及了。《尚书·益稷》记大禹言"予决九川,距四海",《尚书·大禹谟》记夏"文命敷于四海",《禹贡》记夏"声教迄于四海"、"四海会同"等,可知夏代的疆域范围已有"四海"。当时的"四海"所指,"东海"即今山东半岛东、南两面的黄海;"北海"即今山东半岛北面的渤海和北黄海;"南海"指古江淮海域,即今泛海州湾及东海北部;"西海"迄无定说,多认为即当时的巨野泽,也称大野泽,在今济宁—菏泽。商周以降,"四海"所指随着王朝疆域的扩大、延伸不断外移,终至"西海"、"北海"多无实指。但自商周时代起在人们的"文化版图"观念里,"四海"一直是"天下"的代称,而东海的海域所指,则不断"南移"。但无论如何南移,东海的主要海域,仍然是以黄海中部向北、向南的扩及。"黄海"这一名称和概念,只是近代才普及开来的。

从远古开始,人们就相信"万物有灵"、"万物皆神"。面对海洋的深广浩渺和变幻莫测,经历着靠海用海和屡涉风涛的生活,人们相信"四海"都有海神,并由此创造出了四海海神的谱系。这在《山海经》中已多有记载。《山海经》主要是以山东地区为中心视野和空间观念写成的。《山海经》中记述的四海海神,就是以山东地区为地理中心的早期华夏信仰文化中的四海海神。那时在人们的东、西、南、北四海视野和观念中,每个海区都有海神,且都有神名。其中东海海神禺虢是黄帝之子,北海海神禺强是黄帝之孙,由此可知当时已为四海海神建立了谱系,而东海海神的地位是最高的。

有信仰就有祭祀。"四海海神"的信仰和观念,自上古直到近世,历代传承不衰。"东海"对于中原王朝而言是最近、最重要的海域,因此,在人们对"四海海神"的信仰和祭祀中,"东海海神"一直是最为重要、最为核心的海神。

我国早在夏商周三代就有了祭海活动和仪式,并成为国家祀典。古以黄河为海的本源,因而帝王先祭河,后祭海,即《礼记·学记》所谓"古者三王之祭川也,皆先河而后海"。至秦汉以降,海神祭祀更为隆重。秦始皇、秦二世、汉武帝、汉宣帝、汉明帝等帝王都多次东巡海疆,主要巡幸地区就是山东半岛沿海的琅琊台、女姑山、成山头、芝罘岛、莱州城等沿黄海和黄渤海交界地区，自汉代起立祠祭祀东海海神的地点就择定在莱州。唐玄宗天宝十年（751年），朝廷开始封四海海神为王，封东海神为"广德王"，南海神为"广利王"，西海神为"广润王"，北海神为"广泽王"，其中以东海神为上，派太子中允李随赴莱州主持祀典。

宋仁宗康定二年（1041年），晋封东海神为"渊圣广德王"，并规定在每年的立春日于莱州祭祀。宋都南迁之后，莱州的东海神庙在北方金国的辖区内，而南宋朝廷因无法在莱州祭祀东海海神，不得已将祭祀地点移至明州（今宁波）定海。同样，金国因无法到南海祭祀南海海神，于世宗大定四年（1164年）下诏，将祭祀东海海神和南海海神的地点都定在莱州。元朝时重新给四海海神加封，并颁布"定岁祀岳、镇、海、渎之制"。元朝的四海海神祭祀制度虽与宋朝的一样，但祭祀的地点，则将东、南、北三海海神的祭祀都选择在山东半岛：每年的立春日，祀东海于莱州界；立夏日，遥祭南海、大江于莱州界；立秋日，遥祭西海、大河于河中府界；立冬日，遥祭北海于登州界，敕建海神庙，祀官以所在守土官为之。明朝将东海海神庙建在山东的登州。清朝复改为莱州。自汉迄清，历代帝王祭祀东海神于莱州，有史料记载的就达81次之多。

佛教自东汉传入我国之后，其龙王逐渐与我国传统的四海海神信仰融合，自此，四海海神的形象便是龙王。四海龙王中，"职位"最高、最为人们信仰的"龙头老大"，就是"东海龙王"，民间敬称为"龙王爷"，传其居于"东海龙宫"。在山东半岛沿海，"龙王爷"被民间社会所普遍信奉和祭祀，流行广泛，深入人心，不但塑在庙里，而且供在船上，装在心中，体现在生活中。

自南宋开始，福建湄洲神女林默娘渐被航海船民信仰，并被尊为"妈祖"，很快因传其护佑国家出海使臣、国家海上平倭、国家海上漕运等每每有功，自宋迄清，一直被历代王朝敕封，列入国家祀典，封号从"夫人"到"妃"、"天妃"直到"天后"，越来越高。其作为海洋女神信仰，自宋代就传到山东，并以山东半岛和庙岛群岛为枢纽，进一步传播到河北、天津、东北及朝鲜半岛等地。山东半岛和庙岛群岛，在宋代之后，尤其是明清时期，举凡重要的海口港埠，都曾建有天妃庙、天后宫，民间多称为"娘娘庙"。"庙岛群岛"之称，就是由于岛上有了"娘娘庙"的缘故。

二、文人笔下的黄海

魏晋到隋唐五代时期的海洋文学，一方面继承汉赋的传统，一方面在诗歌上有了发展，还在笔记（杂记）小说上获得了的突破，尤其诗歌在唐代遍地开花，整个大唐成为了"诗的国度"。随着沿黄海地区文化、经济的发展和环黄海海域海上交流的进一步频繁,沿黄海的海洋文学也佳作迭出,美不胜收。

魏晋和北朝的疆域主要在中原和东北地区,其主要海疆是渤海和黄海。隋唐时期,王朝的政治经济文化中心仍是中原,渤海和黄海海域仍然是文人们视觉和感知中的京畿海域。

(一)海赋

起自汉代,中国文学开始把大量笔墨蘸向了蔚蓝色的海洋,人们开始用文学形式来观照和描绘海洋主题,铺写和展现海洋景象,文辞华丽的海赋成就尤高。今天所见的魏晋海赋,最早的或是曹丕的《沧海赋》,可惜只存残篇。即使如此,也能看出曹丕对大海壮阔宏大的描述:

> 美百川之独宗,壮沧海之威神。经扶桑而遐逝,跨天涯而托身。惊涛暴骇,腾聊澎湃,铿訇隐潾,涌沸凌迈。于是鼋鼍渐离,泛滥淫游;鸿鸾孔鹄,哀鸣相求;扬鳞浊翼,载沉载浮。仰唼芳芝,俛漱清流;巨鱼横奔,厥势吞舟。尔乃钓大贝,采明珠;搴悬黎,收武夫。窥大麓之潜林,睹摇木之罗生。上蹇产以交错,下来风之泠泠。振绿叶以葳蕤,吐芬葩而扬荣。[1]

曹丕笔下的大海气势宏大、声貌慑人,让人如在眼前。他对海中珍奇的描绘更是栩栩如生。

入晋之后,以海洋为题材的文赋络绎不绝,木华、庾阐都写有《海赋》,潘岳写有《沧海赋》,孙绰写有《望海赋》,大都把视线延伸到了"飔波于万里之间,漂沫于扶桑之处"的远方海域。这说明人们在用文学手法勾勒大海景观的时候,已经对海洋深处所蕴藏的奥妙产生了浓厚的兴趣。这里再以潘岳《沧海赋》为例分析之。

> 徒观其状也,则汤汤荡荡,澜漫形沉。流沫千里,悬水万丈。测之莫量其深,望之不见其广。无远不集,靡幽不通。群溪俱息,万流来同。含三河而纳四渎,朝五湖而夕九江。阴霖则兴云降雨,阳霁则吐霞曜日。煮水而盐成,剖蚌而珠出。其中有蓬莱名岳,青丘奇山。阜陵别岛,岷环其间。其山则巀崔嵬崒,嵯峨隆屈,披沧流以特起,擢崇基而秀出。其鱼则有吞舟鲸鲵,鲐鳜龙须。蜂目豺口,狸斑雉躯。怪体异名,不可胜图。其虫兽则素蛟丹

---

[1] 魏宏灿:《曹丕集校注》,安徽大学出版社,2009年,第91页。

虬,元龟灵鼍,修鼋巨鳖,紫贝腾蛇,玄螭蚴虬,赤龙焚蕴,迁体改角,推旧纳新,举扶摇以抗翼,泛阳侯以濯鳞。其禽鸟则鸥鸿鹅鹳,鸳鹅鸤鹊,朱背炜烨,缥翠葱青。[1]

潘岳对大海的描写直接以"观"起笔,其顺序不同于王粲。而且他没有描写传说中的瀛洲、扶桑等神话传说,而是直接面对观照对象,用华丽的辞藻将大海的壮阔、雄奇、瑰丽展示得淋漓尽致,令人回味。他对海上生物的描写也极尽想象力。

到了隋唐时期,虽然诗歌崛起,但海赋仍然为很多文人所钟爱。梁洽写下了《海重润赋》,深度揭示了海洋"吞吸八裔,流不逆细,怪必斯蓄,珍无不丽"的无穷宝藏。樊阳源写出了《众水归海赋》,由衷赞美海洋的涵纳能力:"大矣哉,海浩漾,寻之无际,望之无象。利万物以成德,总群川而为长。"另外,如姜公辅的《白云照春海赋》、独孤授的《海上孤查赋》、张何的《早秋望海上五色云赋》、李君房的《海人献文锦赋》、周钺的《海门山赋》、张良器的《海人献冰蚕赋》、卢肇的《海潮赋》、纥干俞的《海日照三神山赋》,从不同的角度来描述海洋,并从碧海空间延伸到人类海洋活动的方方面面,扩大了海洋文学的意境。其中卢肇的《海潮赋》,更是一部影响了古今中外的著名的海洋潮汐专论。

(二) 从魏晋南北朝的搜神、志怪小说到唐代传奇

魏晋南北朝时期,"蓬莱"等三神山的信仰已经不能满足人们创造海洋仙山、仙境的丰富想象空间的需求,于是"十洲"、"十洲三岛"等说普遍流行,大量文人对这些信仰传闻作了发挥、演绎,导致"蓬莱仙境"信仰的进一步泛化。

在创作"蓬莱仙境"意象的"小说家言"中,魏晋南北朝时期的笔记作品可谓蔚为大观,后世多视其为志怪小说。他们继承先秦诸子和《山海经》及方士谶纬之绪,更张而皇之,其作品中对海洋的面貌、玄想和信仰等,描述、铺排得更为广博系统、具体细微、形象生动,艺术手段的运用更为娴熟多样,其中如《十洲记》、《博物志》、《拾遗记》、《列仙传》、《神仙传》、《列异传》等等,涉海故事甚多。

《十洲记》,又称《海内十洲记》、《十洲仙记》等,托名汉代齐人东方朔撰,但史家多认为是六朝人所作,全书分序、十洲、三岛三部分。内容为汉武帝听王母讲八方巨海中有十洲,遂向东方朔问讯,东方朔为之细说。十洲三岛之上,有真

---

[1] 王增文:《潘黄门集校注》,中州古籍出版社,2002年,第67—68页。

仙神宫、仙草灵药、甘液玉英、奇禽异兽等等,令人神往。以其中的瀛洲为例:

> 瀛洲,在东大海中,地方四千里,大抵是对会稽郡,去西岸七十万里。上生神芝仙草,又有玉石高且千丈。出泉如酒,味甘,名之为玉醴泉,饮之数升辄醉,令人长生。洲上多仙家,风俗似吴人,山川如中国也。〔1〕

其铺张扬厉可见一斑。该书把先秦即已张扬得沸沸扬扬的海中三神山之说、西汉即有的"十洲三岛"并称之说等,敷衍成了一个系统的海上神仙世界,必然对后世的海上传说起到了信仰上和艺术上的"推波助澜"作用。此类的书,还有《博物志》《拾遗记》等。这些著作的内容虽然多荒诞不经,但现实中必然也有所本,而其基础便是当时人们对海洋的认识和想象。

此一时期,除了官方推崇的四海神的祭祀和信仰以外,民间仙怪也有很多,以至于产生了《列仙传》《神仙传》《列异传》等记录神仙的书。如《神仙传》,晋葛洪所撰,其卷一记"彭祖"论仙人曰:"仙人者,或竦身入云,无翅而飞。或驾龙乘云,上造太阶。或化为鸟兽,浮游青云。或潜行江海,翱翔名山。或食元气,或茹芝草,或出入人间,则不可识,或隐其身草野之间。"尽管也说他们"虽有不亡之寿,皆去人情,离荣乐,有若雀之化蛤,雉之为蜃,失其本真"。〔2〕然"好死不如赖活",面对现实世界的诸多哀愁痛苦,面对人生必有的死亡的不愿与不甘,对于"蓬莱"仙人、仙山、仙境的追求,也就似乎有了一种浓浓的"人情味儿"。即使贵及帝王将相,也会十分幻想和希冀有那么一个不老不死的神仙世界。

隋唐五代时期,类似于小说色彩的"传奇"形式的文学体裁开始出现,其中也有不少涉海作品,如唐段成式的《酉阳杂俎》中记有海外异国远民之事。《酉阳杂俎·前集》卷一四载:

> 大足初,有士人随新罗使,风吹至一处,人皆长须,语与唐言通,号长须国。……乃拜士人为司风长,兼驸马。……忽一日,其君臣忧戚,士人怪问之。王泣曰:"吾国有难,祸在旦夕,非驸马不能救。"……"烦驸马一谒海龙王,但言东海第三汊第七岛长须国,有难求救。我国绝微,须再三言之。"因涕泣执手而别。士人登舟,瞬息至岸。岸沙悉七宝,人皆衣冠长大。士人乃前,求谒

---

〔1〕 转引自徐坚:《初学记》,中华书局,1962 年,第 115 页。
〔2〕 葛洪撰,胡守为校释:《神仙传校释》,中华书局,2010 年,第 16 页。

龙王。龙宫状如佛寺所图天宫,光明迭激,目不能视。龙王降阶迎士人,齐级升殿,访其来意。士人具说,龙王即令速勘。良久,一人自外白曰:"境内并无此国。"士人复哀祈,言长须国在东海第三汊第七岛。龙王复叱使者细寻勘,速报。经食顷,使者返,曰:"此岛虾合供大王此月食料,前日已追到。"龙王笑曰:"客固为虾所魅耳。吾虽为王,所食皆禀天符,不得妄食,今为客减食。"[1]

这类作品每有可观者,也多妙趣横生,它们反映了唐代涉及海洋的丰富的社会文化生活,尤其是海洋交通与海洋贸易的状况。

(三)唐代诗歌中的黄海

唐代时,人们的涉海生活更加丰富,人们的海洋经济活动更加频繁,海洋在国家和区域社会中的地位越来越高,海外交通、海外交流日益拓展和密切,正是在这样的社会文化背景下,与海洋信仰、想象和海事活动有关的文学吟咏、记述才愈发地具体、生动、充实、丰满起来。而唐代的文学作品以诗歌最负盛名,传世的约有5万首。唐诗所涉及的内容包罗万象,自然也有很多涉及海洋,包括黄海,据统计涉海诗篇达4000多首。

大唐伊始,唐太宗就在征伐高丽的马背上写下了《春日望海》诗:

> 披襟眺沧海,凭轼玩春芳。积流横地纪,疏派引天潢。仙气凝三岭,和风扇八荒。拂潮云布色,穿浪日舒光。照岸花分彩,迷云雁断行。怀卑运深广,持满守灵长。有形非易测,无源讵可量。洪涛经变野,翠岛屡成桑。之罘思汉帝,碣石想秦皇。霓裳非本意,端拱且图王。[2]

这位雄才大略的皇帝通过对海洋的憧憬,抒发了新兴王朝一统寰宇的雄心豪情,随行的杨师道、许敬宗、褚遂良等大臣与其唱和,如杨师道的《奉和圣制春日望海》、许敬宗的《奉和春日望海》等,成为大唐文坛的一大盛举。自此之后,唐朝诗人掀起了海境诗文创作的阵阵高潮。唐朝人那种奋发向上的创新能力和对外开放的远大气魄,融入进了海洋探索和文学创作之中,很多著名诗人都加入到了讴歌海洋的行列,向人们奉献出了脍炙人口的作品。李白的咏海诗篇到处

---

[1] 段成式撰,方南生点校:《酉阳杂俎》,中华书局,1981年,第132、133页。
[2] 彭定求等:《全唐诗》,中华书局,1960年,第7页。

充溢着浪漫色彩,那种"登高丘,望远海。六鳌骨已霜,三山流安在"的怀古思索与"北溟有巨鱼,身长数千里。仰喷三山雪,横吞百川水"的夸张比喻,不知诱发过多少读者的想象力。杜甫那段"东下姑苏台,已具浮海航。到今有遗恨,不得穷扶桑"的肺腑之音,始终呼唤着后代人去遨游大海。

另外,唐诗中涉及海洋的意象大多和诗人们陆上的生活形成了鲜明对照,他们以海洋、海上入诗,大多是为了或抒发壮志豪情、或排解积郁不快、或表达老庄思想(以及孔子思想,即使不但谆谆教导世人入世、自己也一世以身作则的他,也有时欲"浮海而乐"的思想,可见"浮海而乐"的思想和观念是多么普遍,多么深入人心;于此,诗人就自然更为突出了)。张若虚的《春江花月夜》写春、写江、写花、写月、写夜,但诗中所写的这春、江、花、月、夜,都是因海而生、因海而有的独特景观,这是一般诗评家所忽视了的:"春江潮水连海平,海上明月共潮生。"

诗人们在诗作中出现的海洋意象,是多方位的,有的思古怀幽,追念秦皇汉武,如李白的《登高丘而望远》:

> 登高丘,望远海。六鳌骨已霜,三山流安在?扶桑半摧折,白日沉光彩。银台金阙如梦中,秦皇汉武空相待。精卫费木石,鼋鼍无所凭。君不见!骊山茂陵尽灰灭,牧羊之子来攀登。盗贼劫宝玉,精灵竟何能。穷兵黩武今如此,鼎湖飞龙安可乘?[1]

有的描摹海上的景象,尤其是海洋的壮阔和神秘莫测,如刘长卿的《登东海龙兴寺高顶望海简演公》:

> 朐山压海口,永望开禅宫。元气远相合,太阳生其中。豁然万里余,独为百川雄。白波走雷电,黑雾藏鱼龙。变化非一状,晴明分众容。烟开秦帝桥,隐隐横残虹。蓬岛如在眼,羽人那可逢。偶闻真僧言,甚与静者同。幽意颇相惬,赏心殊未穷。花间午时梵,云外春山钟。谁念遽成别,自怜归所从。他时相忆处,惆怅西南峰。[2]

有的追慕蓬莱仙境,向往海上的神秘,如白居易的《海漫漫》:

---

[1] 瞿蜕园、朱金城:《李白集校注》,上海古籍出版社,1980年,第283、284页。
[2] 储仲君:《刘长卿诗编年笺注》,中华书局,1996年,第304、305页。

> 海漫漫,直下无底傍无边。云涛烟浪最深处,人传中有三神山。山上多生不死药,服之羽化为天仙。秦皇汉武信此语,方士年年采药去。蓬莱今古但闻名,烟水茫茫无觅处。海漫漫,风浩浩,眼穿不见蓬莱岛。不见蓬莱不敢归,童男丱女舟中老。徐福文成多诳诞,上元太一虚祈祷。君看骊山顶上茂陵头,毕竟悲风吹蔓草。何况玄元圣祖五千言,不言药,不言仙,不言白日升青天。[1]

这些每每让人感慨系之的意象要素,成了文人们吟咏中挥之不去的情结。

唐代时中国与朝鲜半岛、日本列岛的海上交通十分频繁,海上航路主要走的依然是北黄海航路。这一类着眼于"迎来送归"的唱和诗也很多,试举几例。

刘眘虚的《海上诗送薛文学归海东》:

> 何处归且远,送君东悠悠。沧溟千万里,日夜一孤舟。旷望绝国所,微茫天际愁。有时近仙境,不定若梦游。或见青色古,孤山百里秋。前心方杳眇,后路劳夷犹。离别惜吾道,风波敬皇休。春浮花气远,思逐海水流。日暮骊歌后,永怀空沧洲。[2]

王维的《送秘书晁监还日本国》:

> 积水不可极,安知沧海东。九州何处远,万里若乘空。向国惟看日,归帆但信风。鳌身映天黑,鱼眼射波红。乡树扶桑外,主人孤岛中。别离方异域,音信若为通。[3]

吴融《送僧归日本国》:

> 沧溟分故国,渺渺泛杯归。天尽终期到,人生此别稀。无风亦骇浪,未午已斜晖。系帛何须雁,金乌日日飞。[4]

---

[1] 顾学颉:《白居易集》,中华书局,1979年,第56、57页。
[2] 彭定求等:《全唐诗》,第2869、2870页。
[3] 王维撰,陈铁民校注:《王维集校注》,中华书局,1997年,第317—319页。
[4] 彭定求等:《全唐诗》,第7861页。

（四）魏晋到隋唐时期海洋文学中的广陵涛

除了直接歌颂海洋外,与海相关的自然景观也是海洋文学的重要写作对象。魏晋南北朝时,广陵涛仍鼎盛未衰。南朝山谦之《南徐州记》曰:"京口,禹贡北江也,阔漫三十里,通望大壑,常以春秋朔望,辄有大涛,声势骇壮,极为奇观。涛至江北激赤岸,尤更迅猛。"《南齐书·州郡志》:"南兖州刺史每以秋月出海陵观涛,与京口对岸,江之壮阔处也。"南朝永初时,广陵涛仍很壮观,以长江北岸六合山以东至扬州一带为最,过瓜步山后潮势开始减弱。

广陵涛消失于766到779年唐代的大历年间。诗人李颀（690—751年）《送刘昱》有"鸬鹚山头微雨晴,扬州郭里暮潮生"之句,可知广陵涛于唐玄宗年间还在,大历以后消失。唐代诗人李绅（780—846年）《入扬州郭》诗序曰:"潮水旧通扬州郭内,大历已后,潮信不通。李欣诗:'鸬鹚山头片雨晴,扬州郭里见潮生',此可以验",诗中云"欲指潮痕问里闾",可证。

（五）新罗人崔致远的海诗

前文曾提到韩国汉文学的鼻祖和奠基人崔致远,号为"新罗十贤"之一。他少小来华,十八岁中第,深受中华文化熏染,有很高的文学造诣,留下了很多诗篇。因其曾在中国沿海一带活动,他的作品中也有不少与海相关的。

崔致远归国时,唐朝诗人顾云在他的送别诗中写道:

> 我闻海上三金鳌,金鳌头戴山高高。山之上兮,珠宫贝阙黄金殿;山之下兮,千里万里之洪涛。旁边一点鸡林碧,鳌山孕秀生奇特。十二乘船渡海来,文章感动中华国。十八横行战词苑,一箭射破金门策。[1]

他在归国时,途经山东半岛的蓬莱附近时说:

> 右伏以重阳煦景,仙界降真,虽长生标金录之名,而众恳祝玉书之寿。前件图,千堆翠锦,一朵青莲。雪涛蹙出于墨池,鲸喷可骇;云峤涌生于笔海,鳌戴何轻……所冀近台座而永安寰海,展仙斋而便对家山,许沾一顾之荣,预报三清之信……[2]

---

[1] 陈尚君:《全唐诗补编》,中华书局,1992年,第1192页。
[2] 陆心源:《唐文拾遗》,《续修四库全书》本。

此作应是崔致远路过山东半岛沿海海域时有感而发。另外,他在路过胶州大朱(珠)山时,留下了十首写景抒情诗,诗中除了表露思乡之情外,还不时流露出道家情怀。如《石峰》诗曰:

> 巉岩绝顶欲摩天,海日初开一朵莲。
> 势削不容凡树木,格高唯惹好云烟。
> 点苏寒影妆新雪,戛玉清音喷细泉。
> 静想蓬莱只如此,应当月夜会群仙。[1]

崔致远在胶州大珠山表露了自己"静想蓬莱只如此,应当月夜会群仙"的心境,应当是与大珠山的道教氛围有关。胶州大珠山一带是秦代徐福"入海求仙人"出发前进行准备工作的重要场所,是道教前身——方仙道的重要活动基地。大珠山也是往来新罗的重要口岸,唐开成四年,圆仁和尚在船上听新罗水手说:"密州管东岸有大珠山。今得南风,更到彼山修理船,即从彼山渡海,甚可平善。"大珠山港口不仅可以停靠新罗船只,而且是修远航船只的基地,并且可以从这里渡海去新罗。崔致远在胶州大珠山留下这么多有道家意境和情趣的诗文,既反映出崔致远对中国深厚的道教文化传统的敬意,也反映了黄海沿海一带中国传统文化对崔致远的深刻影响。

---

[1] [新罗]崔致远撰,党银平校注:《桂苑笔耕集校注》,第756页。

第六章　宋元时期的黄海

五代十国时期,辽国即已控制了辽东半岛。辽、宋南北对峙后,辽占据辽东,宋占据山东半岛和苏北地区。辽和北宋灭亡后,金国控制了辽东半岛和山东半岛,南宋则据有苏北地区与金对峙。元朝建立后,今黄海沿岸复归统一政权的控制。

宋、元两朝都非常重视海外贸易,而且水军在国家的军事体系中占据重要位置,因而此一时期的造船技术、航海技术都获得了极大发展,海外交流也比前一时期更加拓展和深入。

第一节　板桥镇:宋代北方第一大港

唐初朝廷在密州东部胶州湾北岸设滨海重镇——板桥镇(图一二)。板桥镇设立之初,曾是唐朝对外用兵的补给基地和中转港,待新罗统一朝鲜半岛后,板桥镇开始成为唐朝与朝鲜半岛、日本列岛进行通商贸易的口岸。北宋中期以后密州板桥镇已成为北方第一大港,宋朝廷在此设立了北方唯一的市舶司——密州板桥镇市舶司。

一、山东半岛海上贸易与板桥镇的崛起

在唐代山东半岛沿海一带分属莱州、登州和密州管辖。隋至唐初,莱州曾是北方第一大港,是海上贸易的首选口岸。武则天如意元年(692年),由莱州划出文登、牟平和黄县置登州,神龙三年(707年),又析黄县为蓬莱县,州治移至蓬莱,故蓬莱港又称登州港。唐中期以后,登州逐渐超越莱州成为山东半岛的最重要口岸。这一时期,位于半岛南岸的密州大朱山(今胶南大珠山古镇口)和板桥镇港也崭露头角,成为可通朝鲜半岛、日本列岛的贸易口岸。大朱山港是天然良

图一二　板桥镇复原模型(郭泮溪摄)

港,辟有修船基地和贸易口岸,有直航朝鲜半岛、日本列岛的航路,这一点在圆仁的《入唐求法巡礼行记》中有佐证。大朱山港区一带还设有新罗坊、新罗村,有往返于山东半岛与新罗、日本间的职业水手。圆仁经过密州时曾遇到从事海上贸易的新罗人。如开成四年(839年)四月五日,望见一船到泊船处,"船人等云:'吾等从密州来,船里载炭,向楚州去。本是新罗人,人数十有余'";[1]大中元年(847年)闰三月十七日"朝,到密州诸城县界大朱山驳马浦,遇新罗人陈忠船载炭欲往楚州,商量船脚价绢五定定"。[2]　有唐一代,山东半岛海上贸易渐次兴盛,中唐后进入空前繁荣阶段。莱、登、密诸州经济发达,物产丰富,盛产水葱席、牛黄、赀布、细布、绵、绢以及黄金、盐、铁等。唐代山东是全国著名的丝绸产地,据《新唐书·地理志》记载有青州的仙纹绫、密州和登州的赀布、兖州的镜花绫、曹州的绢绵和齐州的丝绢等。这些质量上乘的丝绸制品在新罗和日本大受欢迎,贩运丝绸制品的利润相当可观。另外,将新罗、日本所产的药材、海豹皮、文皮等运到山东半岛诸口岸进行贸易,利润也很大。尤其中唐以后,东方海上丝绸之路的口岸贸易已经从发展期步入繁荣期,来往于此海道的各国商船络绎不绝。海岸优良、港湾众多,为海外贸易提供了物质基础和优良条件。其次,安史之乱以后,自李正己任平卢淄青节度使开始,平卢淄青节度使兼海运陆运、押新罗渤海两蕃等使负责主持海运关检及外交事务。他们利用自己手中掌控的权

---

〔1〕　白化文等:《入唐求法巡礼校注》,花山文艺出版社,1992年,第127页。
〔2〕　白化文等:《入唐求法巡礼校注》,第507页。

力,积极开拓海外贸易,借以增强经济实力,也促进了山东半岛海上贸易的发展。另外,唐代山东半岛诸口岸因便捷的交通和优越的环境,还吸引了南海蕃舶越洋前来贸易。唐代诗人顾况在其《上古之什补亡训传十三章·苏方一章》诗小序中写道:"讽商胡舶舟运苏方,岁发扶南林邑,至齐国立尽。"[1]唐代的扶南、林邑在今越南中部和泰国一带,齐地则主要指山东半岛一带,从顾况的诗序中可知,外国海商从遥远的东南亚运输到山东半岛销售的苏方(苏木),是很抢手的舶来品。唐中期以后,崭露头角的密州大朱山、板桥镇等口岸不仅与朝鲜半岛、日本列岛有比较繁盛的海上贸易,还与南海诸港有贸易往来。据《中国航业史》言,7世纪前后"往来南海的商船,除了少数的中国船和罗马船外,以印度和波斯船为多。他们由波斯湾发航,经印度、锡兰、马来半岛、苏门答剌、海南岛而至中国各港口,如交州、广州、明州、扬州、密州等处"[2]。这一时期密州西边的琅琊港早已经衰落,其沿海主要口岸是大朱山和板桥镇。20世纪90年代初,胶南寨里乡和胶南镇各出土了一件唐代的外销瓷器。寨里乡出土的青釉褐蓝彩双系瓷罐"肩部饰两圈褐蓝彩连珠纹,双耳下腹部饰花朵,呈三角形均匀排列,腹部还绘有对称的三方连续纹饰,用蓝彩连珠纹相间";胶南镇出土的青釉褐彩模印贴花人物注壶,"壶流下方贴饰一组模印'阔叶、菠萝、对鸟'图案,壶流左右两边各贴饰一组'舞乐胡人'图案。右舞者一手执琴,左舞者作吹笛状"。该器具有唐代中晚期外销瓷器的典型特征,其造型与图案装饰带有鲜明的波斯风格,"与扬州及宁波等地出土的此类器物相似"[3]。胶南出土的青釉褐蓝彩双系瓷罐与印尼海域勿里洞9世纪初阿拉伯沉船上的瓷器有很多相同元素[4]。这两件瓷器的出土地点均位于唐代大朱山口岸附近,应是通过大朱山口岸装船远销波斯湾一带的外销瓷器遗留物。另外,近年来胶州市(唐宋板桥镇所在地)出土了一些唐代外销瓷器残片,其中也有西亚风格者[5]。

二、板桥镇海上贸易的繁荣

北宋建国后,经济开始恢复,农业、手工业和内外贸易逐步发展繁荣。密州板桥镇已成为北方的主要对外贸易口岸。北宋初年,东北亚政治格局发生重大

---

[1] 彭定求等:《全唐诗》,中华书局,1999年,第2922页。
[2] 王洸:《中国航业史》,台湾商务印书馆,1971年,第18页。
[3] 胶南市政协文史资料委员会:《胶南文史资料》第3辑,1991年,第180—181页。
[4] [美]约翰·盖伊著,王丽明译:《九世纪初连结中国与波斯湾的外销瓷:勿里洞沉船的例证》,《海交史研究》2008年第2期。
[5] 廉福银:《胶州出土古瓷片的收藏与探讨》,《胶州历史文化初探》,天津古籍出版社,2007年。

变化。907 年耶律阿保机建契丹国(后改称"辽"),随后灭了渤海国;王氏高丽于 918 年取代新罗成为朝鲜半岛的新主人。北宋朝廷与高丽延续了唐朝与新罗的友好关系,往来密切。《续资治通鉴长编》卷三三九载:"天圣以前,(高丽)使由登州入。"马端临《文献通考·舆地考》载:"登州三面距海,祖宗时(指北宋初年)海中诸国朝贡,皆由登州莱。"北宋大中祥符八年(1015 年)"诏登州置馆于海次,以待使者"(《宋史·高丽传》)。据统计,北宋一朝,高丽使宋 34 次,而天圣八年(1030 年)以前达 30 次,[1]这一密切交往关系在宋仁宗朝却发生了逆转。自天圣八年开始,高丽在辽的征伐下,多次向北宋求援,但北宋朝廷只是遣使抚慰,不出兵援助,高丽遂被迫向辽称臣纳贡。1038 年李元昊建西夏国后,辽国乘机向北宋提出割地要求,并准备南下攻宋。在这一紧张氛围下,与辽东半岛一海之隔的登、莱州口岸被推向封港的穷途。正如苏轼所言:"登州地近北虏,号为极边,虏中山川,隐约可见,便风一帆,奄至城下",[2]北宋自庆历朝开始对港口船舶实行严格控制,据《庆历编敕》记载:"客旅于海路商贩者,不得往高丽、新罗及登、莱州界。若往余州,并须于发地州、军,先经官司投状,开坐所载行货名件,欲往某州、军出卖。许召本土有物力居民三名,结罪保明,委不夹带违禁及堪造军器物色,不至过越所禁地分。官司即为出给公凭。如有违条约及海船无公凭,许诸色人告捉,船物并没官,仍估物价钱,支一半与告人充赏,犯人科违制之罪。"[3]

庆历以后严禁海船入登、莱的措施愈加严厉。庆历二年(1042 年),知登州郭志高在登州画河入海处"置刀鱼寨巡检,水兵三百,戍沙门岛,备御契丹"。[4]随着登、莱封港,半岛南岸的板桥镇越来越受北宋朝廷的重视。这一时期已开辟出一条"由密州板桥镇启程,出胶州湾,东渡黄海,直航朝鲜半岛西海岸"[5]的新航道。板桥镇与朝鲜半岛、日本列岛的海上贸易极其活跃。另外还有从大食国以及南亚诸国辗转到密州板桥镇贸易的蕃舶。由于当时密州板桥镇没有设立负责"抽解"和"博卖"[6]的市舶司,所以到板桥镇口岸进行贸易成本也相对较

---

[1] 《登州古港史》编委会:《登州古港史》,人民交通出版社,1994 年,第 117—118 页。
[2] 苏轼撰,茅维编:《苏轼文集》,中华书局,1986 年,第 766 页。
[3] 苏轼撰,茅维编:《苏轼文集》,第 889 页。
[4] 光绪《增修登州府志》卷二,清光绪七年刻本。
[5] 武斌:《中华文化海外传播史》(第二卷),陕西人民出版社,1998 年,第 815 页。
[6] 抽解:宋代各市舶司负责征收进出口货物的十分之一,或者十分之二以冲抵关税。十分之一到十分之二不同比例的抽解,是根据不同的进出口货物由市舶司决定的。博卖:各市舶司代表官府,以低廉的价格收购大部分进口的货物,由官方进行专卖,以获得丰厚的利润;少部分进口货物在抽解之后,由中外商人自行买卖以获利。

低。由于获利颇丰,密州和邻近地区的商人、富家大户等,纷纷加入与高丽、日本及其他海外诸国的贸易中。《续资治通鉴长编》卷三四八记载:"元丰七年冬十月癸未,密州商人平简为三班差使,以三往高丽通国信也。"这位密州商人平简曾多次私自往来于密州板桥镇与高丽的直航海路(密州高丽道)以赚取丰厚利润。平简还在与高丽通商时,替北宋与高丽传递信息,联络感情,消除误会。因平简有功于两国外交,被北宋官府破格授予"三班差使"头衔。另一个例子是假借与高丽海上通商,却违禁与辽国做买卖的海商王应昇:"有商客王应昇等,冒请往高丽国公凭,却发船入大辽国买卖,寻捉到王应昇等二十人及船中行货。"[1]海商王应昇为了获取高额利润,竟冒领前往高丽国贸易的公凭,载整船商品从板桥镇出海,但他并没有沿密州高丽道航行,而是掉转船头朝辽辖境驶去,结果被北宋巡海水师拿获。

熙宁二年(1069年),朝廷用王安石为参知政事,推行变法。此后密州的商税有了明显增长。熙宁十年以前,在京东路(今山东全部和江苏、安徽、河南一部)的17个州中,密州排第9位,到了熙宁十年则跃居首位。从《宋会要辑稿·食货一五》中的商税额来看:此年密州商税额(在城)36 727贯250文,登州商税额(在城)5 390贯708文,莱州商税额(在城)6 241贯275文,徐州商税额(在城)16 203贯,青州商税额(在城)20 316贯605文。对比可知,密州商税额(在城)约为登州的6.8倍,为莱州的5.9倍,为青州的1.8倍,为徐州的2.3倍。青州与徐州皆大州,但其州驻地(在城)商税额却只有密州的一半左右。

再从以上5个州的熙宁十年州商税总额(含在城)来看:密州"岁二万九千一百九十六贯",州商税总额(含在城)为87 137贯;登州"岁万二百二十三贯",州商税总额(含在城)为16 197贯955文;莱州"岁万六千四百五十贯",州商税总额(含在城)为44 318贯241文;徐州"岁六万四千二百七十六贯",州商税总额(含在城)为45 383贯273文;青州"岁四万三千七百六十六贯",州商税总额(含在城)为42 396贯255文。熙宁十年,徐、青二州的州商税总额皆下降,其中徐州下降了近2万贯。而沿海的密、登、莱三州皆上升。上升幅度最大的为密州,上升了近6万贯。随后依次为莱州、登州。密州因海上贸易和税收等而兴盛,其繁荣程度仅从商税额上便可略知一二。

三、板桥镇市舶司的设立

元丰六年(1083年)十一月,知密州范锷上书朝廷,请求在地理位置优越、对

---

[1] 苏轼:《东坡全集》卷五八,《文渊阁四库全书》本。

外经济贸易发达的密州板桥镇设立市舶司。范锷列举了设市舶司的诸多利处：

> 使商贾入粟塞下，以佐边费，于本州请香药杂物，以免路税，必有奔走应募者，一也。凡抽解犀角、象牙、乳香及诸宝货，每岁上供者，既无道途劳费之役，又无舟行侵道倾复之弊，二也。抽解香药杂物，每遇大礼，内可助京师，外可以助京东、河北数路赏给之费，三也。有余则以时变，不数月有倍称之息，四也。商旅乐于负贩，往来不绝，则京东、河北数路郡县税额倍增，五也。海道既蕃宝货，源源而来，上供必数倍于明、广，六也。……有此之利，而官无横费杂集之功，庶可必行而无疑。(《宋会要辑稿·职官四四》)

范锷的上书引起了宋神宗的重视，遂将其上书批转给都转运使吴居厚。吴居厚认为范锷上书言之有理，建议朝廷批准。后因一些大臣反对，朝廷便采取折衷办法，只在板桥镇设立榷易务。元祐三年(1088年)，已升任金部员外郎(负责全国财税征收审核和颁布度量衡政令等)的范锷，约请京东路转运使等官员，专程到板桥镇实地考察，随后再次上书朝廷，要求在板桥镇设立市舶司：

> 本镇(板桥镇)自来广南、福建、淮、浙商旅乘海船贩到香药诸杂税物，乃至京东、河北、河东等路商客般运见钱、丝绵、绫绢往来贸易，买卖极为繁盛……莫若公然设法招诱，俾乐输于官司，则公私两便。试言其略：一者，板桥市舶之法，使他日就绪，则海外之物积于府库者，必倍多于明、杭二州。何则？明、杭贸易止于一路，而板桥有西北数路商贾之交易，其丝绵、缣帛又蕃商所欲之货，此南北所以交驰而奔辏者，从可知矣。二者，商舶通行……凡所至郡县，场务课额必大增羡。三省每岁市舶抽买物货及诸蕃珍宝应上供者，既无数千里道途辇运之费，江、淮风水沉溺之虞。其本镇变转有余者，亦可以就便移拨于他路……今相度板桥镇委堪兴置市舶司。(《续资治通鉴长编》卷四○九"乙丑条")

同年三月，朝廷终于正式批准在密州板桥镇设立市舶司，并以板桥镇为胶西县兼临海军使。"军使"是宋代军的一种，其行政级别在县之上。[1] 板桥镇因"兼"临海军使，其行政级别远高于普通的县。

---

[1] 李昌宪：《宋代的军、知军、军使》，《史学月刊》1990年第5期。

因板桥镇离京城汴梁较近,交通条件便利,所以来往于朝鲜半岛、日本列岛、东南亚以及南亚各地的商船多选择在密州板桥镇通关,连大食国商船也辗转北上来这里贸易。据《宋史·食货志》载:"广南舶司言,海外蕃商至广州贸易,听其往还居止,而大食诸国亦丏通入他州及京东贩易。"京东即北宋所设十五路之一的京东路。因北宋与辽对峙而罢登州、莱州两口岸,到"京东贸易"就是到密州板桥镇贸易。自密州板桥镇设市舶司后,这个北方第一大港更繁荣了。密州板桥镇宽阔的云溪河直通浩淼的胶州湾,中外海船由胶州湾驶入云溪河,接受市舶司官员检查并办理相关手续。板桥镇人来人往,说着北方话、吴侬软语和高丽话、日本语以及诸蕃国语言的人们,进出于勾栏、店肆、街巷之间,给这座北方第一大港涂上了浓浓的国际化色彩。

1996 年冬,胶州某建筑公司在胶州市区 5 米深地下发现了许多锈结的铁钱块,共重 30 多吨,其中最大的一块重 14 吨。经辨认,铁钱上锈蚀的字迹有"大观通宝"、"崇宁通宝"、"崇宁重宝"等,皆北宋晚期夹锡铁钱。2009 年 9 月,"在胶州市常州路与兰州东路交会处一工地……挖出了约 6 吨重的北宋时期铁钱,在泥坑内还发现了北宋时期的许多瓷器等文物。文物专家介绍,工地所处地点属于板桥镇遗址,是北宋时期的板桥镇中心,紧靠着当时的市舶司……"[1]这些出土的夹锡铁钱,是北宋晚期的货币。从元祐三年到靖康元年(1126 年)的近 40 年间,是密州板桥镇商贸最繁荣的时期。大量北宋晚期铁钱在板桥镇出土,从一个侧面反映了北方第一大港——密州板桥镇经济文化的繁荣。

第二节　航海与造船技术

一、宋代的航海技术

宋代的航海技术得到空前发展,最值得一提的是指南针用于航海。作为中国古代四大发明之一,它的出现改变了世界航海,为世界各国的交流提供了技术支持。据《武经总要·前集》卷一五记载,"指南鱼"可辨别方向,"若遇天景阴霾,夜色冥黑,又不能辨方向,则当纵老马前行,令识道路。或出指南车及指南鱼,以辨方向。指南车法世不传。鱼法用薄铁叶剪裁,长二寸,阔五分,首尾锐如鱼形。置炭

---

[1] 黄超:《胶州闹市出土北宋铁钱》,《半岛都市报》2009 年 9 月 7 日。

中火烧之,候通赤,以铁钤钤鱼首出火,以尾正对子位,蘸水盆中,没尾数分则止,以密器收之。用时置水碗于无风处,平放鱼在水面令浮其首,常南向午也"[1]。有关指南针应用于航海的文字记载,最早的是朱彧的《萍洲可谈》:"舟师识地理,夜则观星,昼则观日,阴晦观指南针。"[2]指南针逐渐成为远洋航海的必备导航工具,关系着航海安全,"东则千里长沙、万里石床,渺茫无际,天水一色。舟舶来往,惟以指南针为则,昼夜守视唯谨,毫厘之失,生死系矣"[3]。指南针的应用提高了分辨方向的准确性,使得船只可以按照固定的航向行驶,一定程度上保证了航海的安全。配合指南针的应用,重锤测深法亦成为重要的航海术,至于该法何时发明,已不清楚。据徐兢的《宣和奉使高丽图经》记载:"舟人每以过沙尾为难,当数用铅硾时其深浅,不可不谨也。"[4]为防止船只遭遇海底淤沙而发生搁浅,铅锤作为打水测深的工具可探测水的深浅。一般使用铅锤时,"测水之时,必视其底,知是何等泥沙,所以知近山有港"[5]。要将底部涂以蜡油或牛油,可以黏着海底的泥沙,探知其土色,区别海域,确认船舶所在地,指导航线。

重锤测深法的运用离不开海洋知识作为基础。如在今黄渤海海域,古代时就分为黄水洋、青水洋、黑水洋。因黄渤海地区恰好是古代黄河的出口海,黄河会携带大量黄沙入海,黄海近海岸水浅沙多,呈现黄色水质,故称为黄水洋。《宣和奉使高丽图经》卷三四中提到"黄水洋即沙尾也,其水浑浊且浅,舟人云:'其沙自西南而来,横于洋中千余里,即黄河入海之处'"。青水洋离岸较远,海水比黄水洋深,泥沙沉在海底,不易被风浪卷起,故名青水洋。黑水洋离岸更远,海水更深,因而水色幽暗,故而有"颠水洋即北海洋也,其色黯湛渊沦,正黑如墨"之说,故名黑水洋。

二、元代的造船技术

到了元代,由于指南针已经得到广泛应用,这就推动了航海业的进一步发展,随之船型、船体构造、船舶属具和造船工艺等造船技术更臻于成熟,造船能力获得了极大发展。元代的海外贸易发达,而海上漕运满足了南粮北运的需求,因而黄海航线得到极大拓展。

---

[1] 曾公亮、丁度:《武经总要·前集》,《中国兵书集成》,解放军出版社,1987—1998年,第574、575页。
[2] 朱彧:《萍洲可谈》,中华书局,2007年,第133页。
[3] 赵汝适:《诸蕃志》,中华书局,1996年,第216页。
[4] 徐兢:《宣和奉使高丽图经》,吉林文史出版社,1991年,第73页。
[5] 吴自牧:《梦粱录》,《东京梦华录(外四种)》,古典文学出版社,1956年,第236页。

(一) 商用船只的造船工艺

1976年,在韩国全罗南道新安郡道德岛海面作业的渔船,起网时发现了几件中国瓷器,后在海底发现了一艘古代沉船。根据在船中发现的大量中国钱币,一些学者推断这是一艘中国元代的货船(图一三)。随着发掘的深入,沉船的平面轮廓大致出现:残长约28米,宽6.8米,埋在深水海底,船身向右倾斜约15度,船体由7个舱壁分隔成8个舱,上半部已经腐朽,埋在海泥里的那部分船舱免于损坏,尚可辨认出原本的形状。

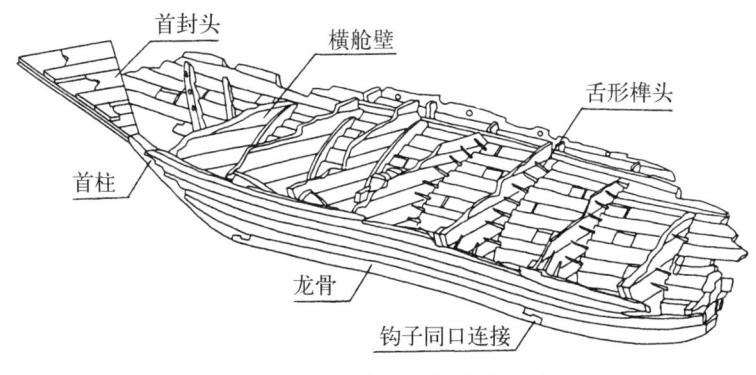

图一三 新安沉船残骸
(引自席龙飞《中国古代造船史》,第247页)

新安沉船的船型特征和建造地点引起了学术界的注意。在1977年汉城"新安海底文物国际学术讨论会"上,造船专家、汉城大学工学院教授金在瑾认为该船可能是中国人建造的船舶,特别是舱壁构造特征更显出是中国样式的。

汉城大学金在瑾教授曾参与新安沉船的发掘与研究,在1980年9月的《新安海底文物发掘调查报告书》中曾绘出初步复原图。他给出的复原尺寸是:总长30米,最大宽约9.4米,型深约3.7米,由侧面图可以看出水线长约26.5米,长宽比约为2.8∶1,宽深比约为2.54∶1。金在瑾认为,该船属高丽船的可能性甚小,更非日本船。根据构造的方式,可几乎确认为中国船。但是,他也认为这类构造的方式是非常特殊的,是东西方古船中至今尚未见过的。

1982年,在打捞中发现若干表明货主的木签,木签多数长约10厘米,宽2.5厘米,厚0.5厘米。木签表面有货主的墨书姓名,其中不仅有日本人的姓名,而且还有(日本)"东福寺"这样的寺名,从而引发了新安海底沉船可能为日本船的争论。席龙飞先生在《对韩国新安海底沉船的研究》一文中详细论证了新安海底沉船为建造于我国福建的福船船型:① 新安船的主尺度比值与泉州宋船十分相近;② 新安船与泉州古船的型线相似;③ 新安船龙骨的构造、连接和线型具有福船的特色;④ 新安船在龙骨嵌接处置入铜镜和铜钱实为福建民俗;⑤ 新安船隔舱壁、舱壁肋骨的构造与装配与泉州宋船的模式完全相同;⑥ 新安船鱼鳞接搭式外板与舌行榫头连接的构造在中国古船中都能找到相应的例证;⑦ 新安船前桅座和主桅座结构与中国已出土的诸多古船基本一致;⑧ 新安船有液舱柜的设置,这在北宋宣和年间(1119—1125 年)徐兢出使高丽时的著作《宣和奉使高丽图经》卷三三中已经有所反映。该书写道:"海水味剧咸苦不可口。凡舟船将过洋,必设水柜,广蓄甘泉,以备食饮。盖洋中不甚忧风,而以水之有无为生死耳。华人自西绝洋而来,既已累日,(高)丽人料其甘泉必尽,故以大瓮载水,鼓舟来迎,各以茶米酌之。"中国船的壮观与完善曾使高丽人惊叹不已,并有"倾国耸观而欢呼嘉叹"之说。该书的"客舟"条还特别提到水柜设在舱底,"其中分为三处,前一仓,不安艘板(舱底铺板),唯于底安灶与水柜,正当两桅之间也"。

综合上述八点可知,在韩国全罗南道新安郡海底发现的古船,无疑是在福建建造的中国船。这一精彩实例丰富了中国造船技术史的内容。韩国文化电视台组织韩国学者进行设计,在福建省渔轮修造厂复原了新安江沉船。

(二) 军用船只的造船工艺

1. 蓬莱古船

1984 年 6 月,在蓬莱水城的清淤过程中,施工人员在港湾的西南隅 2.1 米深的淤泥中发现了三艘古代沉船。蓬莱市和烟台市的文物工作者对其中一艘较完整的古船进行了清理发掘。该船残长 28.6 米,残宽 5.6 米,残深 0.9 米,是我国目前发现的最长的一艘古船。[1]

2. 蓬莱古船的结构特征与工艺特点

(1) 龙骨

龙骨是船体的主要部件,由两段方木以钩子同口凸凹榫连接。主龙骨长 17.06 米,用松木制成;尾龙骨长 5.58 米,用樟木制成,尾端上翘约 0.6 米,全长 22.64 米。龙骨截面很长一段为矩形,中最厚处为 0.3 米,向尾部逐渐过渡到0.28 米,向首部逐渐过渡到 0.25 米。龙骨截面以 6 号舱壁处最宽,为 0.43 米,到尾部宽度减缩到 0.2 米;到首部 2 号舱壁处龙骨宽度过渡到平均约 0.375 米且呈上窄下宽的梯形。

由主龙骨支撑尾龙骨和首柱,这与泉州、宁波两艘宋代海船大体一致,但是

---

[1] 顿贺、袁晓春、罗世恒等:《蓬莱古船的结构及建造工艺特点》,《武汉造船》1994 年第 1 期。

蓬莱古船采用的是带有凸凹榫的钩子同口连接,榫位长度达 0.72 米,约为宋代两船的 2 倍。更为突出的特点是,主龙骨与尾龙骨、首柱的接头部位增加了补强材,其长度各为 2.2 米和 2.1 米,其断面尺寸宽 0.26、厚 0.16 米,这是经过一二百年之后较宋代两艘古船的技术进步。主龙骨在船中部略向上翘曲,但发掘时未能精确测量到其翘曲值。

(2) 首柱

首柱长 3.6 米,用樟木制成。首柱后端受主龙骨支撑,并与之采用带凸凹榫的钩子同口连接,连接长度约为 0.7 米。断面与主龙骨相同,向前则逐渐转化为锥体,其尖端约高出船底 2 米。在首柱与主龙骨连接部位的补强材上,又设有第 1、2、3 号舱壁,相互加固。

(3) 舱壁板

全船由 13 道舱壁隔成 14 个舱,舱壁板厚 0.16 米,用锥属木制成。其中,以第 3、第 5 号舱壁较为完整,尚存有 4 列壁板,总宽度约为 0.8 米。与出土的宋代船舶相比在技术上更显得先进的是,相邻的板列不是简单的对接,而是采用凸凹槽对接,相邻板列更凿有错列的 4 个榫孔,其尺寸是长 0.08 米,宽 0.03 米,深 0.12 米。显然,这种精细的构造有利于保持舱壁的形状,从而保持船体的整体刚性,当然也有利于保证水密性。

与中国古船的传统相一致,蓬莱古船虽然无舱壁周边肋骨,但在两舷转弯处均设有局部肋骨。以船体最宽处为中心,凡前于此处的肋骨均设在舱壁之后,凡后于此的肋骨均设在舱壁之前,其作用显然是为了固定舱壁而有利于船体的刚度与强度,也有利于舱壁及外壳板的水密性。

(4) 外板

外板用杉木制成。残存板列左右舷分别为 10、11 列。每列板最长为 18.5 米,最短为 3.7 米,最宽为 0.4 米,最窄为 0.2 米。因为腐蚀相当严重,厚度为 0.12—0.28 米,但以邻龙骨的板列为最厚。外板列数由首到尾是不变的,于是首部板列较窄,到中部则逐渐增宽。这与宁波古船是一致的。

蓬莱古船外板的连接较已发现的宋代各古船有显著的技术进步。最引人注意的是,外板板列的端接缝均选在横舱壁处,以舱壁外板板列的强力支撑来增强接缝处的连接强度。特别是采用了带凸凹榫头的钩子同口连接,以尽量减少端缝处在连接强度上的削弱。

(5) 桅座

桅座用楠木制成。前桅座紧贴在第 2 号舱壁板之前,长 1.6 米,宽 0.46 米,厚 0.2 米。前桅座上开有边长 0.2 米的方形桅夹板孔,孔边最近距离为 0.22 米。

主桅座紧贴在第 7 号舱壁板之前,长 3.88 米,宽 0.54 米,厚 0.26 米。中部有两个桅夹板方孔,边长 0.26 米,孔距 0.32 米。桅座也用铁钉与外壳板、舱壁板相钉连。

(6) 舵杆承座

舵杆承座现存 3 块,均用楠木制成。三块舵杆承座板叠压在一起,长 2.43 米,宽 0.4 米,上面两块厚为 0.1 米,下面一块为 0.26 米,舵承座孔径约为 0.3 米。

总之,蓬莱古船为元代的海防刀鱼战船,其船型特征源于浙江沿海的钓槽船。如果注意考究其造船材料,则可发现多为南方优质木材:船壳板用杉木,桅座、舵承座用楠木,首柱、尾龙骨用樟木,主龙骨用松木;捻缝用的材料是麻丝、熟石灰、生桐油。从船型特征看,蓬莱古船也与登州、庙岛群岛一带的方头方梢的船型大不相同。

第三节 元代的黄海海运

一、元代的黄海海运

元朝建都于大都(今北京市),但当时中国经济最发达的地区在南方,特别是在长江下游及东南沿海一带。京城所需的大批粮食以及元初不断对外战争所需的大量军粮,大多要靠南方供给。据《元史·食货志》记载,元朝一年征粮 12 114 708 石,其中江浙行省(江苏、安徽的江南部分,江西的一部分,浙江、福建两省)即占 4 494 783 石。所以,元朝政府十分重视南粮北运,在建国初年即开通纵贯南北的大运河,建造船只,充实漕运机构。但河运漕粮常因天旱水浅、河道淤塞,不能按期到达,无法满足南粮北运的需求。为了改变这种局面,元朝政府开辟了海上漕运线,并使之成为元代沿海海运的主要航路。元朝政府为了寻找一条既经济又安全的海上运粮线,自至元十九年(1282 年)开辟第一条海运漕粮的航路后,到至元三十年的十二年内,先后变更了三次航线。

至元十九年开辟的第一条航线:自刘家港(今江苏省太仓市浏河)入海,向北经崇明州(今崇明)之西,再北经海门附近的黄连沙头及其北的了望长滩,沿海岸北航,经连云港、胶州,又转东过灵山洋(今青岛市以南的海面),沿山东半岛的南岸向东北航行,以达山东半岛最东端的成山角,由成山角转而西行,通过渤海南部向西航行,到渤海湾西头进入界河口(今海河口),沿河可达杨村码头(今天津市武清)。这一航线离岸不远,浅沙甚多,航行不便;加之我国东部的近海,自渤海以至长江口,全年均受由北向南的寒流影响,船逆水北上,航程迟缓,且多危险;沿岸航行,海岸曲折,航路全程长达6 500公里,再加上风信失时,往往要长达数月或近一年时间才能到达。显然,这一航线不能满足漕运需要。

至元二十九年开辟的第二条航线:自刘家港入海,过了长江口以北的万里长滩后,驶离近岸海域,如得西南顺风,一昼夜约行1 000余里,到青水洋,然后顺东南风行三昼夜,过黑水洋,望见沿津岛大山(在山东文登县南,又作延真岛或元真岛),再得东南风,一昼夜可至成山角,然后行一昼夜至刘家岛(今刘公岛),行一昼夜至芝罘岛,再行一昼夜到沙门岛(今蓬莱西北庙岛),最后再顺东南风行三昼夜直抵海河口。这条航线,自刘家港至万里长滩的一段航程与第一条航线相同,但自万里长滩附近,即利用西南风向东北航经青水洋进入深海(黑水洋),利用东南季风改向西北直驶成山角。这一大段新开航路比较直,在深海中航行,不仅不受近海浅沙的影响,而且可以利用东南季风,还可以利用下半年来临的黑潮暖流来帮助航行,这样就大大缩短了航行的时间,快的时候半月可到,"如风、水不便,迂回盘折,或至一月四十日之上,方能到彼"。这条新航线的开辟,突破了以往国内沿海航线只能近岸航行的局限性,使航行时间大大缩短,这不能不说是元代海上漕运业对沿海航路发展的一个重大贡献。

至元三十年,即在第二条航线开辟一年后,第三条航路也被开辟出来。新航路仍从刘家港入海,至崇明州的三沙直接向东驶入黑水大洋(深海),然后向北直航成山角,再折而西北行,经连云港、胶州,又转东过灵山洋(今青岛市以南的海面),沿山东半岛的南岸向东北航,以达半岛最东端的成山角,由成山角转而西行,通过渤海南部向西航行,到渤海湾西头进入界河口(今海河口),沿河可达杨村码头(今天津市武清)。这一航线离岸不远,浅沙甚多,这条航线南段的航路向东更进入深海,路线更直,全航程更短,加以能更多地利用黑潮暖流,顺风时只用十天左右即可到达,使航行时间大大缩短。从此以后,元代海运漕粮皆取此路,没有再做重大的变更。

元代海上运粮的规模是庞大的。据《续文献通考》卷三一载:"至元十二年既平宋,始通江南粮,以运河弗便,至十九年用巴延言,初通海道,潜运抵直沽,以达京师……初,岁运四万余石,后果至三百万余石。春秋分二运至,舟行风信,有时自浙西不旬日而达于京师。内外官府,大小吏士,至于细民,无不仰给于此。"至顺初期,运粮规模达3 522 163石(除去损耗外,实际运到大都的也有3 340 306石),约占元朝每年收粮总数的30%。海运和我国北方人民的生计发生了如此重要的联系,可说是自元朝开始。所以《续文献通考》又说:"海运之法,自秦已有之,而唐人亦转东吴粳稻以给幽燕,然以给边防之用而已。用之足国,创造于元也。"

对此,后世做过肯定性评价。例如,明代丘濬(1420—1495年)的《大学衍义补》卷三四曰:"考《元史·食货志》论海运有云,'民无辇输之劳,国有储蓄之富',以为一代良法,又云,'海运视河潜之费,所得盖多'。作《元史》者皆国初(明初)史臣,其人皆生长胜国时,习见海运之利,所言非无征者。"[1]明代著名地理学家郑若曾在其《海运图说》中说:"元时海运故道,南自福建梅花所起,北自太仓刘家河起,迄于直沽。南北不过五千里,往返不逾二十日,不惟传输便捷,国家省经费之繁,抑亦货物相通,滨海居民咸获其利,而无盐盗之害。"他还大力提倡重开海运,并讨论海运与漕运的利害得失。

二、胶莱运河:世界上最早的大型连海运河工程

元至元十八年始开凿、明嘉靖十四年(1535年)重开凿的胶莱运河(含马濠运河),是世界上最早的大型连海运河工程。它比著名的苏伊士运河(1859年开凿)和巴拿马运河(1880年开凿)早开凿数百年。元明两朝因海运而开凿的胶莱运河和马濠运河,虽然官方只用了20余年,但是在民间却沿用了近400年。胶莱马濠两运河的通航,不仅缩短了南北海运航程,增强了海运安全,一定程度上促进了运河两岸经济的发展和南北方文化的交流,更重要的是为明后期以来胶东半岛沿海口岸的开海通商奠定了基础。

(一)元代始开凿胶莱运河

1279年元世祖忽必烈灭南宋后,决定在原金中都(今北京)定都,名"大都"。当时元大都的王室贵族、百司官吏,以及大批驻军和民众等的日常消费物资,皆依赖江南供给。《元史·食货志》:"元都于燕,去江南极远,而百司庶府之繁,卫士编民之众,无不仰给于江南。"其中最突出的问题就是南粮北运。要把大批粮食物资从江南运往大都,一是陆运,二是漕运,三是海运。陆路运输,千里迢迢,车运人搬,耗时、耗财、耗人力;漕运主要依靠京杭大运河,但因大运河多处河段已淤塞,漕运也面临诸多困难;海路运输,虽然费用比陆运和漕运低廉许多,但是南来的海船需绕过山东半岛东端的成山头之后才能进入渤海。据《齐乘·山川》记载:成山头一带"多椒(礁)岛,海艘经此,失风多覆,海道极险处也"。为此,迫切需要一个切实可行的解决方案。至元十七年,忽必烈接受莱州人姚演的建议:在胶州湾与莱州湾之间以及在胶州湾与唐岛湾之间,开凿一长一短两

---

[1] 丘濬:《大学衍义补》,《文渊阁四库全书》本。

条运河,以解决南粮北运的问题。两运河以胶莱运河为主,以马濠运河为辅。胶莱运河一带为低洼地,有几条天然河流分别流入胶州湾和莱州湾。开凿时要在今平度分水岭一带开出一条长约30公里的人工河道,使之南连胶河,北接胶莱北河,并引百脉湖水以连接通向两个海湾的天然河流,还要在运河沿途修建水闸调节水量。

至元十八年,忽必烈任命姚演为开凿两运河的总管,任命益都等路宣慰使都元帅阿八赤负责监督。调兵丁万人,征调益都、淄莱、宁海等州民夫万人,开赴工地开凿两运河。关于开运河费用,据《元史·河渠志》记载:"免益都、淄莱、宁海三州一岁赋,入折佣直,以为开河之用。"又据《元史·阿八赤传》记载:胶莱运河开凿期间,"阿八赤往来督视,寒暑不辍。有两卒自伤其手,以示不可用。阿八赤檄枢密并行省奏闻,斩之,以惩不律。运河既开,迁胶莱海道漕运使"。从开凿胶莱运河兵卒自残和阿八赤处死他们的经过来看,由于开凿运河工期紧迫,兵卒与民夫不分寒暑、昼夜苦干,确实极艰苦。一年后,一条从胶州湾陈村口到莱州湾海仓口,全长约150公里的胶莱运河竣工。而与胶莱运河同时开凿的马濠运河,虽说河道全长只有7公里,但是由于开挖处皆石岗地,施工极为艰难。后终因技术条件所限而停工。胶莱运河竣工后立即试航,首运粮食2万余石。到了至元二十二年,从江淮北上的运粮船已逾千艘,所运粮米逾60万石。

运粮船过胶莱运河要分三步:一是南来的运粮海船须在陈村口过驳,把粮米装进平底河船;二是载粮米的平底河船过胶莱运河抵达海仓口;三是在海仓口从平底河船上将粮米再装载于大型海船中,经海路北上抵达直沽(今天津)。若以60万石粮米计算,每艘平底河船装载100石粮米,至少需6 000艘次平底河船往返于陈村口与海仓口之间,可见胶莱运河繁忙之程度。由于马濠运河未开通,自江南北上的运粮船仍需经过暗礁多、风浪大的淮子口才能驶入胶州湾。

由于冬春两季胶莱运河水量小,再加上泥沙易淤塞河道、海水倒灌、船只损毁以及阿八赤侵吞官钞等问题,许多大臣上奏忽必烈改海运为漕运。到了至元二十六年,山东境内淤塞河段在郭守敬主持下已经疏通,漕船可由京杭大运河直抵元大都附近的通州(后来郭守敬又主持开凿了从通州直达积水潭的通惠河)。于是,元朝廷决定罢停与胶莱运河一体的南北海运。元代胶莱运河开凿通航后,虽然官方只用了8个年头,但是民间商船却沿用了许多年。

(二)明代重开胶莱、马濠两运河

明初定都南京,漕运问题尚不显。永乐皇帝朱棣迁都北京后,解决江南漕粮北运问题再度成为大事。因永乐朝开始实行海禁政策,故而疏通后的京杭大运河一直是漕粮北运要道。到了正统、弘治时期,因黄河频繁决口,京杭大运河常致淤塞,漕运不通之事经常发生,于是,重开"胶莱海运"之议再起。山东巡抚胡缵宗在奏章中说:"青、莱、登三府地方,旧有元时新河一道,南北距海三百余里,舟楫往来,兴贩贸易,民甚便之。比岁淤塞不通,商贾皆困。"[1]嘉靖十四年,时任山东按察副使的王献主张续开已淤塞的胶莱运河和元代半途而废的马濠运河。为此,王献实地察看元代胶莱运河古河道,巡视沿海地形,访问父老,查阅相关图志等,随后正式向朝廷上奏重开胶莱、马濠两运河的方案。在胡缵宗等大臣的支持下,朝廷批准了重开两运河方案,任命王献主持此工程。胶莱、马濠两运河开凿有两个重点:一是重开马濠运河,使江南粮船北上后不再走礁石林立的淮子口,直接驶入胶州湾;二是深挖平度分水岭附近地势较高的河段,引水入胶莱运河,使之在枯水季节也能保证水运畅通。嘉靖十六年正月,重开马濠运河工程选元代半途而废的运河旧址以西约20米处施工。因河道下层为石岗地,开凿极艰难,王献便雇石工千余名,"日给银二分,米豆二升五合",还常赐酒肉以慰之,"由是人心欢洽,无劳亡倦言"。工匠们集思广益,发明了火烧加水浇的新技术开挖顽石,经过3个月艰难施工,终于在此年四月二十二日将长"一千三百余步……阔六丈余,其深半之"的马濠运河凿通。[2]

成功开凿马濠运河后的第二年,王献又组织开通胶莱运河工程。王献先集中力量深挖分水岭一带地势较高的河段,还分别导引张鲁河、白河、现河、五龙河之水进入胶莱运河,以增加主河道的水势。随后又在元代旧闸处新修建8座水闸以调节水位,还增建了海仓口闸,并架设浮桥、设官署以管理等。由于分水岭处河段深挖极艰难而拖延了工期,当"分水岭难通者三十里"尚未完工时,各种流言纷至沓来。据《明史·河渠志》记载,主政者竟莫明其妙地"以海道迂远"为由,将王献调任山西,致使分水岭河段还没来得及深挖便草草收场。

王献主持重开胶莱运河工程,基本开通了由江南抵达直沽的海运航道,北上海船可由马濠运河经陈村口进入胶莱运河,不仅缩短了航程,而且避免了绕成山头之险,增强了海运的安全性。明人王士性在《广志绎》卷三中对此评价说:"胶莱河与海运相表里,若从淮口起运至麻湾而迳度海仓口,则免开洋转登、莱一千五六百里,其间田横岛、青岛、黄岛、元真岛、竹岛、宫家岛、青鸡岛、刘公岛、之罘岛、八角岛、长山岛、沙门岛、三山岛,此皆礁石如戟,白浪滔天,其余小岛尚不可

---

[1] 顾炎武:《天下郡国利病书·山东八》,《四部丛刊三编》本。
[2] 蓝田:《新开胶州马濠之记》,《马濠运河》(内部资料),2005年,第19—20页。

数计,于此得避,岂不为佳!"〔1〕两运河重开通航十多年后,因河道淤塞、疏浚不力等原因,遂罢海运改漕运,致使"胶莱海运"再次陷于受冷落的处境。至清中期,两运河因淤塞而无法通航。

(三) 两运河通航与海运文化之兴

曾经繁荣的板桥镇自入金后急剧衰落。金朝灭亡前后,山东半岛诸口岸已关闭。从元至元十四年始,忽必烈招降了泉州、明州的市舶司官员,先后在泉州等地重设市舶司,后来又在温州、杭州、广州等口岸设市舶司。总的来看,江南诸口岸的海上贸易基本没有因改朝换代而受影响,但是山东半岛诸口岸却一直关闭。胶莱运河的开凿通航使停滞已久的山东海运得以再次兴盛。

据《元史》记载,胶州是元世祖忽必烈灭南宋后新设之州,领胶西(今胶州)、即墨、高密三县,治所胶西。胶州成为州后不久,就因胶莱运河的开凿通航开始繁荣起来。元人戴良《至胶州》诗有:"海上惊闻报晓鸡,人家只在水云西。小舟拦浦帆初落,茅屋压檐鸦乱啼。县市反夸南货聚,州城独许北军栖……"〔2〕之句。在他另一首诗中有"帆乱北溟霞"、"驿楼何处是"之句。"帆乱北溟霞"、"驿楼何处是"、"县市反夸南货聚"等描写了当时胶州繁荣的景象。至元二十六年海运改漕运之前,胶州海口已发展为民间海运的中转港。据《元史·食货志》记载:"海运之道,自平江刘家港入海……历西海州、海宁府东海县、密州、胶州界,放灵山洋投东北……"海船从刘家港出海以后,到了"胶州界"要入港中转,然后起航"放灵山洋,投东北"。这条自南而北经胶州海口中转放洋投东北的海路,是前代已经形成的海上商路。罢停胶莱运河以后,南方民间商船仍汇集于胶州海口。至元末年任松江知府的张之翰在《西岩集·书胶州》中写道:"只知烹海利,谁识撅河心?地本连齐俗,人全带楚音。""烹海利"指煮盐权利,胶州信阳盐场(在今胶南)曾经是元初著名盐场;"撅河"指开凿胶莱运河。作者以反问语气肯定了开凿胶莱运河带来的繁荣。因胶莱运河开通,使南方吴楚之地的商船汇集胶州,致使胶州一带"人全带楚音"了。"人全带楚音"真实反映了古代青岛南北经济文化交流的传统。自越王勾践迁都琅琊以来,青岛地区与吴楚之间的海上经济文化往来持续不断,到了北宋设密州板桥镇市舶司后,南北海上经济文化交流达到了高峰。虽然金元之际南北文化交流一度停滞,但是这一文化传统因胶莱运河开通而再度蓬勃发展。即便元代罢停胶莱运河之后,南北方商贾一直

---

〔1〕 王士性:《广志绎》,中华书局,1981年,第59页。
〔2〕 刘才栋:《胶州古今诗选》,青岛出版社,1990年,第10页。

沿用其至明代。

到了明代马濠运河通航时,人们在马濠运河两岸观看南来船队时的盛况,再次反映了南北文化交流早已深入民心。据蓝田《新开胶州马濠记》记载:船队"自濠南滩而入……帆樯载张,舟师鼓舵,旌旗飞扬,鼓吹振作。北至胶州,又东至麻湾,入于新河陈村而止。日尚未曛,盖已百五十余里矣。老稚妇子扶携来观者,皆呼怃曰:余百年未见也。自兹,南北商贾,舳舻络绎,往来不绝,百货骈集,贸迁有无,远迩获利矣。"[1]重开的两运河使得自明初永乐朝以来停罢的南北海运文化呈现出新的繁荣景象,明人崔旦在《海运编》卷上中说:"商贾云集,货物相易,南海胶州有椿木税,北海掖县有船只料,胶州、平度邻境十数郡邑之民,仰给攸赖。"[2]

第四节　宋代与朝鲜半岛、日本列岛的跨黄海交流

宋代的航海技术和造船技术有了长足进步,社会经济也取得了巨大发展。兴盛的国力加上开放的对外政策,使得"海上丝绸之路"得以继续拓展,宋代与朝鲜和日本的跨海贸易、文化交流呈现出十分繁荣的景象。

一、宋代跨黄海交流的有利条件

(一)宋代社会经济的发展

宋朝建国结束了五代十国分裂割据的混乱局面,国家统一,社会安定,经济进一步发展,为跨海交流提供了坚实的物质基础。宋代鼓励垦荒,不抑兼并,耕地面积扩大,开垦圩田、山田、淤田等,生产效率提高。"苏湖熟,天下足"的局面说明江南地区农业发展,全国的经济重心南移至沿海一带。农业发展亦推动了手工业的发展,其中丝织业的发展最为显著,出现了私营的独立纺织业手工作坊。私营丝织行业出现了"千室夜鸣机"的盛况,丝织技术也得到革新,仅绢的织法就达 8 种之多,如润州的衫罗、水纹绫,越州的宝花罗、花纱等。此外,广陵的锦、丹阳的京口绫等织品可谓匠心独运,巧夺天工,达到了"薄如蝉翼,飘似云

---

[1] 蓝田:《新开胶州马濠记》,第 20 页。
[2] 崔旦:《海运编》,商务印书馆,1935 年,第 2 页。

雾"的水平,因而畅销海外。

除了精美的丝织品外,瓷器也是远销海外的商品。宋代的制瓷业因瓷器产品的工艺、釉色、造型与装饰的不同,逐渐形成了六大瓷窑体系,主要是北方地区的定窑、耀州窑、钧窑、磁州窑和南方地区的龙泉窑和景德镇窑。瓷器的功能多样,可作日常饮食用具、文具、女性化妆品盒等。唐代开始兴盛的制茶业在宋代的继续发展推进了瓷器业的发展。宋代瓷器不仅做工精致,而且实用价值高,远销朝鲜半岛、日本列岛、南亚、西亚等地。

(二)宋代积极的对外贸易政策

宋朝政府积极鼓励海外贸易,同时掌握着海外贸易的主动权。宋朝统治者清楚地知道"市舶之利最厚,若措置合宜,所以动以万计""市舶之利,颇助国用。"[1]因而宋朝政府积极鼓励民间商人的海外贸易,同时对其进行严格管理。宋朝政府主要通过抽解和博买掌握了大量进出口商品。抽解就是以实物的形式来征收进口的关税,具体实施抽解和博买的机构是市舶司。市舶司创始于唐代,到宋代已形成较为完备的市舶体制和一整套行之有效的管理办法。宋代主要在广州、杭州、明州(今浙江宁波)、泉州、密州板桥镇(今青岛胶州湾地区)等设立了市舶司。

在对待来华外商方面,宋朝政府持欢迎和鼓励的态度,并且保护外商在华利益。蕃商到港,"除抽解和买,违法抑买者。许蕃商越诉,计赃罪之"。建炎元年,宋朝政府规定:"有亏蕃商者,皆重审其罪。"宋朝政府对于侵害外商利益的事是十分重视的,为使外商保持对华贸易的积极性,有时不惜减少市舶收入。如宋朝政府为了激发外商的贸易积极性,曾放弃每年上万缗的黄金抽解税,地方志有载:"倭船到岸,免抽博金子,如岁额不可阙,则当以最高年分所抽博之数,本司代为偿纳。"(《宋会要辑稿·职官四四之二十》)时人评价"免将倭商金子抽博,施行所损无毫厘",[2]认为宋朝政府由此受益的远远超过了三万贯。这些措施保障了外商的利益,准许他们在华各地经销,提高了外商积极性,也保障了宋朝政府的收入。

二、宋代与朝鲜半岛的跨黄海交流

(一)海上航线

据史料记载,早在汉武帝晚年,中国便开辟了两条国际航线。"一条从山东

---

[1] 梅应发等:《宝庆四明志·四明续志》卷八,《文渊阁四库全书》本。
[2] 梅应发等:《宝庆四明志·四明续志》卷八,《文渊阁四库全书》本。

沿岸经黄海通向朝鲜、日本;另一条从广东番禺、徐闻、合浦经南海通向印度和斯里兰卡"。

北宋前期,宋与高丽的往来航线基本仍采用传统的北路航线,以山东半岛为基地,中心港是登州(今山东蓬莱市)和密州板桥镇(今山东省胶东),即从山东半岛的登州出发,向东直航,横跨北部黄海,抵达朝鲜半岛西岸的瓮津。淳化四年(993年)二月,宋廷派遣秘书丞陈靖、刘武出使高丽,"自东牟(登州,今山东蓬莱)趣八角海口(山东福山县八角镇),即登舟芝冈岛(今山东烟台),顺风泛大海,再宿抵瓮津口(朝鲜黄海南道瓮津)登陆。行百六十里抵高丽之境曰海州(朝鲜海州),又百里至阎州(朝鲜延安),又四十里至白州(朝鲜白川),又四十里至其国(朝鲜开城)"(《宋史·高丽》)。或者从密州板桥镇起航,出胶州湾,东渡黄海,直航朝鲜半岛西海岸。高丽来宋的人员则从礼成港起航,在山东半岛的密州或登州登陆,再陆行至汴京(开封)。密州板桥镇濒临胶州湾,湾内水深域阔,湾内自然海岸线长163公里,最大水深64米,以此为中心,海路从黄海沿岸南下,与江苏、浙江、福建、广东、广西沿海主要港口有航线可通,陆路和国内华北、华中、西北、西南等广大腹地相连。为了适应海上交通发展的需要,宋朝时又于胶州湾沿岸开凿运河,进一步沟通了胶州湾的水陆交通,使密州板桥镇逐渐繁荣起来,成为南北商贸荟萃之地,更是中朝跨黄海交流的重要枢纽。

宋元丰三年,宋朝政府下令,严令发往日本和高丽的船只必须通过明州市舶司的许可,违者将受到惩罚。从此,北宋前往高丽的使臣,皆由明州(今宁波市)定海出发,越东海、黄海,沿朝鲜半岛西海岸北上,到礼成港口岸,再陆行至开京;高丽人渡海到明州,再入运河北上至宋汴京。在此需要解释的是,明州今属浙江省,濒临东海,但在宋代,商船从明州出发后,往北越过黄海。因而明州也是宋代中国与朝鲜半岛跨黄海交流的重要港口。此外,李文渭认为宋代已经将长江以北的海域称为"黄海",[1]范围包括了渤海部分海域,故登州港亦可视为跨黄海交流的港口之一。

(二)人员往来

918年,朝鲜半岛上的高丽王朝建立;960年,宋朝建立。962年高丽即遣使来宋朝献方物,并于次年行宋朝年号,受宋朝册封,开始了传统意义上的宗藩关系。从962年宋丽建交之始至1030年(宋仁宗天圣八年,高丽显宗二十一年),

---

〔1〕 据1935年版的《地名大辞典》定义,黄海:在鸭绿江口以西,长江口以北。凡奉天、直隶、山东及江苏北部之海岸,皆其区域。

由于辽朝对宋朝的攻打和对高丽的战争,宋丽的关系时断时续;接下来的约40年(1030—1070年),因为高丽被迫向辽朝称臣纳贡,宋丽断绝交往。1068年和1070年宋朝商人黄慎两次到高丽传达通好之意,1071年(宋神宗熙宁四年,高丽文宗二十五年),高丽遣使金悌入宋献方物,两国才正式恢复外交关系。从1071年至1127年北宋灭亡的57年间,特别是宋神宗、哲宗、徽宗在位时期,以文化交流为主的宋丽关系达到全盛时期。

北宋和高丽的交往是相当频繁的。据《宋元时期的海外贸易》考证,有宋一代,以使节交聘来说,高丽遣宋者57次,宋使往高丽者30次。[1] 北宋前期,高丽使者大都由礼成江口的碧澜渡出发北上,然后从大同江口折西南航行,抵达中国山东半岛的登州(或密州)。相应地,宋使则主要由登州、密州出海。

宋使因出使任务不同,名称也各异,如册封高丽国王的称为册命使,加赐高丽国王爵命的称为官告使,吊祭高丽国王的称为祭奠使等。神宗元丰六年,高丽王徽卒,神宗遣杨景略祭奠,钱勰、宋环吊慰。这个使团是从密州板桥镇出海的,杨景略因遇风受阻,取道登州,顺利到达高丽。

高丽入宋的使命主要有朝贡、求袭位、谢恩、乞师、送使等。如宋太祖开宝九年(976年),"伷遣使赵遵奉土贡,以父没当承袭,来朝听旨,授伷检校太保、玄菟州都督、大义军使,封高丽国王"(《宋史·高丽》)。宋朝的文化也吸引了高丽学子前来求学。太平兴国元年(976年),高丽王伯遣金行成入宋求学于国子监;雍熙三年(986年),高丽王治亦遣崔罕、王彬等入宋求学国子监,学有所成。高丽王亦表示感谢称:"玄曲造成,鸿恩莫报。"

北宋时高丽使宋的规模,《宋史》多记载不详,但有三次较为明确,其人数和规模均属可观:建隆四年(963年),高丽使团因海难不幸溺死者就有70余人;真宗天禧五年(1021年),使团人员计179人;仁宗天圣八年,使团人员则为293人。

宋与朝鲜半岛交流的一个显著特点是大量中国海商前往高丽进行贸易,仅《高丽史》一书中记载的在元祐五年以前至高丽贸易的宋商船队就有27批。每批赴高丽的宋商人数不等,少则数人,多则数百人。高丽为接待宋朝商人,还曾在开京建清州馆、忠州馆、四店馆、利宾馆。每逢宋朝商旅进入高丽国境,高丽王朝还要派政府官员迎接慰劳,有时高丽国王亲自宴请宋商。以高丽文宗朝(1046—1083年)为例,见于记载的宴请宋商就有40余起。其中,文宗九年(1054年)高丽政府曾经同时分三处宴请宋商,被邀赴宴者达240人。此前,仁

---

[1] 陈高华、吴泰:《宋元时期的海上贸易》,天津人民出版社,1981年。

宗景祐元年(1034年),高丽设"八关会",亦曾邀"宋商及东西藩献土物者观礼"。[1] 北宋末年,高丽国"王城"有"华人数百,多闽人因贾至者"。高丽政府对宋商极为欢迎,"贾人之至境,遣官迎劳";对商人的奉献,"计所直,以方物数倍赏之";每逢节日,"中国贾人之在馆者,亦遣官为筵伴"。

北宋政府亦然,时有"元丰待高丽人最厚,沿路亭传皆名高丽亭"之说。《宋史》多记"明州、登州屡言高丽海船有风漂至境上者",对此宋廷总是恩惠有加,连宋帝亦予过问,总是诏"给度海粮遣还"。

除了使节、学生、海商之外,也多有僧侣往来于中朝,其中义天是朝鲜高丽王朝的名僧,在朝鲜历史上有很大影响。高丽僧义天就是从板桥镇登陆,再陆行至东京的。

(三) 物品交流

中朝之间的人员往来必定伴随相应的货物交流,尤其是随着宋代海上贸易的发展这种货物交流更加频繁。宋代进口品主要以资源性商品为主,如人参、沙参、茯苓、硫磺、白附子、黄漆等;出口品主要有手工制品,如瓷器、陶器、丝绸、布帛、书籍、漆器等,金属制品如铜器、铜钱、金银、铅等,工艺品如伞、梳扇等,农副产品如糖、酒、茶叶、果脯、米、盐、药材等。

《宋史·高丽传》也多次载录高丽使节来宋所带的朝贡商品,如993年高丽使节自登州赴宋朝,向宋朝赠送金银器价值数百两,布3万余匹。又如宋神宗熙宁五年高丽使节金悌携带朝贡商品多达41种,除服饰外,还有香油20缸、松子2 200斤、人参1 000斤、布4 000匹。八年以后高丽使节柳洪携带的商品有金银器2 000两、色罗100匹、绫100匹、生罗300匹、大纸2 000幅、墨400挺、中布200匹、参1 000斤、松子2 200斤、香油2 020斤。对于高丽的朝贡,宋朝政府以回赐的方式向高丽政府赠送的物品远远超过高丽的贡献,其中最大宗的商品是手工艺品和纺织品。宋朝瓷器的出口量也较大,据现在的考古发现证实,朝鲜海州所属的龙媒岛、开城附近及江原道的春川邑等地出土了不少中国瓷器,其中不少是宋代瓷器。

高丽青瓷始于何时,现在还不能肯定。汉城梨花女子大学博物馆所藏淳化四年铭的青瓷壶,仍然有中国唐代青瓷那种浅色调的灰绿色。据此可知,在10世纪末严格意义上的高丽青瓷尚未产生。据1123年访问高丽王都开城的中国宋朝使臣徐兢撰著的《宣和奉使高丽图经》记载,1120年代高丽已能制作各种青

---

[1] 陈尚胜:《中韩交流三千年》,中华书局,1997年,第62页。

瓷精品。

高丽白瓷,源于中国景德镇窑,于12世纪在高丽面世。当时景德镇制作的白瓷,泛有青色,即所谓的"影青瓷"。高丽白瓷的胎土也使用白色高岭土,器壁很薄,其器形、花纹等达到了与中国宋、元白瓷难于区别的程度。但至高丽后期,器壁逐渐变厚,釉色则变为宋代定窑特具的那种白色。这一特征后来为李朝白瓷所继承。

中国漆器起源甚早,到春秋战国时期使用得更加广泛。在中国漆器的影响下,朝鲜半岛也开始生产漆器。高丽漆器以镶嵌贝壳、玳瑁、铜线的螺钿漆器闻名于世。这一技术源于中国唐代被称作"平脱"的漆器金银装饰法,它在宋代时又被称作"螺钿"或"螺钿戗金"。

(四)书籍及医药交流

宋与高丽之间,书籍的交流是友好关系的重要内容之一。趁使节往来之便,宋帝经常赠送书籍给高丽国王,内容涉及各个领域,如儒家经典、佛经、大型类书等。宋太宗淳化四年,太宗赠高丽《九经》。宋真宗大中祥符九年,高丽使郭元回国,带回了《九经》、《史记》、《两汉书》、《三国志》、《晋书》等书。真宗乾兴元年(1022年),高丽使返国,真宗赐《圣惠方》、阴阳二宅书、《乾兴历》及释典一藏。神宗熙宁七年"赐介甫新经三十本,盛以墨函,黄帕其外",被高丽人当做珍宝加以收藏。

宋哲宗元祐元年,高丽使臣求《开宝正礼》、《文苑英华》、《太平御览》,宋朝政府只以《文苑英华》一书相与。因为《开宝正礼》与《太平御览》涉及山川形势,故宋朝政府将它和《开宝通礼》一样,视为出口禁书,不愿其流入高丽。宋徽宗建中靖国元年(1101年)高丽使回国时,宋朝赐高丽王《太平御览》1 000卷。

书籍的交流,不只限于官方,还有民间渠道存在。1027年,宋江南人李文通等到高丽献(卖给官方)书册,多达597卷。1087年,宋商又献《新注华严经》。对宋商带去的有价值的书籍,高丽朝廷往往付给高价,以资鼓励。1192年,宋商献《太平御览》,高丽朝廷赐白银六十斤。宋商不只进行书籍贸易,1120年商人林清等还将令人赏心悦目的花木运到高丽,献给朝廷。

高丽王朝对书籍的刊印极为重视。许多书籍都是奉王命刊印的。1042年,东京副留守崔颢等奉王命新刊《两汉书》与《唐书》,进献朝廷后得到了"赐爵"的封赏。

高丽刊印书籍的面很广。1045年,秘书省进新刊《礼记正义》、《毛诗正义》。1058年,忠州牧进新刊《黄帝八十一难经》、《伤寒论》、张仲景《五脏论》等。1059年,安西都护府使等进新刊《疑狱集》等。知南原府事进新刊《三礼图》、《孙卿子书》。这些新刊书籍部分珍藏于王宫图书资料馆的御书阁、秘阁，部分分赐给文臣。

高丽新刊书籍时，往往加以校订。1151年，国王毅宗曾命宝文阁学士待制及翰林学士每日齐集于精义堂校《册府元龟》。1192年，国王明宗曾命吏部尚书郑国俭、判秘书省事崔诜主持校订《正续资治通鉴》。

高丽的书籍刊印事业十分发达，有时也赠送一些书籍给中国。早在959年，高丽就曾遣使到后周，赠送《别序孝经》一卷、《越王孝经新义》八卷、《皇灵孝经》一卷、《孝经雌雄图》三卷。高丽藏书齐全，并有不少被视为"好本"。1091年，高丽使臣李资义自宋回国，向国王宣宗启奏：皇帝（宋哲宗）知道我们高丽的书籍有很多好本，并命馆伴开列皇帝所求的书目给我，还说："虽有卷第不足者，亦须传写附来。"据《高丽史·宣宗世家》所载，宋朝所求之书目计120余种，4 980余卷。高丽方面满足了多少不得而知，但这在中朝文化交流方面仍是一件值得纪念的盛事。

宋与高丽在医药方面也有小规模的交流。1072年，宋遣医官王愉、徐先到高丽。1073年，王、徐回宋。1074年，宋扬州医学助教马世安等八人到高丽，医官们受到高丽国王的优待和尊重。1080年，宋遣医官马世安再到高丽。次年因宋神宗诞辰，高丽国王文宗特地下令设宴款待马世安，并馈赠了礼币。此外，宋朝曾应高丽的要求，派出有翰林医官参加的庞大医疗团到高丽为国王治病。

（五）宗教交流

上文提到，宋帝曾赐佛经给高丽使臣，这算是间接的宗教交流，还有一种直接的方式，即高丽僧人直接来华访学，学成后回国传播，其中比较有名的当属大觉国师义天。

大觉国师义天是高丽王朝文宗的第四个王子，俗名王煦，11岁出家，13岁时即成为僧统。因当时高丽称臣于辽国，所以高丽朝廷不允许义天访宋。他不得已于1085年偷乘宋朝商船来华，从密州板桥镇登陆，然后再入汴京，受到宋哲宗、皇太后、太皇太后的隆重礼遇。

义天得到了宋哲宗的诏敕，开始在中国游方，并向华严宗晋水法师、天台宗慈辩大师等问法。在杭州慧因禅院，义天曾出资"印造经论疏钞七千有余帙"。于是禅院僧徒"晋仁等以状援例乞易禅院为教院"，并得宋哲宗诏准。由于母后等的催促，义天于1086年回到高丽，担任兴王寺住持，培养弟子，并在兴王寺设教藏都监，刊行从宋、辽、日本购来的佛教典籍中有关佛经的章疏，以及在朝鲜搜集到的佛经古籍4 740余卷。义天自宋回国后，仍继续与杭州慧因教院保持联系。义天曾"以青纸金书晋译《华严经》三百部",并(建)经阁之贽,托商船带给慧因教院。因此,慧因教院又称"高丽院"。1089 年慧因教院的行者颜显到高丽,讣告晋水法师入寂,并带去法师的真影及舍利。义天特派其弟子寿介等往杭州祭奠,并带来黄金宝塔二座,表示对宋帝及太皇太后康宁的祈愿。

三、宋朝与日本的交往和元朝对日本的远征

北宋时期,日本处于平安时代后期,藤原氏掌握了统治大权。他们推行闭关锁国政策,断绝了与中国的官方往来,同时还严禁本国人私自渡海,凡犯禁者,货物交官,本人获罪。如日本后冷泉天皇永承二年(北宋庆历七年,1047 年)十二月,筑前人清原守武私下赴宋,事情败露后,除货物充公外,本人流放佐渡,同伙的五人也被判处刑罚。因此,在中日航路上的日本海船几乎销声匿迹。

这一时期往返中日的多为宋船,且是只可搭乘六七十人的小船。此时中日间航路的出发地,已经从山东半岛的登密一带转移到江南地区。北宋灭亡后不久,取代藤原氏的平氏家族废除了闭关锁国政策,恢复了与南宋的商贸往来。不过由于此时期中国的经济重心南移,南宋的疆土也局限于南方一带,中日航路只能走南路航线。唐朝时兴盛一时的环黄海贸易圈大大衰落。

蒙古崛起之后,先是控制了金朝的辽东一带,之后又完全攻灭了金朝政权,控制了今山东半岛和苏北地区。蒙古还多次派兵征讨高丽,高丽国王迫于军事压力被迫投降。元朝建立后,元世祖忽必烈鉴于日本和南宋的关系,以及为了开拓疆土和宣示国威,两次征讨日本,并在朝鲜半岛设置征东行省。不过,元军的两次征讨均以失败告终,元朝末年高丽又重新恢复独立地位。

第五节 黄海海洋文化

宋朝时,造船和航海技术发达,朝廷也非常重视海外贸易,因而海洋文化较前代有了更大的发展。宋代的文人墨客留下了很多诗词描写、歌颂大海,而且文学形式更加丰富,文学成果异彩纷呈。

一、海洋文学的新发展

(一)"海市蜃楼"与苏轼

在我国古代,见诸记载的海市蜃楼多出现在今山东半岛海域,包括渤海南部

海域和黄海北部海域,古时这一地区大部分属登州辖域,故多称"登州海市"。宋代沈括《梦溪笔谈》卷二一记载:"登州海中,时有云气如宫室、台观、城堞、人物、车马、冠盖,历历可见,谓之海市。"

据现代科学研究,所谓"海市"实际上是渤海庙岛群岛或相隔不太远的山川城镇景观的折射影像。但这一奇特的自然景象无论如何超越于古时人们的知识水平之上,于是在战国、秦汉直至魏晋之际,人们纷纷把这一幻象视为超越于人间世俗世界之上的另一世界——神仙的世界,认为人间的生老病死,在神仙世界里是不存在的,因而成为了人们希冀长生的精神需求。这一虚幻的图景经过神仙家们的大力渲染,一方面极大地调动起了秦皇汉武的好奇心,派遣方士入海求之,一方面调动起了广大民众的信仰与追求心理,因而信之若炽,并历代传承。

进入宋代以后,文人墨客对蓬莱仙境的追寻热情不曾消减,其中就有那位大名鼎鼎的苏轼。他曾短暂到登州为官,目睹了海市蜃楼的奇观,并为此写下了著名的《登州海市诗并序》,亦真亦幻,气度、意象非凡,引人入胜:

> 予闻登州海市旧矣。父老云:"常出于春夏,今岁晚,不复见矣。"予到官五日而去,以不见为恨,祷于海神广德王之庙,明日见焉。乃作此诗。
>
> 东方云海空复空,群仙出没空明中。
> 荡摇浮世生万象,岂有贝阙藏珠宫。
> 心知所见皆幻影,敢以耳目烦神工。
> 岁寒水冷天地闭,为我起蛰鞭鱼龙。
> 重楼翠卓出霜晓,异事惊倒百岁翁。
> 人间所得容力取,世外无物谁为雄。
> 率然有请不我拒,信我人厄非天穷。
> 潮阳太守南迁归,喜见石廪堆祝融。
> 自言正直动山鬼,岂知造物哀龙钟。
> 信眉一笑岂易得,神之报汝亦已丰。
> 斜阳万里孤岛没,但见碧海磨青铜。
> 新诗绮语亦安用,相与变灭随东风。[1]

这篇《登州海市诗并序》影响甚大,据《蓬莱县志》所载,任睿的《谒苏东坡先生祠,祠横一石勒海市诗,乃真迹也。其为风雨剥蚀久矣。爰建亭其上,而赋

---

[1] 苏轼:《东坡全集》卷一五,《文渊阁四库全书》本。

之》,诗中自注云"傍有摹本,人争拓之"。

(二) 文学意象中的蓬莱阁

唐代设登州,治所蓬莱,俗称蓬莱城。该城坐落在渤海与黄海分界线的南端,城北有丹崖山,北宋时曾依山就势建有蓬莱阁,为中国四大名楼之一。蓬莱阁原是一幢单独的阁楼。明代晚期,官府又在附近增设了一批建筑物,仍总称蓬莱阁。中经几度重修,至清朝嘉庆二十四年(1819 年)扩建为一个占地近 2 万平方米的古建筑群,现在基本保持着这一规模和轮廓。登州外海有其出现海市蜃楼的独特的海洋地理位置和海洋气象条件:它地处渤海海峡南岬,山东半岛、辽东半岛和朝鲜半岛三足鼎立,庙岛群岛横卧其间,为海市蜃楼的出现提供了大量借以反射的客观景物,所建蓬莱阁恰恰就是观赏海景、际遇海市蜃楼的最佳地点和最佳位置,因此蓬莱阁自古有仙阁之称。因而登蓬莱阁、望蓬莱仙境就成为文人吟咏的重要内容。

《蓬莱县续志》卷一四所载诗歌开篇就是宋代许尊的《登蓬莱阁》:

鼓吹旌旗夹道开,乘闲接客上蓬莱。良辰共喜黄花节,清宴许辞白玉杯。一望山川连海阔,数声歌笑入云徊。官家底事催清兴,风雨长吟一写怀。[1]

接下来是梅尧臣的《送朱司封知登州》:

驾言发夷门,东方守牟城。城临沧海上,不厌风涛声。海市有时望,间屋空虚生。车马或隐见,人物亦纵横。变怪其若此,安知无蓬瀛。昨日闻公说,今日闻公行。行将劝农耕,用之卜阴晴。

比如还有宋人赵抃的《登蓬莱阁》:

山颠危构倚蓬莱,水阔风长此快哉。天地涵容百川入,晨昏浮动两潮来。遥思座上游观远,愈觉胸中度量开。忆我去年曾望海,杭州东向亦楼台。[2]

---

[1] 光绪《蓬莱县续志》,光绪八年刻本。
[2] 道光《重修蓬莱县志》,道光十九年刻本。

这些诗,很有气势,把海、人、情、思都写得挥扬飒爽,用词遣句也很有意蕴。其他如宋人的《海上书怀》《望海》《乘槎亭次韵》等,写得或清新,或悠然,或豪放,海味十足。

(三)宋词中的海洋

宋代文学在中国文学史中的地位十分重要,而其中成就最高也最具特色的当为宋词,而宋词的写海之作也蔚为大观。我们仅从宋词词牌中的一些调名如"望海潮"、"醉蓬莱"、"渔家傲"、"渔父乐"、"渔父家风"、"水龙吟"等,也可以想见它们在产生和形成上,其中必然有很多与吟咏海洋密切相关,由此可知人们对海洋现象或海洋与江河海口相互作用的现象以及海上生活,有着浓厚的兴趣和普遍的认知。例如女词人李清照,一首《渔家傲》,以海入词,海事、海心,尽收其中:

> 天结云涛连晓雾,星河欲渡千帆舞。仿佛梦魂归帝所,闻天语,殷勤问我归何处。我报路长嗟日暮,学诗漫有惊人句。九万里风鹏正举,风休住,蓬舟吹取三山去。[1]

哪是海,哪是天,哪是人间,哪是仙界,在词人心中,在词人笔下,竟是这般使人着迷。

(四)海洋文学的新形式

宋代文学的形式丰富多样,传统的诗词歌赋之外,还有一些新的体裁也发达起来,如"状"类的《登州召还议水军状》《乞罢登莱确盐状》等,"表"类的《知登州谢表》《登州谢宣召赴阙表》等,以及"记"类的《北海十二石记》等。其中苏轼的《北海十二石记》云:

> 登州下临大海,目力所及,沙门、鼉矶、牵牛、大竹、小竹凡五岛,惟沙门最近,兀然焦枯,其余皆紫翠巉绝,出没涛中,真神仙所宅也。上生石芝,草木皆奇玮,多不识名者。又多美石,五彩斑斓,或作金色。熙宁己酉岁,李天章为登守,吴子野往从之游,时解贰卿致政退居于登,使人入诸岛取石,得十二株,皆秀色灿然。适有舶在岸下,将转海至潮,子野请于解公,尽得十二石以归,置所居岁寒堂下。近世好事能致石者多矣,未有取北海而置南海者

---

[1] 李清照:《李清照诗词集》,上海古籍出版社,2016年,第56页。

也。元祐八年八月十五日,东坡居士苏某记。〔1〕

文不长,且平笔道来,却深见底蕴。另外如宋应昌的《重修蓬莱阁记》,记中有论,论而为记,见情见史。

文学来源于生活。宋代海洋文学作品出现了如此繁荣的局面,除了文学自身的积累式发展及其繁荣外,海洋事业和海洋文化的整体发展,人们海洋生活的丰富多彩是其社会基础和根源。

不仅仅是诗词,宋金时期的书画创作也反映了人们对海洋的观照。

张元干的《念奴娇·题徐明叔海月吟笛图》:

> 秋风万里,湛银潢清影,冰轮寒色。八月灵槎乘兴去,织女机边为客。山拥鸡林,江澄鸭绿,四顾沧溟窄。醉来横吹,数声悲愤谁测。飘荡贝阙珠宫,群龙惊睡起,冯夷波激。云气苍茫吟啸处,鼍吼鲸奔天黑。回首当时,蓬莱万丈,好个归消息。而今图画,漫教千古传得。〔2〕

着意于北黄海及其外缘的"鸭绿"(辽东)、"鸡林"(朝鲜半岛)意象,新奇引人。

与南宋分疆而治的金朝人士同样与海洋结下不解之缘,以马钰、丘处机为首的全真七子都写过海上佳作,而丘处机写下的系列海上组诗如《海上观涛》、《秋风海上》、《海上述怀》、《望海》等篇章,则代表了这段时期宗教人士海洋诗文的创作成就。此外,金人王寂、赵秉文在辽东咏海,刘迎在莱州咏海等,也多在文坛传为美谈。

二、文人笔记中的宋代造船和航海技术

(一)《梦溪笔谈》中的造船和航海技术

沈括是北宋时期的科学家,著有笔记体作品《梦溪笔谈》一书。该书涉及自然科学技术、工艺技术和自然现象等很多领域,其中关于造船和海潮的记述,是研究中国古代造船和航海技术的重要资料。

在造船史上,船坞技术的发明和使用是一个重大跨越。其中《梦溪笔谈》中关于"浮船坞"的记载,可能是最早记录船坞技术的资料:

---

〔1〕 苏轼:《东坡全集》卷三八,《文渊阁四库全书》本。
〔2〕 张元干:《芦川归来集》卷五,《文渊阁四库全书》本。

> 国初两浙献龙船,长二十余丈,上为宫室层楼,设御榻以备游幸。岁久腹败,欲修治而水中不可施工。熙宁中宦官黄怀信献计,于金明池北凿大澳,可容龙船,其下置柱,以大木梁其上,乃决水入澳,引船当梁上,即车出澳中水,船乃于空中,完补讫复以水浮船,撤去梁柱。以大屋蒙之,遂为藏船之室,永无暴露之患。[1]

在航海技术方面,《梦溪笔谈》提到了指南针:

> 方家以磁石磨针锋则能指南,然常微偏东,不全南也。水浮多荡摇。指爪及碗唇上皆可为之,运转尤速,但坚滑易坠,不若缕悬为最善。其法取新纩中独茧缕,以芥子许蜡缀于针腰,无风处悬之则针常指南。其中有磨而指北者。余家指南、北者皆有之。磁石之指南犹柏之指西,莫可原其理。[2]

此外,对于海潮这一自然现象沈括也提出了自己的看法:

> 卢肇论海潮,以谓"日出没所激而成",此极无理。若因日出没,当每日有常,安得复有早晚?予常考其行节,每至月正临子、午,则潮生,候之万万无差。此以海上候之,得潮生之时。去海远,即须据地理增添时刻。月正午而生者为潮,则正子而生者为汐;正子而生者为潮,则正午而生者为汐。[3]

(二)《萍洲可谈》中指南针的海上应用

朱彧,北宋时期的地理学家,著有《萍洲可谈》一书。该书涉及宋代的市舶司制度、对外贸易等领域,其中第一次明确提到了指南针在海上的应用,是航海技术中导航技术研究的重要史料参考:

> 舟师识地理,夜则观星,昼则观日,阴晦观指南针,或以十丈绳钩,取海底泥嗅之,便知所至。海中无雨,凡有雨则近山矣。[4]

---

[1] 沈括著,金良年、胡小静译:《梦溪笔谈全译》,上海古籍出版社,2013年,第297页。
[2] 沈括著,金良年、胡小静译:《梦溪笔谈全译》,第230—231页。
[3] 沈括著,金良年、胡小静译:《梦溪笔谈全译》,第283页。
[4] 朱彧:《萍洲可谈》,第133页。

这段文字虽短,但史料价值极大。其一,这里提到了两种航海的导航技术,一是观星的天文导航术,二是依靠指南针的人为导航术,这是导航技术的极大突破;其二,用"绳钩"取海泥的技术反映了航海地理知识的进步,对于判断船舶所处海区情况十分重要;其三,对于海上的自然现象也有了一定的认识,这些认识可能不一定十分准确和科学,但能够说明人们十分重视航海经验的积累。

(三)《宣和奉使高丽图经》的重大价值

徐兢,北宋文人,在宋徽宗宣和年间曾随使团出使高丽,回国后著有《宣和奉使高丽图经》一书。该书图文并茂,全面介绍了高丽的政治经济及社会文化等情况,是中朝友好往来的重要见证,也是研究宋史、高丽史、宋丽关系史的宝贵史料。

1.《宣和奉使高丽图经》中的高丽海上航线

宋代与高丽的海上交通航线主要有北方航线和南方航线。北方航线前文已述。后因宋辽处于敌对状态,为避开辽军,熙宁七年登州港封闭,宋丽航线改由明州港启航,这就形成了南方航线。徐兢出使高丽走的便是南方航线,在其著述中也有详细的记载。

徐兢去往高丽的航线大致分为六个段落:

(1)五月二十四日自招宝山起航后,经虎头山(今招宝山东北之虎蹲山)、蛟门(虎蹲山东北的七里屿以东),二十五日,"四山雾合,西风作,张蓬委迤曲折,随风之势,其行甚迟",而后至沈家门(今普陀区)抛泊。二十六日到梅岭(今普陀山),因"西北风劲甚",停泊待顺风。二十八日,"天日晴晏,八舟同发",过海驴礁、蓬莱山(大衢山)、半洋焦(黄龙山以东偏南之东半洋礁)。二十九日过白水洋,黄水洋,黑水洋。

(2)六月一日乘西南风航行,二日到夹界山(小墨山岛),"华夷以此为界"(今岛南仍为中朝领海分界处)。三日午后过五屿,排岛,白山(荞麦岛),黑山(济州岛西北之黑山岛),月屿(前、后曾岛),阑山岛,白衣岛,跪苦。

(3)六月四日过春草苫到槟榔礁,午后过菩萨苫,竹岛(兴德西七里海中之竹岛),五日到苦苫苫(扶安西南之猥岛)。六日到群山岛(今万顷西海中之群山岛),七日到横屿(在群山岛以北)。

(4)六月八日自横屿出发,午后到富用山(元山岛),洪州山(安眠岛今之承彦里),钩子苫(今安兴西之贾谊岛),马岛(泰安以西之安兴)。

(5)六月九日经九头山,唐人岛,双女礁(均在今安兴以北海域,与马岛相近),过双女礁后风势甚急,舟行益速中午以后过和尚岛(大午衣岛),牛心屿(龙游岛),小青屿(永宗岛以南之小岛),下午到达紫燕岛(今仁川西之永宗岛)。舟泊紫燕岛过夜。

(6) 六月十日自紫燕岛起航,午后至急水门(朝鲜黄河南道礼成江口)。至此已不便挂帆驶风航行,改为摇橹乘潮而进,傍晚至蛤窟(急水门以上礼成江内),抛泊过夜。十二日早晨,随早潮到达目的高丽礼成港。

2.《宣和奉使高丽图经》中的航海科技

徐兢的著作详细记载了出访船只的具体情况,使人们了解到宋代先进的航海科技,为学界研究中国古代造船史提供了宝贵资料。宋代造船业十分发达,可以造出大型船,如宋代出使海外的使臣乘坐的大型船称为"神舟",随行的其他成员乘坐的为客舟。该书对客舟的具体情况有较为详细的描述。

> 旧例,每因朝廷遣使,先期委福建、两浙监司,顾募客舟,复令明州装饰,略如神舟。具体而微,其长十余丈、深三丈、阔二丈五尺,可载二千斛粟。其制皆以全木巨枋搀叠而成,上平如衡,下侧如刃,贵其可以破浪而行也。[1]

据推算,客舟全长约为41.25米。"上平如衡,下侧如刃,可以破浪而行也",说明这种船型可以开波劈浪,应属于尖底型海船,适合于远洋航海。

> 船首两颊柱中有车轮,上绾藤索,其大如椽,长五百尺,下垂矴石,石两旁夹以二木钩,船未入洋近山抛泊,则放矴箸水底,如维缆之属,舟乃不行。若风涛紧急,则加游矴,其用如大矴,而在其两旁。遇行则卷其轮而收之。[2]

船只在海上航行,时而遇见风浪,需要休整补给,此时需要用碇来固定船只。上述记载说明宋代已经掌握相关航海技术,并运用近山泊船的技巧,以避风而防不可测之风涛,提高了船只的安全性。

> 大樯高十丈,头樯高八丈,风正则张布飒五十幅,稍偏则用利篷,左右翼张,以便风势。大樯之巅更加小飒十幅,谓之"野狐飒",风息则用之。然风

---

〔1〕 徐兢:《宣和奉使高丽图经》,第70页。
〔2〕 徐兢:《宣和奉使高丽图经》,第70页。

有八面,唯当头不可行。其立竿以鸟羽候风所向谓之"五两"。大抵难得正风,故布帆之用,不若利篷翕张之能顺人意也。[1]

上述记载可见,客舟可以根据风力不同,选择合适的风帆,以借风力前行。

后有正舵,大小二等,随水浅深更易。当席之后,从上插下二桌,谓之"三副舵",唯入洋则用之。[2]

船舵亦是重要的控制航向的航行设备,宋代依据不同水深的海域,选用大小不等的正柁,远离近海岸时,使用三副柁,并利用平衡舵以缩短舵压力中心对舵轴的距离,操纵更加便捷。

是书也提到了指南针的海上应用:"是夜,洋中不可住,惟视星斗前迈。若晦冥则用指南浮针,以揆南北。"[3]这里所说的指南浮针是指使用水浮法。

3.《宣和奉使高丽图经》与海洋知识

《宣和奉使高丽图经》还有很多关于航海知识方面的记述。是书第一次记录了"白水洋""黄水洋""黑水洋"的区分,其中黄水洋为:"黄水洋,即沙尾也。黄水浑浊而浅,舟人云,其沙自西南来,横于洋中千余里,即黄河入海之处。"这可能是黄海海域名称最早的起源,而根据海水颜色区分海洋的方法,也说明了人们对海洋认识的进步。

又如徐兢称"谨列夫神舟所经岛洲苫屿,而为之图"。[4] 由此证明,我国在宋代已经使用航海图。航海图的绘制能够反映一定水域的地形地貌、水文要素、定位条件。又如宋人有了一定的航海气象知识,"朝廷遣使,皆由明州定海放洋,绝海而北,舟行皆乘夏至后南风。风便不过五日即抵岸焉"。[5] 可见,宋人已经可以娴熟地运用季风规律。

如海中之地可以合聚落者,则曰"洲",十洲之类是也。小于洲而亦可居者,则曰"岛",三岛之类是也。小于岛则曰"屿",小于屿而有草木,则曰

---

[1] 徐兢:《宣和奉使高丽图经》,第71页。
[2] 徐兢:《宣和奉使高丽图经》,第70页。
[3] 徐兢:《宣和奉使高丽图经》,第73页。
[4] 徐兢:《宣和奉使高丽图经》,第70页。
[5] 徐兢:《宣和奉使高丽图经》,第6页。

"苫"。如苫屿而其质纯石者,则曰"礁"。[1]

他在是书中对于岛、屿、洲等的形成与划分提出了自己的看法。此外,该书还有对海潮现象原因的解释等。这些都说明宋人的海洋知识十分丰富,且较全面。

4.《宣和奉使高丽图经》对高丽史研究的价值

《宣和奉使高丽图经》分四十卷,二十八门,主要以建国、世次、城邑、门阙、宫殿、冠服、人物、仪物、仗卫、兵器、旗帜、车马、官府、祠宇、道教、释氏、民庶、妇人、皂隶、杂俗、节仗、受诏、燕礼、馆舍、供张、器皿、舟楫的次序,记录了高丽从王公贵族到黎民百姓的日常生活和一些文物制度,客观描述了高丽时朝鲜半岛的政治、经济、文化、军事、山川、宗教、风俗等情况,是研究高丽史的珍贵一手史料。

三、元代文学中的黄海

(一) 元代的海洋叙事文学

有元一代,国力强盛、国土广阔,海岸线漫长,继承宋代发达的造船与航海技术,加之元朝统治者重视海外贸易,所以元代的海洋文化更加发达。其中涉及黄海的海洋文学作品也有不少。

元朝人在海洋发展上的最大成就之一,就是在国家统筹下的南北海运和海外贸易。这在元代的海洋文学中也得到了多方面、多体裁的反映。由于海事活动的增多和密集,叙事性海洋文学形态占了上风,就连以抒情为主的短平快文学样式诗歌,也以叙写海事——海洋事物、海洋活动等的题材和主题最为凸显。如元朝熊禾的《上致用院李同知论海舶》长诗,用"矧此贾舶人,入海如登仙。远穷象齿徼,深入骊珠渊"[2]来表现对海上远航贸易的积极、肯定和赞赏;元朝马玉麟的《海舶行送赵克和任市舶提举》则用可观的篇幅展现出了元朝航海贸易的壮观场面,如:"玉峰山前沧海滨,南风海舶来如云。大艘龙骧驾万斛,小船星列罗秋旻。舵楼挝鼓近沙浦,黄帽唱歌鸣健艫。海口人家把酒迎,争接前年富商贾。"[3]

元朝海洋文学的多产作家、诗人相继出现,黄溍、黄镇成、杨维桢都有多篇诗、赋留存于世,成果可称丰硕,朱德润、吕彦贞、杨载、王褒、朱思本等的咏海诗

---

[1] 徐兢:《宣和奉使高丽图经》,第69页。
[2] 熊禾:《上致用院李同知论海舶》,《元诗选》初集,中华书局,1987年,第299页。
[3] 马玉麟:《海舶行送赵克和任市舶提举》,《东皋先生诗集》,《续修四库全书》本。

作也都脍炙人口,堪称佳作。

(二)张生煮海与八仙过海

1. 张生煮海

元代是我国戏曲艺术大发展、大繁荣的时代,所谓"唐诗、宋词、元曲、明清小说"。一个时代有一个时代的文学,其中海洋文学的发展状况也是如此。在元曲中的涉海戏曲里,最为著名的是海洋神话剧《张生煮海》。而且很有意思的是,元杂剧的著名剧作家尚仲贤和李好古,两人居然都写过《张生煮海》,可见张生煮海的故事具有多么大的吸引力。今存本《张生煮海》题为李好古所作,李好古为山东西平人。

《张生煮海》剧的全题是《沙门岛张生煮海》。沙门岛,在古登州蓬莱附近的海中,苏轼在其《北海十二石记》中对沙门岛的描述为:"登州下临大海,目力所及,沙门、鼍矶、牵牛、大竹、小竹凡五岛,惟沙门最近,兀然焦枯,其余皆紫翠巉绝,出没涛中,真神仙所宅也。""兀然焦枯",是否就是人们想象出"煮海"的"依据"?这自然难以考证确切,我们暂不管它。而值得指出的是,作为戏剧,宋代已经有《张生煮海》院本了,只可惜剧本无存,我们无从具体得知其面貌。元杂剧《张生煮海》的大体情节略为:青年书生张羽与东海龙王三女儿琼莲相恋,但受到龙王阻挠。张生在仙姑毛女的帮助下,用架锅煮海的方式逼迫龙王将琼莲许配于他,最后姻缘达成。

一是张生莺莺式的一见钟情,一是为婚姻自由向封建势力斗争,一是大获全胜后证以仙缘,其中的喜剧、悲剧意义全有,适应了中国人对传统艺术的审美鉴赏习惯,而将大海作为展示这种浪漫审美理想的舞台,天地便更加广阔了许多,正所谓人间—海底—天上,人—龙—神仙。《张生煮海》这一戏剧文学巨作,展示了陆海、人神之间的关联与互融。

2. 八仙过海

元杂剧里还有一出涉海戏很值得一提,那就是《争玉板八仙过沧海》,八仙到蓬莱仙岛聚会,不搭船而"各显神通"过海的故事。八仙的故事自然早有,但八仙们过沧海、大闹龙宫的故事却是在元杂剧里得以系统完备的。我们至今常说的"八仙过海,各显神通",大概就源于此,至少是因受其影响才这么普及的。

蓬莱阁是传说中的"八仙过海"处。"八仙过海,各显神通"的故事,以海洋信仰中的"蓬莱仙境"和现实中的蓬莱阁景观为依托,传承普遍,历史悠久,深入人心。"八仙过海"传说来自民间,民间视"八仙"为世俗社会不同阶层的代表:曹国舅来自皇亲国戚,汉钟离出身为将军,吕洞宾是儒生,蓝采和是优伶,铁拐李是以乞丐面目出现的官吏,韩湘子是年轻出家的富贵弟子,何仙姑则是民间妇女,张果老是一位老寿星。在他们身上寄寓着芸芸众生对世俗社会百态的理解与希望。于是,在世俗社会,"八仙"、"八仙过海"成为一种文化,通过宗教、民俗、文学、艺术等多种形态表现出来,几乎无处不在,而且还流传到日本、韩国、朝鲜、菲律宾等地。

第七章　明与清初中期的黄海经略与繁荣

第一节　明到清中期的沿黄海政局

明代到清朝中期,沿黄海地区在中国乃至在整个东亚都扮演了极其重要的角色。明朝建国后,将元朝的残余势力驱逐到蒙古草原,占据了包括辽东半岛、山东半岛和苏北沿海一带的沿黄海地区。明太祖朱元璋定都南京,后成祖朱棣迁都北京,辽东半岛和山东半岛的战略地位更加凸显。

永乐到宣德初年,郑和曾七下西洋,虽然造船基地和出发地均在南方,但总体反映了当时中国造船和航海技术的发达。不过,郑和下西洋之后,明到清中期的大部分时间内朝廷都施行闭关锁国的海洋政策。在世界范围内的大航海时代来临的时候,中国开始大大落后。

明代中前期,倭寇开始骚扰中国沿海一带,其中对黄海一带的骚扰主要发生在明代前期。明朝政府在沿黄海一带建立了严密的海防体系,有效遏制了倭寇的入侵。明代晚期时,日本入侵朝鲜,万历皇帝派兵援朝,在中、朝联军的进攻下日军退出朝鲜半岛,在这场战事中中、朝的水军扮演了重要角色。明末之时,努尔哈赤崛起于辽东,明朝更加完善山东半岛等沿海地区的防卫措施,并通过海路向前线运送军饷或牵制敌军。

清朝建立后,出于对退守到台湾岛明郑势力的防范,实行了严厉的禁海政策,甚至颁布了迁海令,从而对沿海地区的经济发展和人民生活产生很大影响。虽然康熙皇帝收复了台湾岛,但闭关锁国的总体政策并没有得到根本改观,对外贸易仅局限于广州。不过,随着清代初中期政局的稳定,沿海经济得到恢复和发展,国内跨海域的贸易开始兴盛,尤其是辽东、山东与上海间的沙船贸易发展到鼎盛时期。

明清时期都主要实施以运河为主的漕运政策,放弃了沿海漕运。除了明初为了下西洋和清初为了征讨明郑势力,曾短暂大力发展造船业外,中国的海船制造技术和航海技术已经开始落后于世界潮流。因而,在鸦片战争爆发后,中国的水军根本无法迎战船坚炮利的英国舰队。

第二节　明清时期黄海的军事管理与冲突

一、明代前期海防体系的建立和完善

明洪武时期,倭寇大举入侵中国沿海,北部沿海地区也深受其害,"濒海而南,自青、营以及吴、越、闽、广皆罹其毒"。[1] 为抗击倭寇入侵,明朝政府采取了一系列应对措施,如派遣舟师巡海、厉行海禁、开展对日外交等,以打击倭寇,消弭海患。此外,洪武时期设立的军事机构卫、所、巡检司等,在倭寇入侵之际也大多进行了积极抵抗。

（一）明朝初年的黄海海患

早在南宋时期,倭寇即已开始零星入侵中国东南沿海。至元代,倭寇入侵频繁起来,并成为中国面临的主要海上威胁。为此,元朝政府采取了一系列措施,试图遏制其进犯。明朝建国后,倭寇又频繁入侵东南沿海,且在有明一代几乎从未停止。因此,防御东南沿海的倭患,成为明朝海防的重要内容。其实,在明代,倭寇对于黄渤海沿岸的山东地区也时有入侵,有时甚至还较为严重。

由于倭寇入侵具有一定的不可预见性,他们往往随风"倏忽而至",进行一番劫掠后,迅速驾船逃遁,不给人以充分反应的时间,因此很难对其进行有效打击。对于倭寇的入侵,《明实录》、《明史纪事本末》等史书以及地方志中有详细记载,如洪武六年(1373年)六月,倭寇入侵即墨、诸城、莱阳等县,"沿海居民多被杀掠";[2] 洪武七年六月,倭寇侵扰濒海的胶州地区;[3] 洪武三十一年一月,"倭夷寇山东宁海州,由白沙海口登岸,劫掠居人,杀镇抚卢智",[4] 仅洪武年间见于记载的倭寇入侵山东沿海事件就有10余次之多。

---

[1]　顺治《登州府志》卷二〇,顺治十七年刻本。
[2]　《明太祖实录》卷八三,洪武六年六月辛亥条,第1487页。
[3]　道光《重修胶州志》卷三四,道光二十五年刻本。
[4]　《明太祖实录》卷二五六,洪武三十一年正月乙酉条,第3699页。

明成祖朱棣登基后,为了下西洋而构建了规模庞大的水师队伍,但由于倭寇入侵的机动性,很长一段时间内都难以对其进行毁灭性打击,因而在永乐年间仍有很多关于倭寇入侵的记载,如永乐四年倭寇入侵威海;[1]永乐六年(1408年),倭寇成山卫,掠白峰头、罗山寨,登大嵩卫之草岛嘴,又犯鳌山卫之羊山寨、于家庄寨,杀百户王辅、李茂。不逾日,寇桃花闸寨,杀百户周盘,郡城、沙门岛一带抄略殆尽。[2] 从这些记载可以看出,永乐时期的倭寇之患也是非常严重的。

(二)沿黄海卫所体系的建立

为了应对倭寇入侵,明朝政府积极采取各种措施,如派兵抗击、派遣舟师巡海、海运官兵顺路剿倭等,在一定程度上遏制了倭寇的侵略。如洪武七年六月,倭寇侵扰濒海的胶州地区,"靖海侯吴祯率沿海各卫兵,捕至琉球大洋,获倭寇人船,俘送京师";[3]永乐四年十月,"平江伯陈瑄督海运至辽东。舟还,值倭于沙门,追击至朝鲜境上,焚其舟,杀溺死者甚众"。[4] 永乐七年三月,总兵官安远伯柳升,"率兵至青州海中灵山,遇倭贼交战,贼大败……即同平江伯陈瑄追至金州白山岛等处"。[5]

在对抗倭寇入侵的战争中,除了主动的军事打击外,在防御方面卫所制度的建立和完善也是非常重要的。明朝建国后,在军事上实行卫所制度,"自京师达于郡县,皆立卫所"(《明史·兵志》),卫所成为明朝统治者控制地方、抵御外侮的主要军事机构。其组织体系为,在外诸卫所统辖于各都司,最后总辖于五军都督府。当时,由于倭寇大举入侵中国沿海,山东也是倭寇之祸的重灾区,朱元璋大力加强当地的防御力量,在山东半岛东、南、北三面的滨海之地建立了一系列卫、所,组织起完备的防御体系。

在建置卫所的同时,为了加强沿海海防力量,明朝政府还设立了一系列巡检司。自山东南部的安东卫开始,依次有夹仓镇、信阳镇、南龙湾、古镇、逄猛、栲栳岛、行村寨、乳山寨、赤山寨、温泉镇、辛汪镇、孙夼镇、杨家店、高山、马停镇、东良海口、柴胡、海沧、鱼儿铺、固堤店、高家港等巡检司。这些沿海巡检司一般位于海口险要之地,它们大都设立于洪武时期,其中不少巡检司的设置时间甚至早于沿海卫所,在明初的抗倭斗争中起了非常重要的作用。这从文献记载也可以看

---

[1] 乾隆《威海卫志》卷一,1928 年铅印本。
[2] 光绪《增修登州府志》卷一三,光绪七年刻本。
[3] 谷应泰:《明史纪事本末》,中华书局,1977 年,第 840 页。
[4] 谷应泰:《明史纪事本末》,第 841 页。
[5] 《明太宗实录》卷八九,永乐七年三月壬申条,第 1184 页。

出来,如洪武六年六月倭寇入侵即墨、诸城、莱阳等县时,即"诏近海诸卫分兵讨捕之";[1]洪武二十二年十二月,"倭船十二艘由城山洋艾子口登岸,劫掠宁海卫。指挥佥事王镇等御之,杀贼三人,获其器械。赤山寨巡检刘兴又捕杀四人,贼乃遁去";[2]洪武三十一年一月倭寇入侵山东宁海州时,"宁海卫指挥陶铎及其弟钺出兵击之,斩首三十余级,贼败去。钺为流矢所中,伤其右臂"。[3] 由此可见,沿海卫所和巡检司能够对倭寇入侵做出及时反应,从而削弱了倭寇入侵的势头。

沿海卫所的建立和完善,以及明军的主动出击给倭寇以重大打击。山东倭寇之祸的转折点发生在永乐十七年六月,辽东总兵官刘江于望海埚设伏,取得重大胜利,"生获百十三人,斩首千余级",[4]"自是倭大惧,百余年间,海上无大侵犯"(《明史·兵三》),北部海疆渐趋平静。嘉靖中后期东南倭患频仍,但这一区域仍相对平静。自正统到万历中期,倭寇虽然对山东沿海也偶有侵扰,但较之东南沿海,从程度上、次数上要轻得多,如正德六年春,"有风飘一倭船至信阳近岛处,初泊洋内十余日,后登岸,有二十余倭,四散与饷妇夺食,形羸如鬼,皆为耕夫所缚诣县,转解分巡道"。[5]

（三）三大海防营的设立

永乐年间,倭寇入侵规模开始扩大,如永乐四年,倭寇入侵威海;又如永乐七年"七月初四日倭贼入旅顺口,尽收天妃娘娘殿宝物,杀伤二万余人,掳掠一百五十余人,尽焚登州战舰而归",[6]这一表述可能有夸张之处,不过从中仍能推测出此次倭寇入侵规模应该不小;再如永乐十七年六月的望海埚之战"斩首千余级",由此推断,此次倭寇入侵人数当在千人以上。面对倭寇入侵规模日益增大的形势,永、宣时期,明朝政府在山东陆续设立登州、文登、即墨三营,以加强对山东沿海兵力的协调、调度,集中优势兵力剿灭入侵的倭寇。需要说明的是,虽然永乐十七年后,倭寇对黄海沿海一带的入侵大大减少,但倭寇本身并没有消亡,只是暂时转换了进攻重点,加之山东沿海拱卫京师的重要作用,因而明朝政府继续强化这一带的海防力量。

---

[1] 《明太祖实录》卷八三,洪武六年六月辛亥条,第1487页。
[2] 《明太祖实录》卷一九八,洪武二十三年十二月甲寅条,第2975页。
[3] 《明太祖实录》卷二五六,洪武三十一年正月乙酉条,第3699页。
[4] 《明太宗实录》卷二一三,永乐十七年六月戊子条,第2143页。
[5] 乾隆《诸城县志》,乾隆二十九年刻本。
[6] 吴晗:《朝鲜李朝实录中的中国史料》,中华书局,1980年,第264页。

现将山东海防三营的设置时间、控御范围胪列如下：

1. 即墨营

设于永乐二年，原在即墨县南七十里金家岭，宣德八年（1433年）移于县北十里。其设置原因及控御范围，据郑若曾《筹海图编》记载："山东与直隶连壤。即墨县南望淮安、东海，所城左右相错，如咽喉关锁。迩年登、莱海警告宁，然淮阳屡被登劫。自淮达莱，片帆可至。犯淮者，犯莱之渐也。故即墨所系，较二营似尤为要，自大嵩、鳌山、灵山、安东一带南海之险，皆本营控御之责。其策应地方，语所则有雄崖、胶州、大山、浮山、夏河、石洞诸所；语巡司，则有乳山、行村、栲栳岛、逢猛、南龙湾、古镇、信阳、夹仓诸司。其海口，若唐家湾、大任、陈家湾、鹅儿、栲栳、天井湾、颜武、周疃、松林、全家湾、青岛、徐家庄诸处，俱为冲要，堤防尤难。国初，倭寇鳌山，毒痛甚惨，即本营所辖之地也。殷鉴不远，封守者其可以弗慎乎？"〔1〕由上可见，该营的防御范围主要是位于山东半岛南部的青州府南部和莱州府南部诸州县，主要有四卫、六所（千户所）、八巡检司。

该营之所以设于即墨，是因为即墨的地理位置较为重要，处于登莱与南直隶之间，是南北海上交通的枢纽。同时，即墨营东北至文登营四百里，西南至安东卫四百里，"建营之地与所控制之卫所远近相均"，〔2〕在此设营，可以有效实现山东半岛南部区域内军事力量的协调调度。

2. 登州营

登州营位于登州备倭城内。设于宣德二年或四年。关于登州营设立的原因及其控御范围，郑若曾在《筹海图编》中有详细介绍，兹录于下："登州营所以控北海之险也，登、莱二卫，并青州左卫俱隶焉。其策应地方，语所则有奇山、福山中前、王徐前诸所；语寨则有黄河口、刘家汪、解宋、芦徐、马停、皂河、马埠诸寨；语巡司则有杨家店、高山、孙夼镇、马亭镇、东良海口、柴胡、海仓、鱼儿铺、高家港诸司……其在海外则岛屿环抱，自东北崆峒、半洋，西抵长山、蓬莱、田横、沙门、鼍矶、三山、芙蓉、桑岛，错落盘踞，以为登州北门之护。过此而北，则辽阳矣。此天造地设之险也……故北海之滨既有府治，而设险者复建备倭城于新河海口，以为屏翰，且有本营之建焉。沿海兵防特重其责，非若他省但建水寨于岛屿，良有以也。夫岛屿既不设险，则海口所系匪轻。自营城以东，若抹直、石落湾子、刘家汪、平畅、芦洋诸处，自营城以西，若西王庄、西山、栾家、孙家海、洋山、后八角，城

---

〔1〕 郑若曾：《筹海图编·海防图论》，《中国兵书集成》第15、16册，解放军出版社、辽沈书社，1990年，第588—589页。

〔2〕 周如砥：《驳迁即墨营于胶州议》，同治《即墨县志》卷一〇，同治十二年刻本。

后芝罘、莒岛诸处,皆可通番舶登突。严外户以绥堂闑,其本营典守之责乎!"[1]由上可见,登州营的防御范围主要是山东半岛北部登州府、莱州府、青州府的部分区域,主要有三卫、三所、七寨、九巡检司。明朝政府设登州营的主要目的是防御来自东北部的敌人,并加强山东半岛北部海域的海岛防御,以扼守山东半岛与辽东半岛之间的狭窄地带,防止敌人穿越此处,长驱直入,侵犯京畿地带。

3. 文登营

设于宣德二年或四年,原在文登县城西门内,宣德十年移于县城东十里。关于文登营设立的原因及其辖区,郑若曾在《筹海图编》中有详细介绍:"文登乃泰山余络,突入海中,文登县尤其东之尽处也。成山以东,若旱门滩、九峰、赤山、白蓬头诸岛纵横,沙碛联络,海潮至此,冲击腾沸。议者谓倭船未敢猝达。然考之国初,倭寇成山白峰寨、罗山寨、延大嵩、草岛嘴等处,海侧居民重罹其殃。倭果畏海,奚而有是哉?故文登县东北有文登营之设,所以控东海之险也。宁海、威海、成山、靖海四卫皆隶焉。其策应地方,语所则有宁峰、海阳、金山、百尺崖、寻山诸所,语寨则有清泉、赤山等寨,语巡司则有辛汪、温泉镇、赤山寨诸司。透而北,则应援乎登州;透而南则应援乎即墨。三营鼎建,相为犄角,形胜调度,雄且密矣。有干城之寄者,其思国初成山之变,而儆戒无虞也哉。"[2]由上可见,文登营的防御范围主要是胶东半岛东部登州府的部分区域,主要有四卫、五所、二寨、三巡检司。郑若曾认为该营之所以设于文登,主要是因为该地可"控东海之险",于该地设营可以有效地抵御来自东边的敌人。不过,也有人并不同意其说法。据光绪《文登县志》记载:"明设三卫以备倭寇,三卫各处一隅,不相统属,宣德间建营,盖以地当三卫之中,南去靖海,东抵成山,北至威海,各相去百里内外。设把总为营官,多以指挥为之,盖以节制三卫,联络声援,非以其地当东面之险也,《一统志》误。"[3]笔者认为,上述两种说法实质上并非对立的,二者均有一定的道理。一方面,在此设营是因为文登地理位置重要,可以应对自东面海域入犯之敌;另一方面,设营于此也可以方便居中协调附近的几个卫所。

应该说,山东海防三营的创设有其现实必要性。先是,在永、宣时期,倭寇本身的入侵规模日益增大,山东沿海是抗击倭寇的前沿阵地,因此,明朝政府为应对倭寇大举入侵、加强京畿地带海防,就非常有必要将山东沿海卫所的精锐军队

---

[1] 郑若曾:《筹海图编》,第585—586页。
[2] 郑若曾:《筹海图编》,第586—587页。
[3] 光绪《文登县志》卷一下,光绪二十三年刻本。

集中起来、驻守于要害地区,以有效抗击来犯之敌。此外,山东海防三营的地理位置都非常重要,每营各控御一方海域,且与辖区内各卫所、巡检司大多距离适中,能较为灵活地协调、策应区域内的各个卫所和巡检司。这样,山东海防三营设立后,既能集中各营辖区内的精锐兵力以应对强敌,又能通过三营之间的相互配合,确保整个山东海疆的安定。同时,海防营还可以利用自己的区位优势,灵活策应辖区内遇到危险的卫所。

（四）山东备倭都司的设立

为了应对抗倭事宜,明朝政府还在黄海沿海一带设立了山东备倭都司,该司在明朝中前期地位较高,在设立后的很长一段时间里一直是当地最高海防专任武官。

关于山东备倭都司的设立时间,史书记载并不统一,大致有三种说法:一、设于"洪武"说;二、设于"永乐"说;三、设于"嘉靖"说。其中,设于"永乐"说,又可细分为"永乐六年"说和"永乐十六年"年两种说法。那么,究竟哪一种说法更有道理呢？经过细致考察后,我们倾向认为该衙门设于永乐六年。[1]顾炎武《肇域志》及顺治《登州府志》中均记载:"备倭都司:在水城内,永乐六年始命都指挥王荣总领之,其后宣城伯卫青、永康侯徐安镇之,副是职任不一,或署即指挥,或以都指挥体统行事。永乐七年给符验,九年加总督,万历二十年后或以游击、或以参将、或以总兵、副总兵统领焉。"[2]明确以永乐六年王荣出任为该机构设置标志。

为了应对倭寇之祸,明朝在沿黄海地区设立了卫所、巡检司等基层组织,又在其上设立三大海防营,统率海上机动力量,而后又设立山东备倭都司总领抗倭大事,构建起了严密的海防体系。除了明初倭寇曾较多入侵沿黄海一带外,一直到明代中后期倭寇都很少窜犯这一地区,说明这一海防体系还是卓有成效的。

二、明代中后期沿黄海海防体系的变化

明代中后期,虽然倭寇之祸愈演愈烈,但多限于东南沿海一带,而沿黄海一带则承平日久。这一时期沿黄海海防体系的变化主要体现在山东备倭都司权力和职掌的演变上。随着沿黄海政治格局的演变,尤其是援朝抗倭战事的发生和

---

[1] 赵树国:《明代北部海防体制研究》,南开大学2011年博士学位论文。
[2] 顺治《登州府志》卷五,顺治十七年刻本。

女真势力的崛起,沿黄海海防体系得到进一步强化。

(一) 山东备倭都司权力和职掌的演变

1. 山东备倭都司权力的变化

山东备倭都司的权力在明前期和中后期有较大变化。永乐六年王荣赴任以后,在很长时间内,备倭都司都是山东沿海最高军事机构,权力很大。在历任山东备倭都司长官中,既有都指挥,又有都指挥同知、佥事和以都指挥体统行事,初期以都指挥或都指挥同知出任者多,且有侯伯出任者,中后期则多以都指挥佥事,或以都指挥体统行事出任。对此,《总督备倭题名记》一文也说,"稽诸厓牒,以侯伯来者三人,以都督佥事来者二人,以都指挥来者一人,以都指挥佥事来者五人,以署都指挥佥事来者十三人,以都指挥体统行事来者六人",[1]可见该职多数是以都指挥佥事、署都指挥佥事、以都指挥体统行事出任。因此,仅就出任总督备倭一职者的职衔来看,明中期以后,山东备倭都司的地位在下降。

《总督备倭题名记》又载:"成化丙申,命都指挥高通来改为总督备倭,使与臬、备协议行事,迄今仍之。"可见,在成化时期,备倭都司已经不能单独决定军事行动,需要与巡察海道副使等商议行事。嘉靖中后期,东南倭患甚重,明朝政府在南直隶、浙江、福建一带,广设总兵、副总兵、参将等,因山东相对承平,故朝廷并未在山东设立相应武官。这一时期,山东备倭都司仍负责山东海防相关事宜。

此外,就其来源来看,永乐至正统时期出任该职者,如王荣、卫青、蔡福、徐安等人多为一时名将,他们或亲身参与战争立有功绩,或曾出海巡捕倭寇,他们的到任有助于加强沿海海防建设。诚如万历时任天津巡抚的汪应蛟所感慨的:"永乐、正统间多用侯、伯镇守登州,且久任各二十余年,盖守门户以卫内地自祖宗创制,然矣。"[2]明中后期以后,出任该职者来自全国各地卫所,其中绝大多数并非沿海卫所,也就是说这些官员并无海防经验。甚至还有出自传奉、内批者,如弘治十五年,明孝宗任命王宁总督山东备倭,遭到群臣反对,六科十三道上言指出:"近者山东缺总督备委(倭——作者注)官,兵部前后推举四员,不蒙简府,至烦御笔亲批王宁姓名,臣等窃惟兵部铨选武官,凡总军副参守备有缺,照例推举,不敢自用己见,必参以舆论之公上请简用遵行已久,今岂可以王宁一人坏陛下万世之法程哉? 伏乞收

---

[1] 顺治《登州府志》卷二〇。
[2] 汪应蛟:《海防奏疏》,《续修四库全书》本。

回成命,仍于兵部推举数内择用一人,而置宁于法,庶夤缘奔竞者有所惩矣。上以已前旨不允。"[1]当然,其中也有出自该都司下辖沿海卫所者,如戚景通、戚继光等人,后者曾在抗倭战争中立有巨大功绩,但为数很少。由此可见,随着海疆局势的平静,明中期以后山东备倭都司逐渐成为武官迁转的一个中转站,没有针对性的选官,这也反映了其地位的下降。

万历二十年(1592年),援朝抗倭战争爆发,山东与朝鲜一衣带水,海防地位重要,于是明朝政府对山东的布防做了一些调整,设立海防总兵(副总兵),专门节制沿海军队。这时,山东备倭都司虽然照旧存在,其权势已不可同日而语。

2. 山东备倭都司职掌的变化

山东备倭都司的职掌前后也有所变化,前期更多偏重军事战争,中后期则更多偏重军事行政管理,以下分述之:

(1) 明前期

山东备倭都司为备倭而设,因之其设立伊始,主要职能是统领沿海军事力量抗击倭寇。当然,由于其手中掌握大量机动兵力,因此当内乱爆发时,也需要率军平叛。另外,为了保障备倭与平叛,军器筹备和调整军事布局也是其职责所在。可见,明初山东备倭都司的职能主要体现在军事方面。

(2) 明中后期

北方倭患逐渐平息。这一时期,随着倭患的逐渐减轻以及舟师巡海行动的停止,很少见到备倭都司指挥大量机动军队剿倭、平乱的事情发生,即使刘六、刘七起义时期也未见。备倭都司的职能逐渐转向处理当地军政事宜,主要负责行政事务,在一定意义上已经地方官化。随着沿海海防体系的成熟、复杂,军政类事务非常繁多,归纳《明代辽东档案汇编》的记载,有接收、分拨犯人,管理钱粮、马草,接洽官员,处理辖区内案件,办理班军事宜,等等。[2]

(二) 蓬莱水城的设置

蓬莱水城位于山东半岛北端,与蓬莱县城隔画河而比邻(图一四)。水城内有丹崖山,在山巅矗立着赫赫有名的"蓬莱仙阁"(图一五)。蓬莱位于渤黄海的分界处,地理位置非常重要,蓬莱与辽东半岛南端隔海相望,如人之双臂环抱,在水城以北的海面上,又有庙岛群岛迤逦百余里。蓬莱水城正位于庙岛群岛和山东半岛的连接点上。

---

[1] 《明孝宗实录》卷一九四,弘治十五年十二月丁未条,第3573页。
[2] 辽宁省档案馆等:《明代辽东档案汇编》,辽沈书社,1985年。

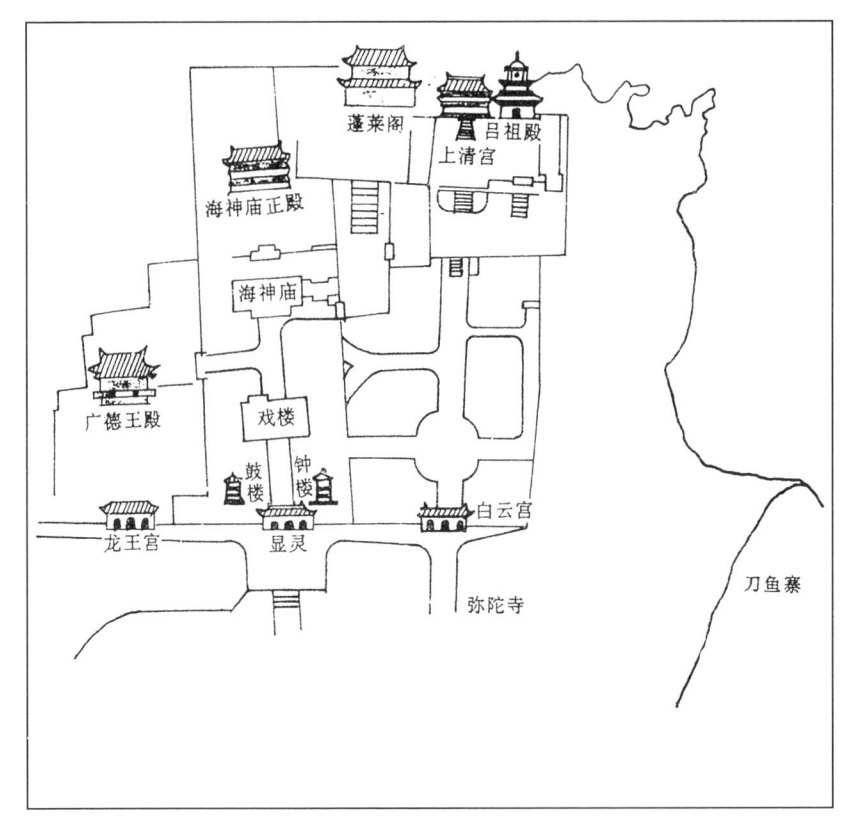

图一四 蓬莱水城位置示意图

(山东省文物考古研究所等:《蓬莱古船》,文物出版社,2006年,第183页)

自汉至唐,这一带都是军事要地。北宋庆历二年(1042年),宋朝政府在这里建"刀鱼寨",并设置"刀鱼巡检"统率水兵三百人在此驻守。这便是蓬莱沿海作为海防基地的开始。为了抗击倭寇,除了建立卫所防御体系外,在沿海要地设置水城也是重要举措。

明朝时期的蓬莱水城是在北宋"刀鱼寨"的基础上修浚而成的。洪武年间,登州卫指挥使谢观,"以河口浅隘,奏议挑浚,绕以土城,北砌水门,引海水入城,名新开口,南设关禁,以议往来",[1] "由水闸引海水入城,名小海,为泊船所",[2] 这就是今天水城的雏形。当时,谢观所设立的水城主要用来停泊船只,为军需服务。这与明朝初年东北形势未定有密切关系。

后来,洪武末、永乐初,倭寇入侵规模加大,为加强山东沿海海防力量的综合协

---

[1] 光绪《增修登州府志》卷七。
[2] 道光《重修蓬莱县志》卷二,道光十九年刻本。

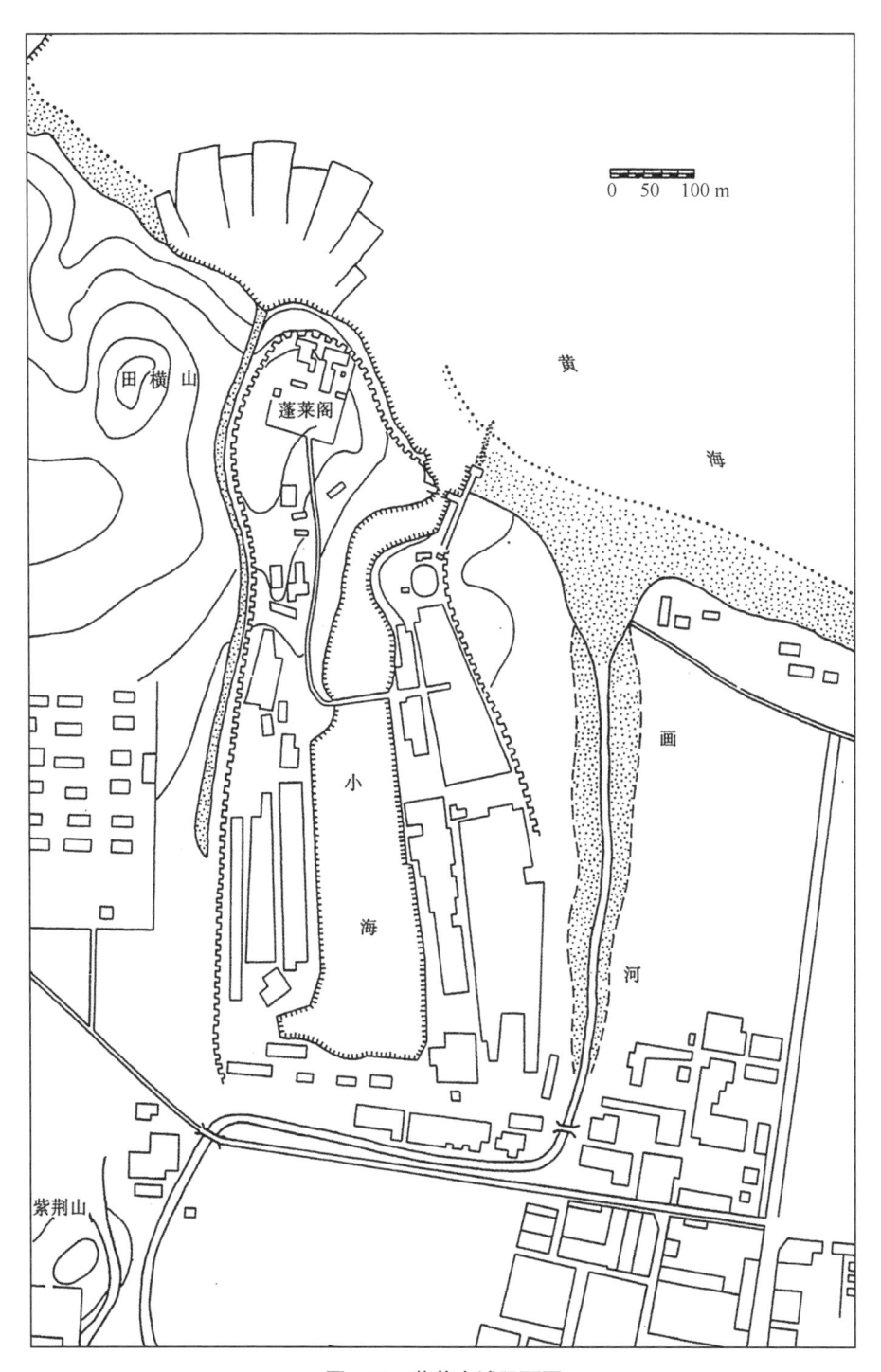

图一五　蓬莱水城平面图

（山东省文物考古研究所等：《蓬莱古船》，第 184 页）

调、调度,明朝政府设立了备倭都司,驻扎于蓬莱水城,故水城又称"备倭城"。这一时期的蓬莱水城,据光绪《增修登州府志·城池》记载:"城周三里许,高三丈五尺,厚一丈一尺,西北跨山,东南濒河,南一门曰振扬,楼铺共二十六",非常壮观。此后,蓬莱水城成为山东海防官驻扎之所,在抗击倭寇中起了重要作用。

嘉靖倭患时期,戚继光出掌山东备倭都司。他到任后对山东沿海地区做了一番实地考察,并对当地设施加以维修,"在任的两年多时间里,从西北到今日黄河河口一带,南到今山东江苏交界地区,在山东半岛北、东、南千里绵延的海岸上,都留下了足迹。每到一个卫所,戚继光都仔细视察了堡、台、墩等防倭设备,发现损坏的及时加以扩建和维修"[1]。此外,他还非常重视水军建设。在任期间,他驻扎水城,操练军队,将登州水师编为五营、十哨,"不仅编练了营、哨、战舰,使水城成为近可攻,退可守的海上堡垒,而且为了海疆安宁,身先士卒,亲率船队巡航"[2]。戚继光在水城训练水军数年,练成了一支英勇善战的水师队伍,对巩固当时的海防起了重要作用。

万历二十年,日本关白丰臣秀吉入侵朝鲜,意图以朝鲜为踏板进而入侵中国,中国北部的海防形势骤然紧张。明朝政府在派兵入朝作战的同时,也加强了山东的海防力量,如在登州地区屯聚重兵,并且设立山东海防总兵,命李承勋担任。万历二十四年,李承勋又对蓬莱水城做了一次大规模的整修,将水城的土城墙改为砖石结构,并在东、西、北三面增筑敌台,还在水门东、西两侧各修建一处炮台,添置了两尊巨型铁炮,呈犄角之势,控制附近海面,增强了威慑力,蓬莱水城真正成了军事要塞。[3]

明天启年间,登莱巡抚袁可立曾在此操练水师,节制登州和东江两镇兵马,组建了一支五万余人的水师陆战队,并配以先进的火炮和战船,有效地牵制了后金的军事力量。崇祯十一年(1638年),登州知府陈钟盛又对水城进行了增修。

在整个明代,水城北边的水门直接与大海相通。后来,清顺治年间,徐可先因水门无屏障不安全,又设立栅栏,[4]这样水城的安全得到了保障。后来,清乾隆、道光、同治、光绪间又曾多次修葺。

---

[1] 朱亚非:《从历史档案看戚继光在山东的防倭活动》,《历史档案》1991年第4期。
[2] 《登州古港史》编委会:《登州古港史》,人民交通出版社,1994年,第183页。
[3] 光绪《增修登州府志》卷七。
[4] 据道光《重修蓬莱县志》卷一二记载:"水城北门突兀波面中,开广浦以泊艨艟,城缺丈余以通出入,上横巨板,名曰天桥,制诚善已,独天桥之下不设关阑,咫尺怒涛,飞帆迅驶。倘寇舟突犯,阑入周垣,仓促张皇,堵御无策,是天桥非通行之口,直揖贼之门也。水城有事,迫近郡城,敌得所凭,我失所恃,是水城非维干之助,直借寇之资也。"

蓬莱水城是我国现存最完整的古代海港和军事要塞设施,在历史上曾起过积极作用,其整体建筑分为两大部分,一是海港设施,包括以小海为中心的防波堤、水门、平浪台、码头等;一是军事设施,主要有城墙、炮台、护城河、灯楼等,两者共同构成了进退自如的军事防御体系。

三、明代的海岛管理

(一)迁海与空岛

山东半岛和辽东半岛之间,有一长串岛屿,即庙岛群岛。因岛屿面积大,生态条件较好,很早就有人居住。从文化上讲,庙岛群岛是山东半岛和辽东半岛沟通的桥梁;从军事角度讲,占据庙岛群岛可以将敌对势力阻遏在渤海圈之外。无论是明代前期的倭寇入侵,还是明代中后期的抗倭援朝以及应对女真势力的崛起,庙岛群岛因其特殊的地理位置都引起了较大关注。在沿黄海海域,还有很多适宜人居住的岛屿。

明代前期,倭寇之乱频仍,为有效防御倭寇,明朝政府在北部沿海部分地区实行迁海之策,即将沿海岛屿中的居民迁往内地。如蓬莱沙门岛,"明初移二社之民,附近郭而空其岛";[1]文登县刘公岛,"有田可耕,多林木",为威海东南屏障,"旧有辛汪二里,明初魏国公徐辉祖徙居民于近郭";[2]胶州黄岛,"在州东南六十里海中,旧有居民,后因倭寇,其地遂墟"。[3]

迁海空岛之策是一种消极被动的策略,其在多大程度上可以起到抗倭的实效还很难说,但其对沿海地区的经济发展和居民生活则造成了很大影响。如洪武二十五年八月,山东宁海州民等诣阙诉:"旧所居地平衍,有田千五百余亩,民七十余户,以耕渔为业。近因倭寇扰边,边将徙兴等于岛外,给与山地,硗瘠不堪耕种,且去海甚远,渔无所得,不能自给,又无以供赋,税愿复居莒岛为便。诏许之。"[4]

(二)辽人潜居海岛

永乐末年,北方的倭寇之乱渐趋平静,沿黄海地区的社会经济和生活得到恢

---

[1] 光绪《增修登州府志》卷三《山川》。
[2] 光绪《增修登州府志》卷三《山川》;嘉靖《宁海州志》卷上:"刘公岛:岛中多林木,四五月间,舟人入采之,旧有辛汪二里居民,国初魏国公徐达徙之,今其遗址尚存。"嘉靖二十六年刻本。
[3] 顾祖禹:《读史方舆纪要》卷三六《山东七》,中华书局,2005年,第1673—1674页。
[4] 《明太祖实录》卷二二〇,洪武三十八年八月己巳条,第3225—3226页。

复发展。长期的"空岛"政策,导致沿海岛屿无人居住,既然这些岛屿无人居住,又适宜人生存,加之因交通不便,濒海州县、卫所对其制约较轻,自然成为潜逃辽民的乐土。故自嘉靖中后期开始,辽东军民开始不断渡海潜居于山东半岛沿海地区的一些海岛,有时从事贸易,有时也劫掠沿海居民,对当地造成了一定的危害。

隆庆年间,辽民潜居问题已经引起山东巡抚及明朝政府的重视。隆庆五年,山东守臣为此专门上疏朝廷指出,"青、登、莱三府海岛潜住辽人,辽东累年勾摄既不可得,而山东虚文羁縻终非永图",并提出了七条处理建议:定分管、严保甲、收地税、查船只、平贸易、专责成、杜续逃。这一建议得到隆庆皇帝批准。[1] 山东守臣提出的措施,就是在承认辽民潜居海岛这一事实的基础上,采取有效措施将其纳入当地居民系统,以加强对其的控制。不过,这些措施的实施效果,史籍并未记载。

直到万历初年,辽人潜居山东沿海岛屿的问题仍然较重。万历初年,即墨知县许铤撰写《地方事宜议·海防》一文,其中对当时盘踞即墨田横岛的辽人状况有详细记述,本处以此为例,加以论述。[2]

许铤首先分析了辽民潜居即墨沿海岛屿的原因。他指出,辽人之所以盘踞即墨县田横岛,乃是因该岛地理环境优越,非常适宜人类生存,且地势险要,当地政府一般不设防,因而吸引了大量逃亡的辽人。潜居田横岛的辽民并非专事农业生产,而是多做"不法"之事,他们既驾坚舟远赴朝鲜偷盗木材,同时也劫掠沿海附近居民,对当地社会产生了较大的危害,与土著居民的矛盾也日益尖锐。这样就引起了当地政府和军政机构的关注,他们"以计诱之登岸,悉擒其人、火其居",力图将其驱逐。不过,此举并未从根本上解决辽民潜居的根源,被逐辽民"旋遣旋来",至万历初,"岛中且盘踞数百人,构室治田为长久计",辽民潜居仍旧是一个重要问题。

对于如何处理田横岛辽民,当时人的看法并不统一,有人主张"招之分编各舍,以散其党类",这与前文所述隆庆间山东守臣的建议一致。不过,许铤却并不赞同这种做法。他认为将其收编加以分散的方法不合时宜,因为辽民既然能远涉大海逃至此处,又能远至朝鲜偷伐木材,其本身组织性必然较强,所以仅靠一般的散居之策根本无法约束他们,时间一久,必然生乱。况且,假如将这批潜居者编为居民,那就等于肯定其合法性,无疑会加重辽民渡海而来的趋势,长此

---

[1] 《明穆宗实录》卷六一,隆庆五年九月丙寅条,第1480—1482页。
[2] 许铤:《地方事宜议·海防》,同治《即墨县志》卷一○。

以往势必不可收拾。

对于如何妥善处理潜居田横岛的辽民为患问题,许铤提出了自己的建议:

> 夫沿海都司诸营卫所不备论也,其建置本县者为营一、卫一、所二,官以百计、军以千计,此何为也?非以防海、备倭乎?登莱地瘠民贫,渔盐之外无他利,非如淮扬诸富商大贾聚集处,为倭夷垂涎也,猝而一至,不过海风漂泊,食穷则抢岸耳,非常有之患也。乃(辽)人之虑则无岁无之,《语》云:涓涓不塞,将成江河,患虽小不可长也。海防官军之推诿者有曰:我防海非防(辽)也。又曰:防海乡兵分其责焉,我官军不独任也。夫倭患既不常御,(辽)又不在任,则国家竭百姓膏血以养官军谓何?区区鼠窃狗偷辈且束手不能而愿得招抚,脱倭夷突至,何以御之?故今计亦无他,要在责成营、卫官军而已,今官军非不云分布也,然实纵之旷役而无实用,任其回籍而无实数,非本县所谓责成也。勤点查则数不缺,严法令则役不旷,营操者巡徼不绝,有事策应,则率然之势也。海防者,瞭视不失、谨守汛地,必无使登岸,则张翼之形也。则又造海舟以巡岛屿,分游兵以扼要路,必无使入岛,则犄角之利也。此不惟可以御(辽),真可以防倭矣。不然,而使(辽)人一居岛中,则彼为主而我反为客,彼有在山之势而我有赴敌之名,有如今日,非完全之算也。若为目前不得已计,则当行者昔年阳招阴遣之术,招之不来则扬兵海上,要其必归,不归则捣其巢穴,系其妻孥,递之原籍,仍移檄彼处军门,下所司穷鞫之,亡命者坐以法,逃饥者卫付之所、所付之总旗羁縻之,再逃则连坐以罪,庶有所反顾而无敢公然逃矣。〔1〕

由上可见,许铤认为辽民潜居海岛,对当地社会造成了诸多负面影响,因此不应一味姑息迁就,而应当坚决将其驱逐。在此,他也看到了沿海海防营、卫所腐败带来的问题,主张加强对沿海军事力量的整饬,发挥其在防御辽民潜渡中的作用。笔者认为,许铤之所以不遗余力地驱逐辽民,其目的在于消除危害当地海防安全的主要因素,保障沿海社会的稳定。

四、清代前中期的沿黄海海防建设与教训

(一)清代的裁卫设县

清朝入主中原后,在继承明朝政治制度的基础上,有所损益,逐渐建立起新

---

〔1〕 许铤:《地方事宜议·海防》,同治《即墨县志》卷一〇。

的沿海防御体系。其中,八旗兵驻扎于要地,如德州、青州,以为策应,绿营兵屯驻全省各县,镇戍地方、维持治安。濒海州县的绿营水师是海防主力,其水兵驾驶战船巡洋会哨,维持海上秩序,其陆兵则依托于炮台、工事,抗击海上之敌,确保陆上安全。

清代前中期是沿黄海地区海上形势相对安宁的一段时期,西方殖民势力虽已东来,但尚未对中国尤其是北方沿海造成威胁。自南宋以来为患甚重的倭寇,也随着日本德川幕府闭关锁国政策的施行,逐渐销声匿迹。这一时期,在黄海沿海除了偶尔有较少的海寇外,基本上都很平静。因此,从顺治年间开始,清朝政府就已经着手裁撤山东沿海卫所,但其间由于诸多人出于对山东海防安全的考虑,纷纷上书请求留卫,如雍正年间山东巡抚陈世倌等,加之当地士绅、民众也强烈反对,所以裁卫过程一直断断续续。后来,直到雍正年间,方才在国家行政的强力干预之下,完成了裁卫设县的过程。

应当说,山东沿海卫所在明朝海防中立有重要功绩,卫、所作为一个独特的行政单位,有着自己的一套运行方式,其辖下的军士及其家人对山东沿海地区的开发起了积极作用。清朝初年强行裁卫设县,产生了一系列的问题。首先,沿海卫所的裁撤,削弱了沿海地区的防御力量,出现了"一经裁去,则城郭空虚,万一萑苻有警,州县相隔崇山峻岭,一时救援不及,乘虚而入,顷刻可至,所关非小"的状况。其次,裁卫后,给地方行政带来了诸多不便,如原先卫所地区的赋役征收、学校、科举等都受到影响,这也不利于沿海地区的开发。

(二)海禁政策

宋元时期,统治者对海洋和对外贸易比较重视,尤其是两宋朝廷,海外贸易的税收成为维持朝廷运转的重要财富来源。到了明清时期,这一海洋政策出现了重大转向,即从开放走向封闭,从重视海外贸易走向闭关锁国。明朝初年,元朝即已出现的倭患有愈演愈烈的趋势,加之因明太祖朱元璋本身较为保守的经济政策,因而在洪武年间下令禁海,除与国外保持有限的朝贡贸易外,严禁私人贸易,且执行的较为严格。到了永乐末年,倭患有所减弱,尤其是北方海域,海疆大体平静,因而海禁有所松弛。到嘉靖年间时,倭患又严重起来,尤其是嘉靖二年的"争贡之役"后,倭寇屡屡袭扰中国的东南沿海地区,明廷对海禁政策的执行也严厉起来。在戚继光、俞大猷等抗倭将领的努力下,加之日本国内局势的变化,到嘉靖末年时倭寇对中国沿海的侵扰基本结束。明穆宗于隆庆初年开放海禁,当然这种开放是将海洋贸易置于政府管理之下的开放。

清朝入关以后,为了扫除残余的明朝势力,尤其是盘踞于台湾的郑氏家族,清廷多次颁布禁海令。同时,又于顺治、康熙年间分别下达"迁海令"。海禁最严时,要求浙江、福建、广东、江南、山东、天津等地"处处严防,不许片帆入口"。不过,虽然下令禁海,但清廷与国外的官方朝贡贸易仍有所维持,直到乾隆年间才只允许广州一地进行海外贸易。这一局面在1840年后被逐渐打破。

虽然明、清实施海禁的具体原因不同,但反映的都是一种消极保守的海洋思想。尤其是在大航海时代到来之后,这一消极保守的思想对中国近代的落后有重要影响。尤其是清朝的禁海政策,更是直接导致了中外交流不畅、沿海地区海防薄弱。具体而言,第一是迁徙沿海居民,清朝为隔绝明郑势力与大陆的联系,下令让沿海居民迁入内地,当时涉及的区域就有黄海沿海的江苏、山东居民,到了顺治十八年,又曾下令将江、浙、闽、粤、鲁等沿海居民迁往内地三十至五十里,沿海经济受到严重打击。居民少了,不仅经济萧条,而且防御能力也必然减弱,这是近代资本主义列强侵略中国时,海防薄弱的重要原因。第二是直接限制海外贸易,乾隆皇帝规定洋商不能直接与官府交往,只允许他们与广州十三行交易,这一政策对黄海区域的海外贸易影响也很大。为了打开封闭的中国市场,沙俄与英国多次派使团交涉,都被清朝皇帝以中国物产丰盈,不需要外国货物而拒绝,从而关上了中国的大门。明清时期的统治者施行闭关锁国政策,其目的就是限制海外贸易,同时也不想睁眼看世界,自然在西方资本主义发展的大环境下落伍了,即使中国的GDP在世界上占首位,但在技术特别是军事技术方面是落伍的,所以一接触资本主义的枪炮就傻眼了,只能被动挨打。

第三节 黄海经济与社会发展

一、海洋渔业的发展

明与清初中期以来,长期统一和稳定的局面为沿黄海地区营造了良好的大环境,海洋渔业亦得益于此。沿黄海地区的海洋渔业发展进入一个新阶段。

(一)海洋渔业的捕鱼范围

古代的渔场很多分布在港湾海域、近岛海域以及海陆交界的潮间带和岩礁区域。港湾海域属于沿岸水域,这里饵料充足,适于多种鱼虾生长。近岛海域是多种洄游性经济鱼类的产卵场、索饵场、越冬场、幼体育肥区和过路渔场,也就成为古人捕鱼的重要场所。海陆交界的潮间带和岩礁区域则富有虾蟹类、贝类、藻类等海洋动植物资源,一直是古代渔业捕捞的重要场所,历史上著名的鲅鱼、西施舌、笔管蛏、扇贝等海珍品多产于此。

方志中关于明清时期渔场的记载颇多,比如在明末,金州卫沿海岛屿是渔民的渔、耕之所:"卫境凡七十二岛,罗列海滨,居民往往渔佃于此。"[1]乾隆《威海卫志》记载威海卫麻子、石岛二港:"麻子港、石岛港,二港具随潮消长,海多鱼利。"[2]道光《荣成县志》记载荣成县诸渔场:"渔圈曰石岛,曰镆铘岛,曰褚岛、曰毕家港、曰嘉鱼其汪、曰卸口、曰鲭鱼滩、曰蛎港、曰瓦屋石、曰龙口崖、曰里岛口骆驼圈、曰马山几十余处。"[3]

海洋渔业的作业范围在沿袭以往近岸采捕和近海捕捞的基础上,逐渐向外海水域扩展,其中,朝鲜海面成为沿黄海渔民进行渔业捕捞的主要海域之一。另外,胶东半岛南部沿海的一些渔民,还前往南方海域从事渔业活动。

随着捕鱼业的发展,南北洋海域都有沿黄海渔船的足迹。清末的日照县,其渔船活动范围已超出邻近海域,一些被称为"放洋船"的渔船,"赏官票、由单,装柴米网盐刺船入海,随南北洋取鱼,缘口岸售卖"。[4] 与之相呼应,早在清初,闽、广的一些渔船则在渔汛开始时,北上进入沿黄海区域海域捕鱼。雍正四年(1726年),福建总督高其倬在一份奏折里谈及此事:"查三、四月间,福建泉、漳一带及福兴等处渔船并潮州一带船只,趁南风向浙江、山东一带北上之际,船只最多。"[5]

(二) 渔具与渔船

1. 渔具

因地域和时代的差异,辽东、山东、江苏各地的捕鱼技术和工具有一定的差异。渔网是最普遍的捕鱼工具,但因形制和作用的不同可分为多种。

据威海卫乾隆《威海卫志》志记载,威海卫捕鱼业有重网、小罟、筶、罟兼撅、网目、饵、缗线等工具。又据康熙《莱阳县志》记载,清代莱阳县的渔网有流网、拨网和重网三种。这里所说的重网,指的是面积大、需要动用众多人手的大网,

---

[1] 顾祖禹:《读史方舆纪要》,第1719页。
[2] 乾隆:《威海卫志》卷一,乾隆四十二年刻本。
[3] 道光《荣成县志》卷三,道光二十年刻本。
[4] 光绪《续修日照县志》卷三,光绪十二年刻本。
[5] 《福建总督高其倬奏报委令副将陈勇统领兵船巡查洋盗情形折》,《雍正朝汉文奏折朱批汇编》第7册,江苏古籍出版社,1991年。

光绪《登州府志》这样描述重网捕鱼的情形:"多于春初即海滨设重网,长至数十百丈,结缚窝铺,动聚百人,旦夕宿沙际,伺鱼大上,一网辄获万亿,入夏乃止。"[1]江苏日照县的捕鱼方式,既有在固定地点撒网等待鱼群入网的,也有网随船走,随处撒网捕鱼的,其捕鱼方法还有"拉竿"、"跳簿"等。除了以上以网为主的捕鱼方法外,还有一些简易的方法。这些方法一般在无力购置船、网的沿海居民中流行,如将"桔条葛绳"编为蒲,再在海滩上立桩围蒲进行捕鱼。

捕鱼方法与工具的多样化,促进了捕捞量的增加。《天下郡国利病书》记载了明清之际山东诸城渔民捕鱼的盛况:"海上渔户所用之网,名作网。以绳结成,其目四寸以上,上网有浮木,下网有坠石。每网一帖,约长二丈,阔一丈二尺。数十家合伙出网,相连而用,网至百则长一百丈。乘潮正满,众乘筏载网周围布之于水,待潮退,鱼皆滞网中,众集力按网而上。若鱼多,过重拽不能胜,则稍裂网,纵鱼少逸去,然后拽之。登岸可得杂鱼巨细数万堆,列若巨丘。贩夫荷担云集,发至竟日方尽。"[2]其渔业捕捞规模,在明清时期或许未必具有普遍性,但仍能看出当时渔业捕捞的水平。

2. 渔船

渔船是渔民出海捕鱼最重要的作业和交通工具,不过渔船的大小差别很大。《莱阳县志》对此有所记载:"其少有者,则集资买舟,网取鱼虾。或于河海之交,或于深海、近海,少则日获数十斤,多则一网数百斤。货鲜供急,腌鲞待价,毕生业此,致富者亦往往有也。是故谚曰:'居山食山,居海食海。'然资薄力弱,不及远洋,未能与他沿海渔户争衡焉。"[3]

前文提到经常有中国的船舶因风浪漂流到朝鲜半岛,并被当地官民记录下来。其中来自沿黄海海域的渔船也有多条记录,时间从康熙二十四年到嘉庆九年,船员人数从四五人到五十多人不等,船籍地多为山东的登州、荣成等地。清代以前,对渔船建造和渔民的管理关注较少,入清以后,清廷对渔船的建造限制较严,出海捕鱼的多为很小的渔船,甚至没有帆篷的木筏小舟亦不在少数。雍正四年,山东巡抚陈世倌等人在一份奏折里提到当时山东的渔船的规模:"臣等会查得东省因造船需用物料匠做具非本地出产,故造船者甚少,其采捕鱼虾具扎木为筏,并无篷桅,不能远涉外洋。"[4]它一定程度上反映了雍正初年山东渔船的实际。

---

[1] 光绪《增修登州府志》卷六。
[2] 顾炎武:《天下郡国利病书·山东八》,《四部丛刊三编》本。
[3] 民国《莱阳县志》卷二,1935年铅印本。
[4] 《山东巡抚陈世倌等奏遵旨议覆兵船宜扼要巡防等海疆事宜四条折》,《雍正朝汉文朱批奏折汇编》第7册。

黄海南部的江苏,渔船以沙船为主,其特点是平底、平头、吃水浅,适合这一海区沙多水浅的状况,因而捕捞黄鱼之利"素为沙船所占"(图一六)。[1]

(三)渔获物的加工与销售

1. 海产品加工业的形成

明清时期,随着捕捞范围的扩大,打捕工具和方法的改进,渔获量已相当可观。山东许多地方盛产青鱼,如乾隆时的威海卫"青鱼最多,惊蛰以后,谷雨以前,重网或至数十万";[2]而如诸城之类的渔业大县,进入渔季,一网下去"可得杂鱼巨细数万,堆列若巨丘,贩夫荷担云集,发至竟日方尽"。[3]

对于渔获物的处理,则是"货鲜供急,腌鲞待价",[4]即在第一时间将鲜活收获物销售出去;对未能及时出售的渔获

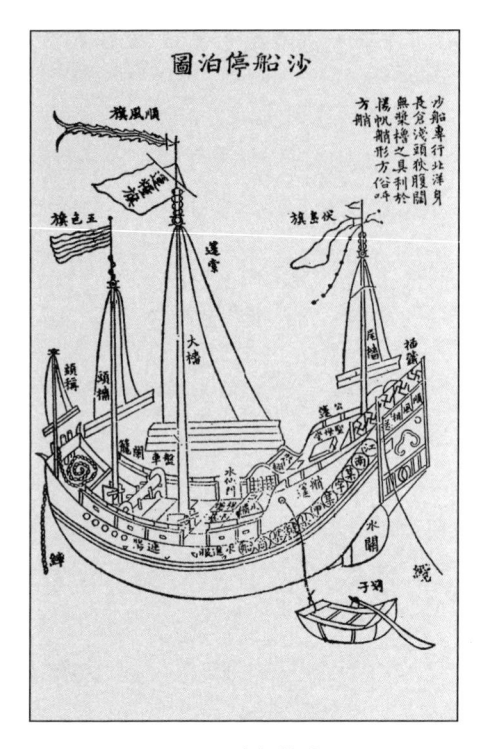

图一六 沙船停泊图
(王冠倬:《中国古船图谱》,第204页)

物要进行加工,防止其腐烂变质。直接销售鲜活渔获物,既需要庞大的市场需求,又需要冷藏等保鲜技术的跟进,这在古代经济落后、交通不畅的条件下势必有很大的困难。所以,海产品加工在古代海洋渔业中的地位尤为重要。经过加工的海产品,既可以保证久藏不坏、四季无缺,还可以将其制成品销往远方市场。

明清时期,干制、腌制和制酱仍是主要的加工方法,但其规模更大,技术也较前代更趋成熟。海产品加工最早基本是渔户在收获后自己进行的,也有鱼贩贩鲜后再根据需要自行加工。随着渔业生产技术的进步和渔获量的增加,海产品加工在一些地区逐渐成为单独的行业。海产品加工业的兴起,是明清海洋渔业进步的又一具体体现。

2. 海产品的贩运

随着捕鱼业的繁荣和海产品加工业的兴起,鱼贩也日益活跃于各地沿海以

---

[1] 郑若曾:《江南经略·黄鱼船议》,《郑开阳杂著》,《文渊阁四库全书》本。
[2] 乾隆《威海卫志》卷四。
[3] 康熙《诸城县志》卷二,康熙十二年刻本。
[4] 王丕煦:民国《莱阳县志》卷二。

及沿海与内地之间。早在明嘉靖时期,辽东半岛金、复等地与胶东半岛登、莱等地居民之间的海上民间贸易往来已十分频繁,渔民、鱼贩也通过渤海海峡频繁来往于两半岛。"金州、登莱南北两岸间,渔贩往来,动以千数",[1]说明两地的海产品贸易十分兴旺。另外,内地与沿海间也存在海产品贸易关系,如巨野县即留下了沿海鱼贩的足迹,"海味则店铺中有之"。[2] 内地与沿海的这种联系在当时应该不乏其例。

这时的海产品贸易已有相当规模。诸如渔场、海口等与渔民捕鱼活动相关联的场所,一到鱼汛时期,渔户、鱼贩往来其间,舟楫辐辏,人声鼎沸。明清之际的诸城,巨大的渔获量带动了海产品的销售。到了清乾隆时期,诸城的海产品贸易丝毫不减当年:"最多者银刀,鲜肥无鳞。次嘉鲯,似鲤,季春偕鲳、鱼霸、白鲞、黄鲷、偏口、重唇、瓶鲭等群至,若网户之秋收。木桴被海,商贾云集,逾月方罢。"[3]

贩鱼的商贩当中,既有往来于辽东半岛和胶东半岛的沿黄海地区鱼贩商人,又有来自南方各省,贩运于南、北方沿海之间的商贩。如明代万历年间的山东沿海:"访得涛洛(口)、夹仓口、白夏河等所,安东、灵山一带地方,近多福建、徽州巨商做鱼兴贩。"[4]除了福建、徽州商人外,江南商人更凭借地利之便,到沿黄海地区购买海产品。如根据松浦章编的《文化五年土佐漂着江南商船郁长发资料》的记载,崇明县郁家船行的11只商船,即常年往来于山东做生意。他们从山东购买货物,然后转运到南方销售,在山东购买的货物当中,即有"鱼包"一项。文化五年即清仁宗嘉庆十三年(1808年)。这则资料为我们提供了当时江南商人贩卖北方海产品的相关信息。明清时期,沿黄海地区海产品售给南方商贩的数量肯定不少,尤其是康熙开海禁以后,南方商船北上购物转售南方甚或日本,他们购买的北方地方特产当中,海产品即是一部分。道光《荣城县志》:"荣无别产,田豆、海鱼售之南舟,以完国课。"[5]《庄河志》:"转山青,盐腌小鱼也。体狭长无鳞,海产小鱼甚多,惟此鱼多南方贩去。"[6]

清代中后期以后,沿黄海地区的渔船也成为活跃于南北洋的重要力量,如前文提到的日照县的"放洋船"。这种船集捕鱼、销售于一身,往来于南北洋之间,

---

[1] 《明世宗实录》卷四六〇,嘉靖三十七年六月己卯条。又《洋防辑要·山东》引《方舆纪要》:山东"登莱三面岛屿环抱,几及千里,……然南北两岸鱼贩往来东以千艘,官吏不能尽诘也。"

[2] 道光《巨野县志》卷二三,道光二十六年刻本。

[3] 乾隆《诸城县志》卷一二。

[4] 梁梦龙:《海运新考》卷上《海道湾泊》,《四库全书存目丛书》本。

[5] 道光《荣城县志》卷一。

[6] 王树枬等:民国《奉天通志》卷一一一,《东北文史丛书》编辑委员会,1983年。

丝毫不逊于南方。

（四）渔业管理与渔业贡赋

1. 渔业管理

随着海洋渔业的快速发展，明清朝廷也开始重视对渔业的管理。明清时期，一系列保护渔业发展的政策陆续出台。如明正统七年（1442年），山东备倭署都督佥事李福奏请，为策应各卫所，在战时可以使用青、莱、登三府渔舟以渡即墨三营备倭官军，对受征渔户，"免其杂徭"。对李福的奏请，山东三司及巡按御史认为："渔舟有税课，不可重役，其沟渠浅者不必舟渡。惟莱阳县南五龙河、胶州东新河，宣令有出官物造舟，付守墩军操渡。"这一决议得到了明英宗的支持。[1]这反映出明廷对渔户捕鱼活动的支持。

在保护海洋渔业发展、维护渔民利益的同时，明清时期的渔业管理也日渐加强。以清代对渔船的管理为例：一是对渔船船式、梁头的限制，二是对进出口渔船的挂验、登记制度的确立。早在明嘉靖年间，明廷即限制双桅船只下海。在康熙二十三年（1684年）全国开海禁前，清廷也杜绝双桅船出海："凡直隶、山东、江南、浙江等省民人，情愿在海上贸易捕鱼者，许令乘载五百石以下船只往来行走，……如有打造双桅五百石以上桅式船只出海者，不论官兵、民人，俱发边卫充军。"[2]随后，这一限制逐渐放松。康熙四十六年，清廷对出海捕鱼船只做出新的规定：为便于渔民捕鱼运货，渔船可以按照出洋商船样式打造，[3]这对捕鱼业的发展有积极意义。

除对渔船船式等有规定外，清廷对进出口渔船、木筏还进行挂验、登记。清初，由于渔船规模较小，山东对渔船仅仅编号登记，不记录船上人数及水手情况。雍正初，在一些大臣呼吁加强海疆防卫的情况下，山东开始对出入口的渔船实行挂验登记制度，即使那些规模很小的渔船也不例外。山东巡抚陈世倌等于雍正四年的奏折记录了此事：

> 臣等会查，得东省因造船，需用物料、匠做具非本地出产，故造船者甚少。其采捕鱼虾，具扎木为筏，并无篷桅，不能远涉外洋。但出入之际，稽察不可不严，除外来商船各照原领彼省验单逐一查对外，本地之装载货船，臣

---

[1]《明英宗实录》卷九〇，正统七年三月己巳条。
[2] 刘启端等：《大清会典事例》卷七七六，《文渊阁四库全书》本。
[3]《清圣祖实录》卷二二九，康熙四十六年三月戊寅条。

世倌已经通饬各州县给以印单,勿必将客人并附载之人姓名及货物名件、卖货地方、同船户水手姓名一一开载,听各汛挂号查验。其鱼筏向俱挨次编号,但无人数及水手姓名、年貌,今应如所奏,无论商船、鱼筏,具一一开载单上,给领备验。即空船出口与回船回筏进口,亦必照单查验,毋许徇纵,以杜奸萌。[1]

可见,清初对渔船的管理已经相当系统和严格。

2. 渔业贡赋

明代朝廷在全国各地水域和沿海地区设置河泊所,征收渔课(《明史》卷八一《食货志五·商税》),如淮安府山阳县河泊所、盐城河泊所、海州河泊所等。在未设河泊所或河泊所被革除的地区,鱼课征收"仍于各该府、州、县带管,或归并附近河泊所"(《明史》卷八一《食货志五·商税》)。明洪武十八年,明太祖下令"各处鱼课皆收金银钱钞"。

通过归纳一份名为《金州卫关于网户拖欠鱼课事的呈文》内容残缺的档案,我们可以获得以下相关信息:(1)正德年间,辽东鱼课以银交纳,这和洪武十八年明廷"各处鱼课皆收金银钱钞"的规定相符。② 辽东的鱼课银先由千户、百户收齐,后逐层上交,最后到辽东都司。③ 鱼课银的多少根据渔户船、网大小决定。多者每名渔人交纳二两,少者每名交纳银一钱。④ 由于船网破烂,拖欠鱼课银的现象十分常见。⑤ 明代的辽东渔户,要经过卫所发照后方能进行捕鱼活动。

另外一份名为《清查辽东各卫布花麦钞草价等项银两清册》的档案[2]则记载了辽东各卫于嘉靖二十年至二十九年(1541—1550年)间所收鱼课总数。在这些鱼课银中,海洋渔业课税应是主要的。天启年间(1621—1627年),文登知县解启衷上奏,请于各海口征收海租银五六钱不等,后被批准,威海卫人开始领票捕鱼。[3]

自康熙开海禁后,清代渔户既要交纳鱼税,出口时又有船税等项。《清史稿·食货志》载:"时(指康熙二十三年以后)海禁初开,沿海渔船,州县既征渔课,海关复税梁头,民甚苦之。"这里的梁头税即指船税。船税一般在渔船出海

---

[1]《山东巡抚陈世倌等奏遵旨议覆兵船宜扼要巡防等海疆事宜四条折》,《雍正朝汉文朱批奏折汇编》第7册。

[2]《清查辽东各卫布花麦钞草价等项银两清册》,《明代辽东档案汇编》第152号,辽沈书社,1985年,第608—609页。

[3] 乾隆《威海卫志》卷四。

时,由官府在海口征收。另据《清会典》记载,盛京户部杂税还有鱼网税和海鲜税,盛京的渔税额为161两。[1] 除此而外,在清代山东,还有一种叫"渔盐课钞"的税,根据清人王守基的记载:"又有地本滩池,后沦入海,渔户捕取鱼虾,代纳课银,谓之鱼盐课钞。"[2] 这种鱼盐课钞是清廷强加在渔户头上的税目。

清廷曾多次下令减免鱼、船诸税,各地官府也多次废除各种名目的鱼税、海租。如康熙二十八年(1689年),清廷下令:"蠲沿海鱼虾船及民间日用物糊口贸易之税,著为令。"(《清史稿·食货志》)到了乾隆三年(1738年),清廷再次下令,重申"免捕鱼船筏税"。[3] 之后近百年,沿海渔民捕鱼,再无鱼、船税之扰。又如山东文登,自明代天启间于各海口征收海租,到了雍正七年,"守备张懋昭详革勒石永禁",[4] 这里的海租当指渔船诸税。这些减免鱼、船税的举措,在较大程度上减轻了渔民的负担,得到了沿海渔民的拥护。

(五) 海禁与海洋渔业的关系

明清两代,根据国内外形势的需要,统治者实行过几次海禁,不同时期的海禁对渔业的影响程度不尽相同。

明代的海禁有两个高潮期。第一个时期从洪武至永乐年间,为防止沿海民人勾结倭寇,明廷在全国范围内实行海禁。根据我们看到的环黄海区域的文献资料,这一时期的海禁对海洋渔业影响有限。[5]

海禁的第二个高潮期出现在明后期。首先是倭寇之乱时的海禁,对沿海地区的冲击较大。在辽东,为防止辽东金州等处官兵从海上逃亡至山东,自隆庆以后对辽东的海禁更严,这次海禁阻碍了辽东、山东等地海洋渔业的发展。[6] 万历初年,根据朝廷的规定,在辽东各海口,每个海口许有三只民间小船"搬运米薪,捕采鱼虾",其余船只,大船由官府"给价改为官船",小船则"尽行劈毁"。[7]

清初,由于朝廷厉行海禁,对沿海渔业影响较大。海禁期间严禁捕鱼,甚至在滩涂"徒步取鱼者概行禁止",弄得"小民无以为生","滨海民困已极"。[8]

---

[1] 吴树梅等:《钦定大清会典》卷二五《盛京户部》,《续修四库全书》本。
[2] 王守基:《盐法议略》,《丛书集成初编》本。
[3] 道光《荣成县志》卷三。
[4] 乾隆《威海卫志》卷四;道光《荣成县志》卷三。
[5] 康熙《永平府志》卷五,康熙五十年刻本。
[6] 嘉靖《山海关志》卷一,嘉靖十四年刻本。
[7] 《明神宗实录》卷二八,万历二年八月壬戌条。
[8] 《江南通志》,康熙二十三年刻本。

连云港的云台山在清初时"极繁盛,烟火二万家",可迁海之令一下,"三百年备倭防海之要地,人烟稠密之乐土,竟荡然一空矣"。[1]

清代的海禁时间较明代短,而禁止辽东、山东沿海捕鱼的时间也比江、浙、闽、广等省短。早在康熙四年三月初九日,康熙帝即晓谕兵部,准许山东青、登、莱等府渔民出海捕鱼:"山东青、登、莱等处沿海居民,向赖捕鱼为生,因禁海多有失业。前山东巡抚周有德,亦曾将民人无以资生具奏。今应照该抚所请,令其捕鱼,以资民生。如有借端在海生事者,于定例外,加等治罪。"[2]整个沿黄海地区范围内允许捕鱼应该始自康熙十一年,《大清会典》记载:"康熙十一年,题准闽广地方严禁出海,其余地方只令木筏捕鱼,不许小艇出海。"七年之后,出海限制再次放宽,山东和江南海州等地,允许通行小艇。至康熙二十三年,开放浙江、福建海禁,允许五百石以下船只从事渔盐和贸易活动,全国海域范围内的海禁自此结束。

这样算来,清代影响沿黄海地区渔业发展的海禁政策持续了不过十余年时间。这短暂的十余年海禁,一方面的确达到了决策者的目的,起到了"海靖民安"的作用;一方面也付出了牺牲不少海洋社会群体利益的沉重代价,对沿黄海许多地区海洋渔业的发展造成一定冲击。以日照为例,据方志记载:"(民人)所恃者区区鱼盐之利,而十年海禁森严,小民不敢问津,所以干门悬罄,图歌仳离文章。"[3]

纵观沿黄海地区海洋渔业的发展,我们会发现:一些著名的传统渔场开始形成;渔具、渔船因地制宜,种类繁多;海产品加工、销售渐成规模,出现了许多海产珍品;越来越多的沿海民众加入海洋渔业的队伍,海洋渔业成为一大生业模式。

二、盐业的发展繁荣

明清时期,沿黄海区域的盐业有了进一步发展。在明清两代,这一海域有山东都转运盐使司的部分盐场和两淮都转运盐使司的所有盐场,产盐量极为丰富。其中,两淮盐区是清代产盐最富、行盐最广的盐区,号称"淮盐居天下之半"。

下面从盐场设置、生产方法、课税三个方面,展现明清时期黄海盐业的发展情况。

---

[1] 嘉庆《海州直隶州志》卷二〇,嘉庆十六年刻本。
[2] 《清圣祖实录》卷一四,康熙四年三月初九日条。
[3] 光绪《续修日照县志》卷首。

(一) 黄海盐业的盐场设置

自汉代以来,盐业多为官营,明朝也不例外。明朝设专门的都转运盐使司,不仅管理各盐场一切事务,还要掌管盐引,安排征课、疏销,负责盐业全局的生产与管理。

山东都转运盐使司,洪武二年置。山东都转运盐使司濒临渤海与黄海,对盐业的生产、行销、课税等事宜进行管理。其盐务机构,据《明史·食货志四》记载:"山东所辖分司二,曰胶莱,曰滨乐;批验所一,曰泺口;盐场十九,各盐课司一。"其中,位于黄海海域的有登宁场、行村场、石河场、信阳场、涛洛场,此五场皆胶莱分司所辖。有明一代,山东盐场的设置没有变动,清代时却有几次调整。康熙十六年,行村场被裁去。石河场坐落于胶州,信阳场坐落于诸城县东南隅,涛洛场坐落于日照县南乡(图一七)。道光十二年(1832年),又将信阳场并入涛洛场。

图一七 日照涛洛场

(嘉庆《山东盐法志》卷二二,嘉庆十三年刻本)

元至正二十七年(1367年),吴王朱元璋攻克张士诚控制的泰州、淮安盐区,遂仿元制设两淮都转运盐使司。《明史·食货志》记载:"两淮所辖分司三,曰泰州,曰淮安,曰通州;批验所二,曰仪征,曰淮安;盐场三十,各盐课司一。"到了清代,一是为了管理的方便,二是由于有些盐场荒废,两淮盐场的数量减为 23 处。清代两淮盐区共有 3 个分司 23 个盐场,都位于黄海沿岸地区。

清代食盐运销的主要形式是官督商销。所谓官督商销,就是政府控制食盐的专卖权,通过设立相关的盐政机构,招商认引,划界行销,规定课额,并对商人的纳课、领引、配盐、运销进行监管,同时还借助于相应的商人组织进行管理。

官督商销的管理体系,主要表现在两个方面。一方面,政府设官对两淮、山东盐运司的事务实行监管;另一方面,还凭借盐商组织,管理当地的盐务,这就导致了盐税除上交朝廷外,大部分利润集中在盐商大贾手中。明清时期黄海盐业的繁荣发展,与这一管理体系有很大关系。

(二)黄海盐业的生产方法

黄海沿岸地区产盐条件比较优越:一是有充足的柴草,可作为煎盐所需的燃料;二是浅海含盐度较高,一般在 32 波美度左右;三是其沿岸省市的粮食生产,足可供盐业生产者口食之需;四是具有较便利的运输河道及陆路,沿岸省市河渠交叉、河湖相通,京杭大运河纵贯江苏全境。这些成为黄海盐业的发展基础。此区盐业的生产方法有煎有晒。"海州三场之盐出于晒,淮北行销,余则皆出于煎,而淮南行销焉"。[1] 两淮盐区的煎盐方法有详细的记载:

> 煎盐之法,择卤旺之地,坚筑如砥,名曰亭场。候卤气上升,地有白光,摊之以灰于其上,灰即煎盐所烧之荡灰也。五更摊之。夏日至午,即起盐花。春初秋末,常须竟日,冬则盐花归土,必风日连霁,盐花始凝。扫积成堆,舁之于池,沃水淋之,大池之外,承以小池,再淋之,方成白卤。试卤之法,投以石运,浮而不沉,即可入镬开煎矣。……煎盐于镬者,俟水竭气凝,微入草角,即晶莹成盐,每一昼夜,为一火伏,出盐若干。固有定额,罔敢欺也。[2]

这是较有代表性的海盐煎制方法。其步骤可归纳为:摊灰或刮土法取卤——→淋卤——→试卤——→煎卤成盐。

至迟在元代,福建盐运司就有晒盐的记载。明代,其他盐区也有晒盐法,只

---

[1] 湖南督学使署:《湘学丛编》,岳麓书社,2012 年,第 303 页。
[2] 湖南督学使署:《湘学丛编》,第 303、304 页。

要挖好制卤的盐池,并引入海水,次第晒之,即可成盐。

两淮盐区晒盐的具体方法为:

> 晒盐之法,掘地为井。其上筑土为池,由头道以至九道,则铺砖池,平时渍水于井,以成卤,用籚斗戽之于池,层层渍晒,至砖池方能成盐,出盐之多寡,视池之大小为差。[1]

与煎盐法相比较,晒盐法的优点是很多的。其一,可以免去煎盐这一辛苦、复杂的操作过程,代之以阳光这一自然力,让卤水经日光暴晒,自然结晶成盐,省却了盐民的煎熬之苦。其二,由于不用煎制卤水,制盐过程中不需柴薪和煎盐之盘,从而节省了工时,降低了成本,提高了效率。其三,盐的质量也得到了提高。明清时期位于黄海海域的隶属于山东盐运司和两淮盐运司的盐场,生产技术均得到了很大提高。正是由于生产工艺的改进和提高,才使此期盐业的发展繁荣成为可能。

(三) 盐税

有资料表明,明清时期的两淮盐税占整个国家税收总收入的比例很高,为政府的财政支柱,历来受政府的高度重视。[2] 以两淮盐运司的盐课为例,我们将史料中明洪武时期(1368—1399年)、弘治时期(1488—1505年)、万历六年两淮盐运司的盐课统计如表一:

表一 明代两淮盐课表[3]

年 代	洪武时期	弘治时期	万历六年
两淮盐运司	141 030 000 斤	141 036 949 斤	141 036 000 斤
全国盐课总计[4]	459 491 134 斤	500 780 395 斤	491 839 794 斤

明代两淮盐区的盐课在三个时期分别占全国 10 个盐区的 33%、36%、29%,平均约三分之一。明两淮盐区的引课:"行引七十万五千一百八十余道,每引载盐四百斤,淮南每引征银一两三钱,淮北每引征银一两一钱,共征课银九十五万

---

[1] 湖南督学使署:《湘学丛编》,第 304 页。
[2] 苟德麟:《〈两淮盐法志〉前言》,《淮阴工学院学报》2010 年第 4 期。
[3] 此表据陈仁锡《皇明世法录》(台湾学生书局,1986 年)卷二八编制。
[4] 据《皇明世法录》记载的明朝各盐运司、提举司的盐课额,统计而成。除两淮外,还有两浙、长芦、山东、福建、河东、陕西灵州、广东和海北、四川、云南 9 个盐区。

余两。"[1]引课是盐课中的主要部分(清代因明之旧,但以引重难于秤掣,故剖一为二,行引一百四十一万三百六十道,每引载盐二百斤)。"淮南征银六钱七分零,淮北征银五钱五分。"之后,则有宁饷加引、新增加引、归纲加引。"宁饷者,因明时宁夏用兵,饷糈匮乏,两淮派增九万余引,旋即停止,后经户部查出,令淮商照旧行销。新增者,因顺治年间兵饷浩繁,户部奏加淮引十六万道。归纲者,前代法疏,凡食盐口岸虽有引数,皆归于纲地匀销。后又严于缉私,食岸亦能销引,经商人在部呈请加增引目约二十万余道。"[2]

在经过多项加引,以及王府食盐、仓盐、变价等项浮费后,两淮盐区"每引课银,淮南加至一两一钱七分,淮北加至一两五分零,遂定为经制。淮南派行一百三十九万余引,淮北派行二十九万余引,每年共征课银一百八十六万九千五百九十余两。较前代已加增一倍,而杂款帑息,尚不与也。"[3]

据以上所载,清代两淮盐区每年的盐课银包括以下几类:引课约187万两,织造、河工、铜脚32万两,经制杂款106万两,外办经费七八万两,帑息50余万两。"以区区三州之地,所办课赋至五百万"。[4] 据学者研究,把盐斤加价所收款额统计在内,道光年间盐课岁入当在1 000万两左右。[5] 据此看,"两淮岁课当天下租庸之半,损益盈虚,动关国计",[6]所言不虚。

古代盐之税赋,一般用在官吏俸禄、军需戍边、宫廷享用、赏勋赐爵以及赈灾等方面。有清一朝,外侵内乱不断,庞大的朝廷军队需要供养,消耗了国力。因此,淮盐税赋及盐商报效捐输对于"军国要需"很重要,具有无可替代性,故明清两朝对淮盐相当重视。清顺治中期以后,为多征盐课以缓解巨额军费带来的财政之难,在本就偏高的引额基础上又连连加引,而最早加引的就是两淮盐区,同时在两淮加征场课和杂项。之后,每有战事,就有加引、加额、加价。有学者认为清王朝赖盐业而支撑,盐业赖淮盐而支撑,在某种程度上是有一定道理的。

明清黄海盐业的发展,产生了一批获利甚厚的盐商,他们通过建书院、兴义学推动了文化事业的繁荣。据李斗的《扬州画舫录》记载,自明以来扬州的著名书院,如梅花书院、安定书院、维扬书院、敬亭书院,以及西学义学、董子义学等,都是盐商资助创建或修建的,并在办学过程中不断出资。如梅花书院创办于明中期,由

---

[1] 湖南督学使署:《湘学丛编》,第305页。
[2] 湖南督学使署:《湘学丛编》,第305页。
[3] 王守基:《盐法议略》,中华书局,1991年,第40页。
[4] 王守基:《盐法议略》,第41页。
[5] 郭正忠:《中国盐业史》(古代编),人民出版社,1997年,第803页。
[6] 嘉庆《两淮盐法志》卷五五,同治九年重刻本。

地方官和盐官主持;到了清代,盐商马日琯又出资重建,规模超过前代。不仅如此,盐商们还出资聘请当时的社会名流担任掌院即书院主讲人。通过积极兴办书院和义学、结交文人墨客、招揽名士、资助贫苦学者,大大推动了扬州文化事业的繁荣。

明清黄海盐业的发展,带动了区域经济的繁荣发展。以扬州为例,这个自汉代即开始兴起的城市,盐业的发达在其经济中占有举足轻重的地位。明清时期,朝廷在扬州设两淮盐运使,以控制食盐的管理和盐税的征收。扬州盐业的繁荣程度,尤以清前中期为最,有"扬州繁华以盐盛"之誉。乾隆时,扬州盐商煊赫一时,"富者以千万计"。扬州盐商资本雄厚的有汪、程、江、洪、潘等八家,居首的是徽商江春。江春担任两淮总商的40多年中,乾隆皇帝6次南巡,都由他张罗操办,并3次入京荣觐。扬州盐商利用雄厚的经济实力,救灾济荒、筑路修桥,还热衷于园林建筑(图一八)、教育事业、文学艺术、美食餐饮等,这些无疑大大促进了扬州城市的繁华。

图一八　扬州瘦西湖内的白塔(纪丽真　摄)

三、海洋灾害与沿海社会经济

明清两代,随着海洋开发活动力度、规模的增加,海洋灾害问题也成为影响沿海社会经济的一个突出问题。海洋灾害,通常指海洋自然环境发生异常或激烈变化,导致在海上或海岸发生的灾害。明清沿黄海海域的海洋灾害主要是风暴潮灾害以及由大风巨浪等引发的海难事故。

（一）风暴潮灾害

风暴潮是指海面在风暴强迫力场作用下偏离正常天文潮的异常升高或降低的现象。海面的异常升高现象又可称为"风暴增水"、"风暴海啸"、"气象海啸",海面降低的被称为"风暴减水"或"负风暴潮"。

1. 沿黄海海域风暴潮灾害概览

沿黄海海域属于我国最早有潮灾记录的海域,不同的历史时期和不同的岸段发生风暴潮的情况不同。根据沿黄海各段海洋地理特征,可以将黄海海域分为辽东湾并北黄海、山东海域、江苏海域三个次海区。根据以上分区,将史料中明清时期的潮灾制成下面的潮灾发生年次表:

表二　沿黄海海域潮灾发生年次表

海　域	潮　灾　年　份	次数合计
辽东湾并北黄海	1811、1879、1896、1897、1906、1909、1913(2次)、1923(2次)	10
山东海域	1506、1539、1583、1594、1611、1620、1671、1678、1735、1740、1748、1749、1807、1827、1835、1843、1881	18
江苏海域（不含南通沿海海域）	1397、1400、1421、1440、1462、1519、1522、1539、1546、1575、1576、1581、1582、1585、1592、1596、1615、1644、1645、1650（两次）、1654、1659、1661、1665、1668、1722、1778、1781（两次）、1799、1804、1805、1846、1848、1851、1872、1873、1875、1876、1881	48

资料来源：正史资料及各沿海方志。

通过上表,我们可以看到,在沿黄海海域潮灾发生的频率和多少由南向北依次降低。尽管可能存在文献资料缺载和文献统计的偏差,但是我们认为其总体趋势应该是合理的。

至于潮灾的严重程度,试举几例：明嘉靖元年（1522年）七月二十三日至二十五日,长江口两岸及江苏沿海发生风暴潮。盐城县"飓风海啸,民多溺死"。[1] 万历十年正月,大雨引发风暴潮灾,通、泰、淮安等地海水泛涨,"一时淹死男妇二千六百七十余丁口,淹消盐课二十四万八千八百余引"。[2] 清康熙十年,大雨引发的潮灾从荣成、文登一直影响到胶州湾沿海。六月十三日,胶州湾一带"大雨海溢,漂损庐舍,禾稼尽淹,冲压田地二百五十余顷"。[3]

(二)遭风漂船

海难是各类海洋灾害因子给人类的海洋开发活动造成的灾害性后果,主要表现为对船舶及船只上民众的损害。广义的海难有人为造成和自然灾害导致的两种。这里主要分析自然灾害导致的海难。明清时期,黄海海域的海洋渔业、海洋运输、海洋贸易等活动日渐频繁,遭风漂往他地者十分常见,尤其是从事中日贸易和国内沿海贸易的南北船只,遭风的可能性很大。根据现存的史料来看,发生在黄海海域的漂船所涉及的船只种类,既有官方运输漕粮、军饷和巡海的官船,也有从事沿海贸易的商船,还有从事捕鱼的渔船,漂泊的着陆地点多为朝鲜和琉球。明清时期,朝鲜和琉球均属于朝贡国,对漂船事件有大量记载。

(三)海洋灾害与沿海社会经济

1. 海洋灾害对沿海社会经济的影响

明清两代,黄海海域的风暴潮灾害和海难事故比较频繁,给讨海的海洋群体造成了极大的创伤。面对大海的无常,沿海民众在长期的海洋实践中不断提高抵御海洋灾害的能力。

海洋灾害对沿海社会经济的影响是多方面的,风暴潮毁坏房屋,损伤人口,毁坏庄稼及农田水利设施,从而给沿海的农业生产造成沉重打击,如道光十六年,牟平县遭遇风暴潮,"淹没民田沙石,发房屋,大木摧折,禾苗尽淹。石庙倾覆数处,且吹起海水,雨遍县境,农人谓:'下咸雨'。晴后,禾悉枯萎,是岁大饥"。[4] 风暴潮对海洋渔业的打击主要表现为对沿海渔村的扫荡和破坏,如康熙十二年夏四月,"海水溢,溺死渔人六百有奇"。[5] 由于晒盐方便,盐场多位

---

[1] 光绪《盐城县志》卷一七,光绪二十一年刻本。
[2] 《明神宗实录》卷一二〇,万历十年正月辛未条。
[3] 康熙《增修胶州志》卷六,康熙十二年刻本。
[4] 山东省《牟平县志》编纂委员会:《牟平县志》,科学普及出版社,1991年。
[5] 民国《无棣县志》卷一六,1925年。

于近海的区域,也极易受风暴潮灾害的影响,如天顺六年(1462年)八月,淮安府沿海发生风暴潮灾,"淹消新兴等场官盐一十六万五千二百三十余引,溺死盐丁一千三百七十余丁官舡牛畜荡没殆尽"。[1] 海上风浪大,气候多变,极易酿成海难。海难发生之时,往往毁船伤人,会对海洋运输和海洋贸易造成打击,如道光四年(1824年)的一次海难事故,同安县商民吕正等32人自山东返回福建的途中遭风沉覆,26人溺死,吕正等6人漂到琉球,后又饿死5人。

2. 沿海社会的救助应对

面对海洋灾害,沿黄海地区的海洋群体并未从海洋上撤退,而是积极应对。

(1) 海洋知识体系的建立

通过对风暴潮灾害与潮汐的观察,古人已经意识到朔望大潮期如与风暴结合,则会造成特大风暴潮灾害。因而在明清沿海方志中,我们会发现几乎每部都有当地的《潮汐表》。这正反映了古人探索潮汐知识为日常的海洋开发实践服务。

在航海技术不发达的古代,航海活动也要在遵循海洋规律的基础上进行,违反这些规律会自讨苦吃。在明清时期,沿海民众对海洋风向已有精确的把握。如清嘉庆时期,谢占壬在讨论重开海运时即有大段关于"四时风信"的描述:

> 海船自江南赴天津,往来迟速,皆以风信为准绳。而风信则有时令之不同。春季西北风少,东南风多,自南至北,约二十日。自北至南,逆风不能驾驶,须待秋后北风,方可返棹。秋季北风多,南风少,自南至北,约一月,自北旋南,约二十日。冬季西北风司令,自南至北,则不能行,自北旋南,半月可到。此四时风信之常度也……夫风信自南北东西正方之外,兼以东南、东北、西南、西北共计八面。海中设逢风暴,所忌者,惟恐单面东风,飘搁西岸浅处为害。此外七面暴风,或飘停北岛,或收泊南洋,或闯至东海,候风定而回,皆可无害。则是四时之风信,厥有常度可揆,四时之风暴亦有定期可据,占法可参,而不知者概谓风波莫测,非习练之言也。[2]

风系和风向是海洋气候中最为关键的几个因素,他们的形成和发展直接决定海洋风浪的形成和浪向、频率等。而海洋风浪对海洋活动往往有很大的影响乃至起到决定性作用,尤其在航海技术不发达的古代更是如此。航路的形成和变化、出航月份以及海行日程均取决于海洋风系、风向和海浪诸因素。

---

[1] 《明英宗实录》卷三四三,天顺六年八月戊寅条。
[2] 谢占壬:《海运提要》,《皇朝经世文编》卷四八,中华书局,2004年,第596页。

以清初南方商贸海船每年到北方贸易的时间为例,便可以从中看到这一点。雍正六年十月,河东总督田文镜在一份奏折中谈道:"入夏以来,东南风兢,南船(这里指来自闽、粤进行商贸的洋船)俱皆北向,霜降以后,西北风多,南船不能北来,此又海面风向顺逆不同也。"[1]这段话提到了闽、广商贸海船北上的月份。雍正九年十二月,山东巡抚岳濬在一份奏折中又提到闽、粤、江、浙、东省贸易船只出海贸易的时间规律:"在冬春二季,风高浪巨,船只不行。但交四月以后,风信顺利,凡闽、广、江、浙等省商船赴北贸易络绎不绝。而东省船只亦从此出口,前赴关东、天津等处,直至十月方行停止。"[2]从这两段话中我们了解到:在清初,闽、广、江、浙贸易船只北上的时间一般在入夏东南风盛行以后;每年的霜降以后,则因为刮西北风不便北上。而每年的夏至到立秋期间,"当令之南风,一岁中屡险如平在斯时",这40多天是一年中南船北上的最佳时间,故古谚有云:"夏至南风高挂天,海船朝北是神仙。"[3]古人对风系和风向的精准把握,正是他们在积极应对海洋的实践中积累起来的。

(2)地方与朝廷的海洋灾害应对措施

为了应对风暴潮,上自朝廷下到地方各界都会采取各种措施减低风暴潮灾害的损失。一方面主动防范,如修筑海塘、堤堰、防潮墩和闸坝等防潮设施等,另一方面风暴潮灾害发生后进行赈灾,如赈济灾民,蠲免田租、税粮及盐课等。

对于遭风难船的救助。明清两代,中朝、中琉之间都形成了相互救助制度。这样的例子很多,试举一例。康熙三十四年,成山海口漂来朝鲜李江显、南太乙等八人,"邑侯王公一夔招至城内,供饮食给衣类,达之上台,提请送归本国"。乾隆三十三年,朝鲜对登州府漂船的处理为:"令本官粮馔、襦衣题给。其中女人之年近七十者,尤涉可矜,亦令本县绵肉襦衣题给,以示恤老之意事。"[4]

明清时期的黄海海域并非和平之海,以风暴潮灾害和漂风海难构成的海洋灾害在黄海海域频繁发生。沿海民众并不甘心逆来顺受,他们从自身做起,不断总结海洋灾害发生的规律,提高抵御灾害的能力。同时,借助地方社会和明清朝廷的各种救助措施,顽强地和大海抗争。正是这种不畏海洋天灾,勇于挑战自然、战胜自然的开拓精神,推动了中国海洋开发向近代迈进。

---

[1]《河东总督田文镜奏查明沿海汛兵捏报白色商船为贼船情由折》,《雍正朝汉文朱批奏折汇编》第13册。
[2]《山东巡抚岳濬奏陈宜委官员稽查沙门等岛以重海疆折》,《雍正朝汉文朱批奏折汇编》第21册。
[3] 谢占壬:《海运提要》,《皇朝经世文编》卷四八,第597页。
[4] 吴晗:《朝鲜李朝实录中的中国史料》下编卷九,第4599页。

第四节 海运、贸易与沿海市镇

一、官方主导的海洋运输业

"在铁路发明之前,水上交通是唯一比较便宜的运输方式,凡是靠海或有江河之便的国家,贸易最发达,财富也增长得最快。如果我们要问为什么有的国家在人类历史上比其他国家起过更有活力的作用,答案之一往往是比较靠近水路"。[1] 这是英国经济学家威廉·阿瑟·刘易斯(William Arthur Lewis, 1915—1991)的观点。明清沿黄海地区的海洋运输和海洋贸易的历史证明,海运是便捷便宜的运输方式,但明清的海运多是无奈之举,海洋贸易因受官方海洋政策的影响而非常态发展。直到康熙中期以后,沿黄海地区的海洋贸易才得到清廷的认可,快速发展起来。

明清时期,官方海运是沿黄海地区最重要的海运内容,它主要指明朝的海运军饷和布花以及明清两代的海运赈粮、仓储粮活动。

(一) 海运军饷

依照运送内容与目的地的不同,明朝的海运军饷活动大致可分为三个时期:洪武初至永乐十三年;永乐十三年至嘉靖三年(1524年);万历四十六年(1618年)至崇祯年间。

1. 洪武初至永乐十三年的海运军饷

明朝的卫所制度建立后,辽东驻军人数大增,士兵的物资需求多由山东补给。这些军需物资主要包括粮食、赏银、衣服和武器等,涉及驻辽士兵的方方面面。洪武年间,负责海运军饷赴辽的队伍十分庞大,从事海运的士兵人数常达七八万人之多,[2]海运船只则"动计数千艘"。[3]

到了洪武三十年十月,辽东屯田取得成效,辽东军粮基本可以自给,海运军粮活动停止,由山东每年海运给辽东驻军的布花等项则不在停止海运范围内。永乐元年,海运粮饷活动再次恢复,并成为常例。据《明史·成祖本纪》载:"三

---

[1] [英]阿瑟·刘易斯著,周师铭、沈丙杰、沈伯根译:《经济增长理论》,商务印书馆,1983年,第57页。
[2] 《明太祖实录》卷一九三,洪武二十一年九月壬申条;卷二四五,洪武二十九年三月庚申条。
[3] 李辅等:《全辽志》卷六,《辽海丛书》本。

月戊子,平江伯陈瑄、都督金事宣信充总兵官,督海运饷辽东、北京,岁以为常。"这次的海运辽东、北京,仍主要为当地驻军服务。

到了永乐十三年,随着对会通河以及江淮间诸河疏浚工程的相继告竣,明代的海运漕粮和海运军粮再次停止。《明史》记载:"九年,命开会通河……已而,平江伯陈瑄治江淮间诸河工亦相继告竣,于是河运大便利,漕粟亦多,十三年,遂罢海运。"向辽东海运军粮的活动亦随着海运漕粮的结束而结束。

2. 永乐十三年至嘉靖三年的海运布花

明初,辽东军需中除了军粮外,士兵的衣服、布花也依靠海运。在永乐十三年海运军粮停止后,海运布花活动仍没有停止,"辽东军士冬衣、布花仍出自山东民间",海运布花活动一直持续到嘉靖三年。[1]

辽东所需的布花等物来自山东六府。海运之前,它们被统一集中到登州卫,再由登州卫负责"拨舡装运过渡,给赏辽东军士"。登州卫设有官船专门负责海运布花至辽东。但是,由于官船年久失修,海运布花也受到影响,时断时续。弘治十八年(1505年),"舟坏运废"。正德年间海运再次恢复通畅。正德以后,布花开始改解折色,运送布花的船只也逐渐减少。据《西园闻见录》记载:"山东登州卫,每年装载辽东布花、钞锭,原设海船一百只,正统间犹存三十余只,后来登州路不复行,船亦尽废无存。"[2]又,《明实录》记正德元年(1506年)的情况:"登州卫用海船十有八只,运登、莱、青三府布花、钞锭,往辽东给军。"[3]又,《西园闻见录》记载:"登州海船,裁于嘉靖三年。"[4]可见,登州卫的海船逐年减少,到嘉靖三年,其海船已全部被裁,海运布花活动基本终止。

3. 海运军饷至朝鲜

万历年间,明军援助朝鲜抵御日本侵略,辽东、天津、山东作为支援朝鲜战争的大后方,分别于万历二十五年和二十六年海运军粮至朝鲜。"二十五年,倭寇作,自登州运粮给朝鲜军"。[5] 万历二十六年二月壬申:"户部上言:'东师大集,需饷甚急,山东、天津、辽东岁运各二十四万石;山东、天津则海运,……'从之。"[6]这一时期的海运是明后期又一次较大规模的海洋运输活动,所不同的是,它的目的地是朝鲜。

---

[1]《明宪宗实录》卷一七七,成化十四年四月甲申条。
[2] 张萱:《西园闻见录》卷三八,《续修四库全书》本。
[3]《明武宗实录》卷一一,正德元年三月乙丑条。
[4] 张萱:《西园闻见录》卷三八,《续修四库全书》本。
[5] 张萱:《西园闻见录》卷三八。
[6]《明神宗实录》卷三一九,万历二十六年二月壬申条。

在这次海运过程中,雇募商船进行海运是一个值得注意的现象。在此之前,海运军饷基本由官府自行造船、自行押运,而造船费时,耗费巨大,且往往不能保障足够的数量,但雇募民间商船则避免了这些缺点。在海运军饷至朝鲜时,登州府多次雇募商船,如该府司狱王永春,就在万历二十五年往淮安等处雇募淮船60只。[1]

4. 万历四十六年至崇祯年间的海运辽饷

万历末年,随着后金势力的崛起及其公开对抗明廷,海运军粮活动又成为沿黄海地区主要的海运活动之一。这次海运一直持续到崇祯年间。海运的军粮主要来自山东和天津。此次海运军需虽出于战事的需要,属于临时性的措施,但其持续时间长,海运军粮数量也不少,天津海运辽饷每年在30万石,山东每年也达11.4万石。

值得一提的是,在这一时期海运辽饷的过程中民间的商船也参加了海运。此次的海运辽饷借鉴了海运军饷至朝鲜时雇募商船的方式。《海运纪事》汇集了大量海运辽饷的资料,其中不乏雇募商船、渔船进行海运的记录。如万历四十八年正月,陶郎先在登州负责海运辽饷,他一面差刘一进赴淮雇船100只,一面提出借钱予民造船海运的想法:"责令平素多船如乐安等县借银与该县,有船船户使其各造五百石船一只,使各招集舵工水手,以装官粮。其所借银两,每运水脚扣还三分之一,三运便全完矣。"陶郎先在提出该计划后,进一步分析了原因:"运船不官造而借银与船户造者何? 官造则各役有克落之弊,恐船不坚固;所雇舵工水手不停当,恐船易损坏。虽有节省之名,不免以粮尝试。不若船户自视其船为家,而所雇必得其人之稳便也。"[2]这段话对官造船只海运和雇商海运进行了透彻分析。之后,雇募商船进行辽饷海运更加普遍。

明朝的海运军饷、布花活动,是官方主导的海洋运输业。到了明后期,沿黄海地区的民间船只也参与进来,带动了民间海洋运输业的发展。

(二) 海运赈粮、仓储粮

明清时期,沿黄海地区及其毗邻地区时有灾情发生,由于特有的陆海环境和蠲灾的紧迫性,海运方式往往成为输送赈粮的首选。仓库是各王朝重要的物资储备和保管机构,历代均有完备的仓储制度。仓库或提供官员俸粮,或以便民,

---

[1]《山东等处提刑按察司整饬登州海防总理海运兼官登莱兵巡屯田道副使陶郎先为查议造船银两事奏折》,《海运纪事》,《北京图书馆古籍珍本丛刊》本。

[2]《山东等处提刑按察司整饬登州海防总理海运兼官登莱兵巡屯田道副使陶郎先为查议造船银两事奏折》,《海运纪事》。

或以给军,米、粮、豆类储备是其主要部分。尤其是清中叶以后,京仓乏粮的现象日益严重,由是也需要多方筹集、多渠道运输粮米。海运赈粮、仓储粮活动构成了明清沿黄海地区海洋运输的另一主要内容。

在海运赈粮过程中,既有朝廷组织的海运活动(有两种形式,一是朝廷自行造船进行海运赈粮,一是雇佣民间船只进行运输),也有在朝廷允许下的私人沿海粮食贸易。海运仓储粮则完全由朝廷主持,多有雇募民间船只,受雇民船海运粮食时,一般只获取工食和脚价银。为叙述方便起见,现根据所收集到的资料,先将明至19世纪初有涉沿黄海地区的海运赈粮、仓储粮活动列表如下:

表三　19世纪初涉沿黄海地区海运赈粮、仓储粮活动表

序号	时　间	途经海路	海运原由	海运粮数	备　注
1	嘉靖三十七年	山东至辽东	辽东饥	登、莱二府近海州县米6万石,豆1万石	
2	嘉靖三十八年	天津至辽东	辽东饥	造海船百艘,载粟辽东	
3	嘉靖三十九年	山海关至辽东	辽东饥	雇海船运送	
4	康熙三十三年	山东至盛京	盛京歉收		
5	康熙三十四年	天津至盛京	盛京旱		
6	康熙三十五年	天津至盛京	盛京旱		
7	康熙三十七	天津转登州至中江	朝鲜饥		
8	雍正二年	奉天至天津	天津水灾	粮10万石	
9	雍正三年六月	奉天至天津		粮10万石	
10	雍正三年九月	奉天至天津		采买米石,并采买高粱10万石	
11	雍正四年	奉天至天津河间、保定		米10万石	
12	雍正八年	奉天至山东	山东水灾	粮米20万石	
13	雍正九年	奉天至山东		拨奉天米20万石	至天津大沽口,接运至德州

续表

序号	时间	途经海路	海运原由	海运粮数	备注
14	乾隆三年	奉天至天津	直隶各州县丰歉不一		
15	乾隆七年	登州至淮安	江南水灾	分拨蓬莱等州县谷6万石	
16	乾隆八年	奉天至天津	奉天黑豆丰收	采购黑豆10 755石,粟米85 363石	
17	乾隆九年	奉天至天津	锦州、义州、辽阳等仓存豆甚多,可运京接济		
18	乾隆十二年	奉天至莱州	莱州等处受灾	先运33 000石	
19	乾隆十六年	奉天至天津	义州存仓黑豆霉变堪忧	仓储存京仓	
20	乾隆十六年	奉天至天津	去年天津水灾	在奉天买米10万石	
21	乾隆十七年	奉天至天津		宁远、义州、锦县支剩及采买黑豆31 849石	
22	乾隆二十四年	奉天至天津	直隶缺米粮		
23	乾隆二十七年	奉天至天津	京师雨水多,豆价涨		
24	乾隆四十八年	奉天至天津	平粜京师		
25	乾隆四十九年	奉天至天津	平粜京师		
26	乾隆五十年四月	奉天至天津	采买黑豆至京	3万石	
27	乾隆五十年十一月	奉天至天津	采买麦石运京备粜	2万石	
28	嘉庆六年	奉天至天津	备直隶明年平粜		

图表说明：本表根据《明实录》、《清实录》、《清史稿》、《雍正朝汉文朱批奏折汇编》、《宫中档乾隆朝奏折》、方观承的《赈纪》[转引自(法)魏丕信《18世纪中国的官僚制度与荒政》]以及方志资料等绘制。

16世纪左右,逐渐出现了官府组织民间海船受雇参与海运粮食的趋势。如为救助嘉靖三十七年的辽东饥荒,就曾雇募海船从山海关海运赈粮至辽东。

《明代辽东档案汇编》中的两份档案,详细记录了这次雇募海船的情况。[1] 这次海运共雇佣来自沿海和各海岛的船只63只。船户受雇于官府,听从官府管理,官府对受雇船只编号分组,并委派复州卫、盖州卫指挥以及旗甲等官员押船。船户在此次海运中赚取工食,每石米脚价银为1钱3分,共运送3 765石,脚价银共计489两4钱5分。

据上表,雇募民间海船从事海运粮食的有第2、18、19、21、25、26、27、28号。如第18号事例:乾隆十二年(1747年)九月,苏昌上奏乾隆帝,由奉天海运赈粮到山东莱州,"现拟办十万石,即雇船先运三万三千石赴莱州府交卸,余米咨明山东巡抚,令于来春拨船赴奉领运"。[2] 又如第19号:乾隆十六年,直隶总督方观承上奏,"所有运豆船多用天津商艘,请编字号以三十船为一起给票。按起发运水脚诸费,无论海道、内河均在直省司库发给",[3] 而当时能雇募到的天津商艘约300余只,自奉天海运至天津的水脚银每石1钱4分。[4] 随后,奉天豆类连年丰收,而海运奉天豆石至通仓的活动也岁以为常,募商船海运成为惯例。后来,不仅是奉天黑豆,新麦等海运至京仓所需船只也照运豆例雇办。[5] 可见,在这一时期的海运赈粮和仓储粮活动中,雇商海运已相当普遍。历来,人们对道光年间海运漕粮中雇商海运的现象印象深刻,殊不知雇商海运早在道光前就已存在。

在海运赈粮、仓储粮过程中,受雇船只一般只能专事运输,不可从事沿海贸易。如表中的第2号,此次海运中官船与民船相间,巡抚辽东都御史侯汝谅还上请朝廷对民船作了严格限制:招商贩运,"仍令彼此觉察,不许夹带私货"。[6] 但是,也有另一种现象。如表中的第6号:康熙三十五年(1696年),因当时盛京灾荒严重,清廷从天津海口雇船运粮赈灾,但所雇船只不够,遂令福建将军、督抚"劝谕走洋商船使来贸易,至时用以运米,仍给以雇值,其装载货物,但收正税,概免杂费"。[7] 在这次海运赈粮活动中,受雇闽船除可获得运输粮食的费用外,还可进行沿海贸易,并免收杂费。

整体而言,海运赈粮、仓储粮活动既繁荣了沿黄海地区内部、加强了沿黄海

---

[1] 《金州卫管屯指挥同知呈报为赈济边镇灾荒用所雇船只及装运粮食数目清册(一)》,《明代辽东档案汇编》,第672—677页。
[2] 《清高宗实录》卷二九九,乾隆十二年九月乙巳条。
[3] 《清高宗实录》卷三九七,乾隆十六年八月乙卯条。
[4] 《直隶总督方观承奏议由奉天海运黑豆赴京存储事折》,《宫中档乾隆朝奏折》第1辑,台北故宫博物院。
[5] 《清高宗实录》卷一二〇五,乾隆四十九年四月癸卯条。
[6] 《明世宗实录》卷四七九,嘉靖三十八年十二月乙丑条。
[7] 《清圣祖实录》卷一七一,康熙三十五年二月壬辰条。

地区与其他沿海地区之间的海洋交通,又促进了沿黄海海洋经济的开发和社会文化的变迁。

二、海洋贸易的繁荣

明清虽然在一些时段实施海禁,但沿黄海地区的海洋贸易还是有了较大发展,尤其是康熙开海禁之后。这一时期,国内沿海贸易占主要地位,与朝鲜、日本的海外贸易也具一定规模。

(一)海外贸易

在迁都北京前,明廷允许高丽经由北路海道前往南京朝贡。同时,两国间的民间海上贸易也颇频繁,高丽商人"不问旱路、水路","不管辽阳、山东……直到陕西、四川做买卖"。[1] 明太祖朱元璋最初对此拟采取限制措施,后转向支持两国间的民间贸易,"听民水陆往来,明白兴贩"。[2] 这种鼓励措施对海上民间贸易的促进可想而知。洪武年间,当时的贡道仍路过沿黄海地区,有的高丽使节借出使明朝之机,还私自与明民间进行贸易。洪武二十七年前后,朝鲜使节李居仁即趁出使明朝,在明境"暗行贸易",结果"还至莱州,为人所窃"。[3] 这是一次使臣以个人资格从事贸易的行为。

康熙年间海禁解除后,民间海外贸易活动出现了一个新的特点:即在保持与朝鲜的海上贸易的同时,沿黄海地区与日本间的海上贸易活动也有了一定恢复。其实,沿黄海地区与日本的海上贸易关系早在康熙开海禁之前就已发生。如顺治九年二月,一艘海船载绸、绢、布、毡等货由庙湾发船,本打算去天津贸易,结果遭遇飓风,漂到日本。在日本,该船将货物销售,又收购了椒、檀、钢、藤诸货,并于十年四月回到即墨县女姑口,又运货到胶西分市。

康熙二十二年,一艘山东海船前往日本贸易,下面是关于这艘船对日贸易的情况:"本船船主洪汝昭,连年担任船主往来于山东、日本之间,这次乘船之后,突然在船中病故,而改由彼亲戚沈鸣生担任船主。商船航日原不被禁止,但因恐假借渡日,而与东宁(台湾)方面或海贼勾结,故禁止船只远航,虽然如此,但若获得县官同意,借口前往辽东便可出航。在诸官、富民当中,派船出海者很多。"[4] 根据描述,在当时沿黄海地区的赴日贸易活动已不在少数。根据相关

---

[1] 吴晗:《朝鲜李朝实录中的中国史料》前编卷中。
[2] 吴晗:《朝鲜李朝实录中的中国史料》前编卷下。
[3] 吴晗:《朝鲜李朝实录中的中国史料》上编卷一。
[4] 林春胜、林信笃编辑,浦廉一解说:《华夷变态》卷八,《东洋文库丛刊》本。

文献的统计,仅从康熙二十九年到三十六年间,山东船只赴日情况为:康熙二十九年2只;三十年1只;三十一年2只;三十二年1只;三十三年1只;三十五年2只;三十六年3只。[1]

除自备海船进行对日贸易外,沿黄海地区的海商还常常搭乘他人商船赴日贸易。如康熙二十九年,船主马明如的海船自宁波出港,到达山东采买货物后,即"招搭102人航日";[2]同年,船主金济南的商船自上海出港,到山东采办完货物后,"在山东搭载63人返航上海,再购载丝货后启航航日"。[3]

关于沿黄海地区海船赴日贸易的航路以及贸易货物,我们可以看一艘康熙三十六年赴日的商船,该商船船主是费荣臣,原出港地在山东。根据船上之人的说法:"山东出产药材,因很难买到白丝、丝织物等,故我等于山东购载药材,驶往普陀山采购丝货后航日。"[4]可见,商船所载货物已不再局限于本地特产,为购齐货物,赴日商船还往来于其他地区进行采购。

由以上几条资料还可以看出,沿黄海地区不仅是地区内部各地海船海外贸易活动的场所,也是清代其他地区海洋贸易活动的场所。来自上海、浙江等地的赴日海船在沿黄海地区采购药材和其他土产的活动,对沿黄海地区海洋经济的发展乃至内陆经济的开发也有一定的促进作用。

(二)国内沿海贸易

沿黄海地区国内沿海贸易的发展大致以康熙二十三年开海禁为界分为前后两段。前一段,由于部分地区实行海禁,沿海贸易受到一定影响;康熙开海禁后,沿海贸易步入发展的高峰期。

1. 康熙开海禁前

康熙开海禁前,辽东、山东间的沿海贸易最为引人注目。据载,山东"商利海道之便,私载货物,往来辽东",[5]辽东"金、复、海、盖四卫山氓,亦各有船往来登、辽,贸易度活"。[6] 两地间的海洋贸易促进了辽东的开发,"商贸骈集,贸

---

[1] [日]岩生成一:《近世日支贸易に関する数量の考察》,《史学杂志》第62编11号,1953年。本统计参考了朱德兰的论文《清开海令后的中日长崎贸易商与国内沿岸贸易(1684—1722)》[张彦宪主编《中国海洋发展史论文集》(第三辑)]中的统计表格。
[2] 林春胜、林信笃编辑,浦廉一解说:《华夷变态》卷一七。
[3] 林春胜、林信笃编辑,浦廉一解说:《华夷变态》卷一七。
[4] 林春胜、林信笃编辑,浦廉一解说:《华夷变态》卷一七。
[5] 《明世宗实录》卷五二八,嘉靖四十二年十二月己酉条。
[6] 《使朝鲜回奏》,《全辽志》卷五,《辽海丛书》本。

易货殖络绎于金、复间,辽东所以称乐土也",[1]"辽人与东人相互贸易,以致辽人之富足"。[2]

辽东、山东间的海洋贸易并非一帆风顺。明中后期,明廷在辽东实行海禁政策,既为防止辽东士兵借海道逃往山东,更为巩固海防。但在特殊的年份,明廷乃暂开海禁,允许海商往来贸易。以嘉靖末期为例,嘉靖三十七年,辽东大饥,时总督蓟辽的兵部右侍郎王抒上奏请开辽东海禁,明廷遂"更命辽东苑马寺卿驻扎金州,给放各岛商船,不得抽税"。[3] 到了嘉靖四十年,山东巡抚都御史朱衡奏请再禁:"俾二百年慎固之防一旦尽撤,顷者浙直倭患非后事之镜乎？宜申明禁约,停止为便",兵部经过讨论,批准了奏请,并于四十二年正式施行海禁。[4] 类似的开与禁的交替在嘉靖以后不断重复,有时海禁很严,如隆庆六年(1572年)十二月,裴应章上奏请严海禁:"行山辽抚按,将商贩船通行禁止,片板不许下海,仍严督沿海官军往来巡哨",明廷最终批准其奏请。[5] 海禁对两地间的海洋贸易产生了一定的冲击。如金州训导刘明,"家世登州,自海运不通,生理萧条",[6]这是实施海禁的后果。

淮安与山东南部地区的海洋贸易联系也很密切。在明中后期,文献中即有"淮安有海鹞船,尝由海至山东宁海县买米"[7]的记载。嘉靖十八年,即墨县大饥,该县城阳社民牛稼请准其沿海路至淮安贸易,获准。牛稼"自淮安觅船两昼夜直抵城阳之西金家口通贸易","沿海之民赖之以不死"。自此,两地间的沿海贸易又行数年,直到嘉靖后期因倭患滋扰才告罢,"牛氏以富,附舟者咸利之"。[8] 隆庆年间,梁梦龙、王宗沐先后请行海运,在他们的海运奏折里,对山东沿海与淮安间的沿海贸易情况多有描述:"自淮安而北至胶州,见今民船通行";[9]"今登、胶之间,往往有淮货,则民间小舟未尝不通";[10]位于胶州城东的淮子口,"最为险要,内多隐石,潮长不见,须是转南行船","胶、淮商贩一向往

---

[1]《明神宗实录》卷五四三,万历四十四年三月戊子条。
[2]《户科给事中宫应震题本》,《筹辽硕画》卷六,《丛书集成续编》本。
[3]《明世宗实录》卷四六一,嘉靖三十七年六月乙巳条。
[4]《明世宗实录》卷五〇二,嘉靖四十年十月辛酉条;《明世宗实录》卷五二八,嘉靖四十二年十二月己酉条。
[5]《明神宗实录》卷八,隆庆六年十二月庚午条。
[6] 李辅等:《全辽志》卷一,《辽海丛书》本。
[7] 无名氏:《论海运》,《皇明经济文录》卷七,《四库全书禁毁书丛刊》本。
[8] 许铤:《地方事宜疏·通商》,同治《即墨县志》卷一〇。
[9] 梁梦龙:《海运新考》卷上,《四库全书存目丛书》本。
[10] 王宗沐:《海运详考》,《明经世文编》卷三四五。

来甚众,已成熟路",[1]这些记载足见沿海贸易活动之频繁。隆庆、万历年间漕粮海运后,胶州与淮安间的沿海贸易活动更趋活跃,任即墨县令的许铤提及:"隆庆壬申,议行海运,胶之民因而造舟达淮安,淮商之舟亦因而入胶,胶之民以腌腊、米豆往博淮之货,而淮之商亦以其货往易胶之腌腊、米豆,胶西由此稍称殷富。每船输桩木银三两于州以为常,今虽有防海之禁,而船之往来固自若也。"[2]海运之后,两地间的沿海贸易日益频繁,对胶西的经济开发有极大促进作用。即使当时沿海仍在实行海禁,两地的沿海贸易联系仍未断绝。许铤称赞山东与淮安间的沿海贸易,"今淮海通舟,天所以为登、莱赤子开一线生路",[3]其说并不为过。南北间的沿海贸易在这一时期已逐渐频繁,明代黄汴的《水陆路程便览》记载了当时商贾南北贸易的水陆路线,其中的"南京由淮安登莱三府至辽东水陆",便包括了由登州府蓬莱驿渡海五百里至辽东旅顺口这一程。[4]

其他地区间的联系也很密切。隆庆年间,梁梦龙在试行海运时曾派员沿海踏勘海道,所踏勘海面,"屡有商贩通行":[5]淮安至胶州段,"访得二十年前傍海湟道尚未之通,今二十年来,土人、岛人以及淮人做鱼虾苓豆贸易纸布等货往来者众,其道遂通";[6]胶州至海仓口段,"自胶州转东而北至海仓口","今民船往往通行"。[7]

需要说明的是,康熙开海禁前沿黄海地区海洋贸易的发展,受到了明、清两朝海禁政策的一定影响。但许多的贸易事实证明,私下的海洋贸易事件仍十分频繁。国内沿海贸易的发展原因之一正是它在一定程度上摆脱了海禁的束缚。隆庆年间,梁梦龙就此有总结:"查得海禁久弛,私泛极多,辽东、山东、淮扬、徽、苏、浙、闽之人做卖鱼、虾、腌猪及米、豆、果品、瓷器、竹木、纸张、布匹等项往来不绝。垂二十年大势傍海而行,间有远泛大洋,缘僻在一隅,官兵并不讥呵。"[8]虽有海禁,但松弛已久,商贩不仅沿海贸易,还有远泛大洋贸易国外的行为。一些海岛居民,更是利用远离陆地,官兵稽查不便,而从事海洋贸易,甚至是其他违法行为。

2. 康熙开海禁后

康熙开海禁后,沿黄海地区沿海贸易最大的一个特点就是奉天沿海贸易的

---

[1] 梁梦龙:《海运新考》卷上,《四库全书存目丛书》本。
[2] 许铤:《地方事宜疏·通商》,同治《即墨县志》卷一〇。
[3] 许铤:《地方事宜疏·通商》,同治《即墨县志》卷一〇。
[4] 黄汴纂,胡文焕校:《水陆路程便览》卷二,《北京图书馆古籍珍本丛刊》本。
[5] 梁梦龙:《海运新考》卷上。
[6] 梁梦龙:《海运新考》卷上。
[7] 梁梦龙:《海运新考》卷上。
[8] 梁梦龙:《海运新考》卷下。

繁荣。明末以前,辽东的粮食、军需都要靠山东、天津等地的运输救济。入清以来,随着对东北开发力度的加大,东北地区不仅不再依靠其他地区的救济,还出现了大量的剩余粮食。清廷对奉天粮食的出口一直禁止,但随着其他地区对粮食需求量的增加,这种限制实际上不再严格,许多年份,清廷都暂开奉天海禁,准许将东北地区的豆、麦、米等通过海路贩至缺粮地区。如乾隆十四年,清廷部分开放黄豆贩运,允许商船自奉天省回棹时携带黄豆。乾隆三十七年,朝廷还暂时取消黄豆贩运的限额,准各省海船到奉天时任商贩运,以便商民。[1] 这些举措虽然多是临时性的,但仍刺激了其他地区前往奉天贩运粮食的行为,奉天的沿海贸易到乾隆以后十分繁荣。除了豆、麦、米等外,东北的棉花、麻类、山茧、豆饼、人参也是其他地区商船贩运的主要商品。

山东对奉天的沿海贸易十分活跃,而来自上海、江浙、闽广的船只也日益增加。闽广船在天津贸易以后,往往转道奉天采购粮食,江浙"商船赴关东贩运粮者,每年络绎不绝",[2]"关东豆、麦每年至上海者千余万石"。[3] 奉天除了出口东北地区的物产外,还进口了许多南方商品,进口贸易在奉天沿海贸易中也占有相当比重。根据乾隆三十六年的一份资料,我们大致可以看出,当时奉天金州出口的货物有:棉花大包、棉花小包、线麻、大麻子、松子、瓜子、芝麻、薏米、山茧、杂粮、元(黄)豆、苏并(饼)、豆并(饼)等十余种;其他地区输入金州的货物有:缎子、丝线、毛串、夏布、布袜、帽箱、红白糖、苏木、花胡椒、黄白蜡、南北药材、槐子、细杂货等几十种。[4]

沿海海口在奉天沿海贸易中发挥了重要作用,锦州的红崖口、海城的没沟营、金州的貔子窝、岫岩的大孤山,以及复州、盖州、宁远、牛庄等地海口,都成为山东、直隶、江苏、浙江、闽广各省海船的主要停泊之所。根据方志记载,乾嘉时,小凌河入口处锦州马号沟海口,仅来自天津、山东两处的进口船就约千余艘。[5] 根据松浦章对嘉庆初奉天主要海口船只的统计,"海口六处到口船只约有三千余号"。[6] 樊百川则对鸦片战争前营口、锦州两港商船作过统计,两港商船约200艘上下,总吨位有3万多吨。沿海贸易促进了这些海口的开发。

明清时期,山东沿黄海地区的沿海贸易十分活跃。康熙开海禁前,沿海贸易

---

〔1〕 [日]加藤繁著,吴杰译:《中国经济史考证》,商务印书馆,1963年、1973年。
〔2〕 《清仁宗实录》卷二二六,嘉庆十五年二月壬子条。
〔3〕 齐彦槐:《海运南漕议》,《皇朝经世文编》卷四八,第602页。
〔4〕 [日]加腾繁著,吴杰译:《中国经济史考证》。
〔5〕 民国《锦县志》卷一三,1920年铅印本。
〔6〕 [日]松浦章:《清代における沿岸贸易について——帆船と商品流通》,《明清时代の政治と社会》,京都大学人文科学研究所,1988年,第595—650页。

主要集中在胶州一带沿海,这里和江南沿海有着密切的贸易联系;登莱沿海则主要与天津和辽东有沿海贸易往来。康熙开海禁后,这种格局被逐渐打破,北自奉天、直隶,南到江、浙、闽、广,均与山东有贸易关系。山东沿海的许多地方,从事沿海贸易的商人已不在少数。如文登商人自清初起便"北游燕冀,南走江淮,交易起家,懋迁成业,数十年外富陶朱"。乾隆年间,开石岛海口,文登商人"牵牛服贾……南货云集,逐末者众"。[1] 日照县,许多海商往返于山东与苏北,"富豪有力之家以已舟运已粟,利固倍蓰"。[2]

关于山东地区进出口货物的种类,雍正年间山东巡抚陈世倌有过总结:山东省进口货物原有纸张、瓷器、布匹、棉花等,出口货物以豆、枣、腌猪、鱼鲞居多。[3] 早在明代,在胶州与淮安的沿海贸易中大豆即已成为主要的出口货物之一。康熙开海禁以后,大豆种植在沿海地区仍很普遍。根据陈世倌的调查,天津、江苏等地都从山东进口大豆,山东沿海地方十之六七都种植大豆,其输出主要经由海路,可知山东与天津、江苏间的大豆贸易已有相当规模。[4] 山东的枣十分出名,是南北贩运的重要货物之一。博平县的枣很出名,康熙年间即已"贩于江南"。[5] 又如聊城县的胶枣,"此枣之行最远,获利亦至厚。前数十年,每逢枣市,出入有数百万之多……然由海艘南贩"。[6] 山东的药材也是重要的出口货物之一,它不仅销往南北各地,在海外贸易中也占有相当比重。康熙开海禁后,南方的许多赴日商船,往往在山东采购完药材后才驶往日本。山东比较著名的药材有紫草、柴胡、防风、黄芩、黄精、苍术、远志、黄麻、香附米、九节、元参、沙参、酸枣仁,等等。[7] 如"紫草、防风、黄芩、柴胡之类南方不产者,鬻于海客颇获利"。[8] 除以上列举之外,核桃等也是山东出口的重要货物之一。如益都县的核桃种植"盈亩阡陌","贩之胶州、即墨,海估载之以南,远达吴楚至闽粤,大为远近民利"。[9]

从以上分析来看,康熙开海禁后,沿黄海地区内部各地之间、沿黄海地区各地与

---

[1] 光绪《文登县志》卷二。
[2] 乾隆《沂州府志》卷四,乾隆二十五年刻本。
[3] 《山东巡抚陈世倌等奏遵旨议覆兵船宜扼要巡防等海疆事宜四条折》,《雍正朝汉文朱批奏折汇编》第7册。
[4] 《山东巡抚陈世倌奏覆程之炜所陈青、莱、登三府黄豆停止出海之处应无庸议折》,《雍正朝汉文朱批奏折汇编》第7册。
[5] 康熙《博平县志》卷五,康熙三年刻本。
[6] 宣统《聊城县志》卷一,宣统二年刻本。
[7] 许檀:《明清时期山东商品经济的发展》,中国社会科学出版社,1998年,第337、338页。
[8] 乾隆《栖霞县志》卷一,乾隆十九年刻本。
[9] 光绪《益都县图志》卷一一,光绪三十三年刻本。

其他沿海地区之间的贸易空前繁荣,并形成了以下几条固定的贸易航路:关东—天津—山东;关东—天津—江南;关东—天津—闽广;山东—江南;山东—闽广。

在国内沿海贸易的发展中,还有两个特色:一是国内沿海贸易中的粮食贸易比重很大;二是清代国内沿海贸易中,江、浙、闽、广的海商规模空前,值得关注。[1]

三、沿海海口、市镇

明清时期,海运与海洋贸易的繁荣促进了沿海地区的开发。一些沿海海口逐渐发展起来,由聚落成市镇,再发展成为雄踞一方的著名港市。

海洋经济的繁荣带动了一些重点岸段人口的迁移和聚集。明清时期,沿黄海地区的人口迁徙比较频繁。山东、辽东间的移民活动规模巨大。如明末,再次出现辽东民人越海移居山东的高潮,"六郡辽人避难来登者数万人",[2]明廷为运送南渡辽人,还到朝鲜沿海去购置海船。康熙开海禁后,沿海道流动的现象大增,甚至其他区域也有乘海船来沿黄海地区居住者。乾隆五年,兵部侍郎舒赫德在一份奏折中即提到"天津、山东之船多载闲人来沈"。[3] 又如,雍正十年,福山县福字9号船装载客商货物赴奉天贸易,船上除了有布匹、线带、布鞋、羊皮帽之外,还有许多乘客,乘客当中,有的赴关东种田,有的探亲,有的是迁移家属,有的送女儿去关东完婚。[4] 这种客运与贸易两位一体、海洋运输与海洋贸易紧密结合的方式,是历史上比较普遍的现象。又如,乾隆五十六年,闽人移居奉天牛庄、盖州、锦州等处者近2 000人,他们也是搭乘商船而来的。

在山东,胶州、烟台逐渐崛起,其他的一些海口也有不同程度的发展。山东胶州是得益于海洋经济发展而崛起的城市。"城东三里即海潮往来之地,南至灵山卫百五十余里俱可泊船……商贾自淮南来者俱取道于此,民食所赖以济"。[5] 即便在实行海禁时期的明朝和清朝前期,胶州的沿海贸易仍在进行,胶州的贸易对象中,最重要的是淮安府沿海。康熙开海禁后,胶州的沿海贸易更加繁荣。雍正四年以后,"胶州、莱阳、昌邑、利津、日照、蓬莱等六处船货稍多,委员监察逐年收数比前大增"。[6]《胶州志》这样描述胶州:"商贾辐辏之所,南

---

[1] 杨强:《北洋之利——古代渤黄海区域的海洋经济》,江西高校出版社,2005年,第373-400页。
[2] 光绪《蓬莱县续志》卷四。
[3]《清高宗实录》卷一一四,乾隆五年四月甲午条。
[4]《雍正十年十二月初一性桂奏折》,《宫中档雍正朝奏折》第20辑,台北故宫博物院,1977年。
[5] 道光《重修胶州志》卷二二。
[6] 转引自许檀之《明清时期山东商品经济的发展》。

至闽广,北达盛京,夷货海估,山尾云集,民用以饶,垿于沃土"。[1] 海洋经济的发展、城市商业的繁荣,吸引了很多外来人口,"冶人多外籍,冶金、银者多豫章,酒工、毡匠视他处为多"。山东莱阳,因海洋贸易的发展,几个重要码头十分繁荣。"帆船云集,商贾往来苏浙、朝鲜、津沽,称便利焉",[2] 羊郡"南船北马,凡平(度)、掖、栖、招之土产,江浙闽广之舶品,胥以此为集散所"。[3] 山东烟台,明朝时,"其始不过一鱼寮而已。渐而帆船有停泊者,其入口不过粮石,出口不过盐鱼而已,时商号仅三二十家。继而帆船渐多,逮道光之末,则商号已千余家矣。维时帆船有广帮、潮帮、建帮、宁波帮、关里帮、锦帮之目"。[4] 赣榆县的青口镇早先以渔盐起步,到了清初开海禁后,青口镇的商业走向繁荣。"海口要津,商民船只出入往来"。[5] 正是这"海口要津"的地理优势,奉天、山东、南北往来商船,"皆须经由鹰游门内洋,横过青口"。乾隆五年,经总督郝公奏明,准赣榆县的豆石由青口出海,赴上海关纳税。时人的一段话可见青口在赣榆的地位:"海州三属集镇百数,商贩贸易以青口镇为最大,海、沭各镇所用布匹、纸张等物皆由青口转贩,青口行铺又以油坊为最大,油与豆饼皆属奉禁出口之货,然从未见其陆运赴淮,则其由海来往,不问可知。盖产货者,农;而运卖者,商。"[6] 交通要津的地理位置和商业海口的作用,使青口镇自清初至清中后期迅速崛起,城镇规模也逐渐扩大,时人形容青口镇为"烟火万家,商贾辐辏"。[7]

明清时期沿黄海地区的海洋经济发展到了高潮。

第五节　朝　　贡

明清时期中国与朝鲜王朝建立了朝贡关系,在政治、经济和文化等全领域展开了广泛而密切的交流。有明一代,来华朝贡的国家数量之多、规模之大、手续之缜密、组织管理之完善,皆为历代所不及。明清时期中国与日本依然保持了较为频繁的交往和联系,在明代有中日勘合贸易,清代则有中日帆船贸易。明清时

---

[1]　道光《重修胶州志》卷一。
[2]　民国《莱阳县志》卷二。
[3]　民国《莱阳县志》卷二。
[4]　民国《福山县志稿》卷五,1931 年铅印本。
[5]　《雍正六年九月十三日漕运总督长大有奏》,《宫中档雍正朝奏折》第 11 辑,第 349 页。
[6]　包世臣:《安吴四种》卷二七,《近代中国史料丛刊》第一编第 294 册,台湾文海出版社,1967 年,第 1855 页。
[7]　嘉庆《海州直隶州志》卷一四。

期中国与朝鲜、日本保持了密切的文化交流,此时期的中国文化依旧延续着古代"走出去"的态势。

一、明代的朝贡及朝贡贸易概况

1368年,盛极一时的元朝宣告结束,朱元璋建立的大明王朝取而代之。明朝所处的14至17世纪,正值世界格局发生巨变的历史时期。西方各国经过文艺复兴、地理大发现、宗教改革的洗礼,先后走向崭新的资本主义制度,并逐渐将其殖民触角伸向世界的各个角落;在古老的东方,明朝统治下的中华帝国沿袭旧有传统,仍在封建故道上缓慢前行,在将封建专制统治发展到顶峰的同时,也使朝贡制度达于极致。

如同外交是内政的延续一样,中外的朝贡关系也是地方与朝廷的朝贡关系的延伸。自汉武帝以来,"四夷宾服,万国来朝"便成为历代儒家学者臧否帝王、衡量一个王朝强盛与否的标志。当元朝统治被推翻之后,如何消除其在海外的影响,树立新王朝的华夏正统地位和自己"光被四表"的天子形象,是朱元璋亟待解决的第一外交要务。洪武二年正月、二月,朱元璋接连派遣两批使者诏谕日本、占城、爪哇、西洋诸国,称:"曩者我中国为胡人窃据百年,遂使夷狄布满四方,废我中国之人伦,朕是以起兵讨之,垂二十年芟夷既平。朕主中国,天下方安,恐四夷未知,故遣使以报诸国。"[1]明朝使臣除将元明鼎革、新皇登基的消息告知海外国家外,还携带《大统历》及各种丝织品,赏赐诸国王,使其改奉明朝"正朔",遣使向明朝称臣纳贡。经此诏谕,在接下来的两年里,占城、爪哇、西洋、安南、渤泥、朝鲜、三佛齐、暹罗、日本、真腊等10国先后遣使来华朝贡。据《明史·太祖本纪》统计,朱元璋统治时期,除上述国家外,与明朝保持朝贡关系的国家还有琐里、琉球、撒里、阇婆、朵甘、彭亨、百花、须文达那、撒马尔罕、墨剌、哈梅里、别失八里、缅甸、泥八剌等14个国家。

朝贡贸易是朝贡制度的物质基础。从经济角度看,贡、赐之间,即是一种以物易物的商品交换关系。

二、朝贡贸易的原则与限制

明代的朝贡贸易既然已成为官方直接控制海外贸易的一种制度,那么它与海禁的实行必然分不开,因为只有厉行海禁,不准私人出海贸易,堵住外商可能在外海同私人进行贸易的一切渠道,才能迫使海外诸国不得不走朝贡贸易这唯

---

[1]《明太祖实录》卷三八,洪武二年正月乙卯条。

一的途径。因此,一般说来,海禁越严厉时,海外诸国朝贡的次数就越频繁,有人曾以暹罗为例作统计,从洪武三年至洪武三十一年海禁最严厉的29年中,暹罗朝贡达35次,平均每年至少1次;而从隆庆元年部分开禁到崇祯十七年明亡的78年间,暹罗朝贡仅有14次,平均五年半一次。明朝政府通过朝贡贸易的实行来加强对海外贸易的控制和垄断。

但是,朝贡贸易在实行过程中出现了一些矛盾:一方面,明政府以"怀柔远人","厚往薄来"为宗旨,以高于贡品几倍的代价为赏赐,朝贡的次数越多,财政负担就越大;另一方面,海外诸国"慕利"而来,"朝贡"一次就进行一次大宗贸易,有的甚至把最主要的财政收入来源都寄托于朝贡贸易之中,而一年数贡。面对这些矛盾,明政府只好采取下列措施进行限制。

(一) 限制朝贡的贡期、船数、人数及贡品数

明朝对日本入贡的贡期、船数、人数及贡品数目的限制是比较典型的。永乐二年规定,以10年一贡,船限2艘,人限200,违例则以寇论;宣德元年因日本入贡人数、船数超过限制,且运来的刀剑过多,乃重新规定今后贡船不过3艘,人不过300,刀不过3 000,不许违禁。[1] 但这些规定并未见诸实行,如宣德八年来贡的船只有9艘,人数多至千人,带来衮刀2把、腰刀3 500把;景泰四年(1453年)来贡的船只有9艘,人数也多至千人,运来衮刀417把,腰刀9 483把。[2] 尽管明朝政府于嘉靖六年强调指出,"凡贡非期,及人过百、船过三,多挟兵器皆阻回",[3]并于嘉靖二十六年采取果断行动,将先期到来的4艘日本贡船阻回,迫使他们不得不开出定海,在舟山停泊10个月,至明年贡期到时才准上陆,但仍无济于事。到嘉靖二十九年明朝政府再次重申规定:"日本贡船,每船水夫七十名;三艘共计水夫二百一十名,正副使二员、居坐六员、土管五员、从僧七员、从商不过六十人。"[4]

(二) 规定贡道

自汉唐以来,各国贡使不论从海路还是由陆路来华,根据地理远近、交通是否便利等情况,皆有固定的登陆口岸和入关地点,然后按规定的路线进京,这就是所谓的贡道。明朝政府为了加强对朝贡使者的控制和管理,要求朝贡船必须

---

[1] 胡宗宪:《筹海图编》卷二。
[2] [日]藤家礼之助著,张俊彦等译:《日中交流两千年》,北京大学出版社,1982年,第163页。
[3] 《大明会典》卷一〇五。
[4] 《大明会典》卷一〇五。

停泊在指定的港口,按规定的路线将贡品运送至京。所谓指定的港口一般也就是设置市舶司的广州、泉州和宁波三个地方。如日本入贡,一般分派给三道,按定额造船:南海道应贡,在土佐州造船,至秋子坞开洋;山阳道应贡,在周防州造船,至花旭塔开洋;西海道应贡,在丰后州造船,至五岛开洋。而五岛又为三道咽喉,船舶西行可至中国,北行可至朝鲜,从五岛至浙江普陀山仅相隔4 000里,当东北风顺时,五昼夜就可到达,即使逆风卸下篷帆,任其荡行,半个月内也可到达。〔1〕从中国到日本的船舶,一般也是到普陀山停泊,然后横渡东海,直达长崎,〔2〕所以一般规定日本贡船泊于台州或定海,验明勘合后,把兵器放进仓库,再移至宁波嘉宾堂等候朝廷命令。〔3〕

因洪武年间明朝的都城设于南京,朝鲜可以根据实际情况选择由陆路抑或海路入贡。从有关记载来看,当时朝鲜朝贡多从海路而至,如需进贡马匹和其他大宗物品,则选择陆路。自海路而来的朝鲜贡使曾于山东登州、莱州登岸。朝鲜由陆路所进马匹,有时多至几千匹,抵达边境后,一般由辽东都指挥使司派人送至京城。明成祖迁都北京之后,以前朝鲜贡使"水陆两至"的现象开始改变,其贡道由鸭绿江经辽阳、广宁入山海关,然后抵达北京。成化十六年(1480年),朝鲜贡使因遭建州女真劫掠,请求改变贡道,为明朝拒绝。永乐以后,除个别情况外,朝鲜一般都能按明朝要求,遣使由陆路按规定的贡道进京朝贡。明末,因辽东贡道为女真所阻,朝鲜贡使一度取道海路,从登州或莱州登岸而来。

(三)限制贡使的行动和交易

明政府为了确保对海外贸易的绝对控制,防止外国贡使同中国人随便接触,以发生相互勾结或泄漏事件,还实行了限制贡使行动和交易的办法。对朝贡使者的交易限制,先是规定赏赐后可在会同馆开市5天,等持货入馆,两平交易。到弘治十三年又规定凡遇开市,令宛平、大兴两县委官选送铺户入馆。这些铺户据说是由江南迁移来的,因成祖迁都北京时,曾徙江南、南直隶富民3 000户以实京师,令充宛平、大兴两县厢长,由他们专营对外贸易可能是一种抚慰手段。但这种做法因双方欲买卖的货物互不相投,所卖的多数不是贡使所要的东西,故于弘治十四年宣告废除,仍旧采用原先的规定。

---

〔1〕 诸葛元声:《三朝平攘录》卷五,万历三十四年刻本。
〔2〕 [日]藤家礼之助著,张俊彦等译:《日中交流两千年》,第188页。
〔3〕 诸葛元声:《三朝平攘录》卷五。

(四) 颁赐"勘合"

朝贡贸易虽然原则上是有朝贡者才许贸易,非朝贡者则不许贸易,但是,仍有不少外商以个人名义要求进献方物,甚至冒充使臣入贡,故明太祖为辨别真伪,防止假冒,于洪武十六年命礼部颁发勘合文册,赐给暹罗、占城、真腊诸国,规定凡中国使者至,必验勘合相同,否则以假冒逮之。[1] 这就是明政府对海外朝贡国家颁赐勘合的开始。[2]

所谓"勘合",据说是一种长 80 多、宽 35 厘米的纸片,上用朱墨印有"×字×号"骑缝章,一半为勘合,另一半为底簿。每一朝贡国均颁赐勘合 200 道,底簿 4 扇。颁赐给日本的勘合,有本字号勘合 100 道及日字号底簿 1 扇,而日字号勘合道及日本字号底簿各 1 扇则存于礼部,本字号底簿 1 扇发福建布政司。[3] 首次勘合在永乐二年由明使赵居任等带到日本;第二次是宣德八年由明使雷春等带去。此后每当改元,即照例送去新勘合和底簿,把未用完的旧勘合和底簿收回。明代颁赐给日本的勘合共有永乐、宣德、景泰、成化、弘治、正德六种。

明朝政府对朝贡最为频繁的朝鲜、琉球两国,并未颁赐勘合。明朝将勘合用于朝贡制度,旨在将海外一切对华贸易纳入官方既定的朝贡贸易轨道,杜绝非官方的对华贸易和由此产生的欺诈行为。朝鲜因秉礼守法,可省去一道手续,只凭朝贡表文即可来华进行朝贡贸易,而不必受勘合的限制。

(五) 贡物与回赐

各国贡使抵京后,须按既定朝贡程序和相关礼仪移交贡物,觐见明帝,接受明廷赏赐。明朝对朝贡国国王的册封,是朝贡制度的主要内容之一。

根据《明会典》、《外夷朝贡考》的相关记载,朝鲜的贡物主要为金银器皿、螺钿梳函、白绵绸、各色苎布、龙文帘席、各色细花席、豹皮、獭皮、黄毛笔、白绵纸、人参、种马等,以朝鲜的土产为主。朝鲜除每三年向明朝进贡种马 50 匹和金银等物品外,永乐后每逢正旦、圣节(皇帝生日)、皇太子千秋节(皇太子生日)皆须遣使朝贺并进献方物(嘉靖十年,改贺正旦为贺冬至)。所有这些,即朝鲜按规定向明朝进献的"常贡"。至宣德四年,明宣宗应朝鲜国王之请,免除朝鲜进贡

---

[1] 《明太祖实录》卷一五三,洪武十六年四月乙未条。
[2] 《大明会典》卷一〇八。日本学者藤家礼之助在《日中交流二千年》一书中,称勘合"实际上曾颁发给五十九个国家"。这可能是误解了郑舜功所说的,发给勘合的有暹罗、占城、琉球等国 59 处(郑舜功:《日本一鉴》卷七),这"五十九处"并非"五十九国"。
[3] 王辑五:《中国日本交通史》,上海书店,1984 年,第 151 页。

金银。"常贡"之外,朝鲜凡向明廷奏请、谢恩、吊慰等一应事宜,甚至一般的使节往来,皆纳贡物。

日本的贡物主要为马、盔、铠、剑、腰刀、枪、手箱、描金粉匣、水晶数珠、硫黄、涂金装彩屏风、洒金厨子、洒金文台、洒金描金笔匣、贴金扇、玛瑙、苏木、牛皮等。在日本的贡品中数量比较大的贡物是日本刀。

至于赏赐品,主要有各种丝绸、棉布、瓷器、铁器、铜钱、麝香、书籍等。其中尤以各种丝绸、棉布数量最大。

赏赐品中值得提起的还有铜钱。当时明朝的铜钱在海外诸国已得到普遍使用,不仅日本和琉球,南洋的爪哇、三佛齐、南渤里,以至锡兰均通用中国的铜钱。这些铜钱有的是通过明朝的船舶运出去的;有的是由朝廷直接赏赐给朝贡使者带回国的。获得这种赏赐数量最大的还是日本。如永乐三年给日本国王源道义的赐品中,有铜钱150万;翌年又给1 500万,给王妃500万。随着日本国内商业的发展,对铜钱的需求量越来越大,因此,幕府不得不支持各大名或商人从事海外贸易,以进贡为名,来换取中国的铜钱,有时甚至迫不及待地公然请求赐予。日本学者藤家礼之助认为:"简直可以说,没有它(铜钱)就难以指望我国经济的顺利发展。"[1]

三、清初中期朝鲜的朝贡

清朝建国后,朝鲜很快开始按规定如期朝贡。据统计,除一年一度的"四贡同进"外,清初至1874年的238年间,朝鲜因庆典、谢恩、陈奏等事项向清廷派出贡使632次,年均2.6次,[2]可见朝贡活动之频繁。

清朝定都北京后,朝鲜的贡道由凤凰城经盛京过山海关至北京。朝鲜朝贡设正副使各一员,以本国大臣或同姓亲贵称君者充任,书状官1员、大通官3员、护贡官24员,从人无定额。在各国朝贡使团中,朝鲜是唯一未被限制进京人数的国家。

在朝贡制度中,与朝贡国"奉表纳贡"相对应的是清朝对朝贡国国王的册封和赏赐。对朝贡国的册封包括颁诏、赐印、行赏三方面内容。清朝在册封朝鲜时会给予一定的物品,而且在朝鲜来贡时,亦会给予大量的回赐。除了上述的赏赐外,清朝对于朝鲜还有其他形式的赏赐。一是"加赐",主要是对常贡物品回赐

---

[1] [日]藤家礼之助著,张俊彦等译:《日中交流二千年》,第164页。
[2] [韩]全海宗:《清代韩中朝贡关系考》,《中韩关系史论集》,中国社会科学出版社,1997年,第207页。

之外的额外赏赐;二是"特赐",指清帝对朝贡国国王的特殊恩典。

第六节　中国与朝鲜、日本之间的文化交流

朝鲜和日本与中国不仅在地缘上接近,长久以来朝鲜和日本两国一直受华夏文化的影响,共同形成了东亚的汉字文化圈。特别是中、日两国,仍保留着汉字文化圈的基本特征。明清时期虽然中国处于封建时期的末期,后期又受西方势力的影响,但是中国与朝鲜、日本间的文化交流并没有停止。

一、中朝文化交流

从1392年李成桂开创朝鲜王朝,至1910年日本吞并韩国,一个国祚长达五百余年封建王朝出现在朝鲜半岛。这个王朝先后历经明清两朝,遭遇了类似高丽王朝的外交艰难选择和文化心理冲突。朝鲜建国初期,与明朝的关系极为顺畅,文化交流全面发展。但在朝鲜建国200年后,一系列的国难接踵而至。其中,1592—1598年的丰臣秀吉侵朝战争给朝鲜王朝带来了巨大灾难;1627年和1636年皇太极两次越江武力征服,切断了朝鲜与明朝绵延240余年的宗藩关系,并迫其向清朝称臣纳贡。

有明一代,图书交流仍然是双方往来的重要内容。尤其在永乐年间,朱棣多次赠书朝鲜,包括《大明孝慈高皇后传》、历年《大统历》、《通鉴纲目》、《大学衍义》、《劝善书》、《四书》、《五经大全》等。[1] 特别是在世宗主持下,于1444年创造《训民正音》的过程中,明朝乐韶凤、宋濂编著的《洪武正韵》颇具参考意义。民族文字的创造和普及,对提高朝鲜教育的水平发挥了积极作用。

在朝鲜来朝贡的使节当中,汉语造诣深厚的人有很多。这些使节多用七言、五言绝句记述朝贡经历和沿途见闻,形成的文集称为《朝天录》。成化十七年(1481年)朝鲜朝贡使节成虚白归国路经山海关,回忆在北京受到的礼遇接待,赋诗曰:"每年当七月,万国庆千秋。独有三韩使,诸蕃最上头。虞周兴礼乐,宇宙属文明,雨露知何报,空怀草木情。"[2]沿途明朝接待官员的款待令他大受感动,他赋诗曰:"自幸归根叶,谁怜倦鸟还。杏林留古洞,橘井出寒山。秋色浮杯

---

[1] 吴晗:《朝鲜李朝实录中的中国史料》,第229、232、236、290页。
[2] [韩]林基中:《燕行录全集》,东国大学出版部,2001年,第268页。

面,春风上客颜。醉乡行十里,不觉过重关。"〔1〕

除使臣来访之外,朝鲜官民因海难漂流至中国者也很多,为两国文化交流添写了亮丽的一笔。弘治元年正月,济州三邑推刷敬差官崔溥(号锦南)在返回全罗道罗州时突遇风暴,与同船的42人漂流7日,至宁波府地界海岛,不幸遇海贼抢劫。再漂流4日,至台州府临海县,受到当地官员的周到接待。崔溥一行在明朝军民的护送下,经宁波府、绍兴府、杭州府,沿运河北上,过嘉兴府、镇江府、扬州府、济宁州、东昌府、德州、沧州、天津卫,至北京接受礼部馈赠衣物,并参拜皇城。他们在北京滞留多日,复出山海关,穿越辽东,渡鸭绿江归国。崔溥将其四个半月的奇异经历写成《锦南漂海录》,进呈朝鲜国王成宗,供内廷阅览。在北上朝觐和归国途中,崔溥与关注朝鲜诸事的明朝官绅士人多次笔谈,并录入《锦南漂海录》中,为了解当时的中朝关系、文化交流和社会风貌提供了翔实的记录。

明清改朝换代对中朝双方的文化交流产生强烈影响。相对于国内的严厉举措,对朝鲜,清朝则允许其冠服继续沿用明制。两国在文化心理和治国理念上异中有同,使得清代的中朝文化交流出现了若干新特点:在尊周敬孔方面,双方渐趋一致,故文化交流得以展开;但在对待明朝的态度上,却是背道而驰,或貌合神离。于是,一系列矛盾现象出现在双方的文化交流过程中:表面上,朝鲜君臣无可奈何地接受了与清朝的宗藩关系,双方的官方交流礼仪如同前朝;在背地里,朝鲜君臣既不忘皇太极两次征服的丁丙之辱,也不忘明朝旧恩,甚至从文化心理的优越意识出发,视清朝为"夷狄"之邦。

有清一代,在正式外交场合,朝鲜使用清朝年号,但在国内,却长期沿用明朝崇祯年号,如正宗迁陵碑文记做"崇祯纪元后一百二十五年",纯宗碑文记做"崇祯纪元后一百六十三年"、宪宗碑文记做"崇祯纪元后二百年"、哲宗碑文记做"崇祯二百四年"等。〔2〕诸王陵碑刻采用崇祯纪年,说明朝鲜君臣思明厌清的心理始终存在。于是,朝鲜使臣赴北京的游记不再称《朝天录》,而以《燕行录》取而代之。尤其在1627年后金兵征服朝鲜的前后,在朝鲜君臣的内部奏议中,相对于称呼明朝为"天朝"、"皇朝",称后金为"伊贼"、"小丑"、"狂虏"。即使清军入关,清帝入主中原后,朝鲜君臣仍对顺治、康熙、雍正诸帝以胡虏视之。尤其是顺治朝的使臣日记,多以《燕京录》、《燕山录》、《燕行录》称之,其中,诗作较《朝天录》大为减少,反映的也是一派肃杀的景象和消沉冷峻的情绪。直到乾隆朝,朝鲜对清朝的认同才逐渐变化。此后,大陆文化的输入由冷变热,但也仅仅

---

〔1〕 [韩]林基中:《燕行录全集》,第268页。
〔2〕 吴晗:《朝鲜李朝实录中的中国史料》,第5032、5163、5158、5170页。

作为朝鲜民族文化发展的一种补充。朝鲜君臣的文化自主、自立趋势越来越强烈,文化交流的选择性随之明显化。

此后直至18世纪后期,朝鲜著名学者洪大容、朴齐家、朴趾源等均有出使北京的经历,耳闻目睹了乾隆朝中国的繁荣和强盛,因而呼吁放弃脱离实际的"北伐论",淡化自我满足的"朝鲜中华论",以平和的心态北学清代的中国。至此,中朝的文化交流进入新时期。其中,尤以北学集大成者朴齐家最为典型。1778年(正祖二年,即乾隆四十三年),朴齐家随谢恩使蔡济恭来北京。停留北京期间,他广结文缘,考察文物制度和风土人情。此后,朴齐家又三次访问北京,对现时中国文化的认识不断接近真实。有感于时务,朴齐家著《北学议》,力倡学习中国。

明清时期,中朝在上层雅文化交流持续不断的同时,通俗易懂的俗文化交流也在发展。其中,尤其以高丽朝传入的《太平广记》为启迪,明代《剪灯新话》、《西游记》、《三国演义》、《今古奇观》等小说传入朝鲜,受到人们的喜爱。尤其是《三国演义》,既有宫廷译本和民间译本的韩文全译本,也有被改编为《赵子龙传》、《赤壁大战》、《华容道实记》等节译单行本,刘关张的兄弟结义、赵云的英勇善战、诸葛亮的谋略机智,也如同在中国一样地被人们所津津乐道。诸如《今古奇观》、《警世通言》、《警世恒言》等市民小说,也多被选取其中的篇章加以改写,流行于庶民社会。朝鲜的《春香传》等小说,在中国也受到了欢迎。

二、中日文化交流

在元代时,由于中日两国发生战争,两国间的经济文化交流受到一定影响。元朝灭亡后中日文化交流亦有了新的发展。自元代开始的日本五山汉文学和五山版汉籍持续发展并日益兴盛。五山文学的诗派,或在日本国内通读中国文献典籍,研习汉诗、汉文,在理念上与中国文化相通,称本土派;或求法于中国,云游中国名山大川,遍访名寺大刹,结识名士高僧,在感性上体验中国文化,称游学派。许多代表人物均有大量诗文或诗歌集留存于世。如五山文学游学派代表人物绝海中津,号蕉坚道人,在1368年来华求学问法8年,归国前受到明太祖朱元璋接见,并赋诗应答,互有唱和。特别是朱元璋对徐福东渡传闻赋诗曰:"熊野峰高血食祠,松根琥珀也应肥;当年徐福求仙药,直到如今更不归。"绝海中津和曰:"熊野峰前徐福祠,满山药草雨余肥;只今海上波涛稳,万里好风须早归。"[1]传为中日文学关系史上的千古佳话。他的汉诗文

---

[1] 孙东临、李中华:《中日交往汉诗选注》,春风文艺出版社,1988年,第177—179页。

集《蕉坚稿》当时已备受赞扬,且由中国名僧道衍作序作跋,流传保存至今。又如五山文学晚期著名代表人物策彦周良,号谦斋,两次作为日本使者来华。他用汉文所写的《初渡集》和《再渡集》日记,是极珍贵的文献资料。他与中国文人唱和的著名汉诗不少,其中《奉呈金仲山》曰:"莫道江南隔海东,相亲千里亦同风。从游若许忘形友,语纵不同心可通。"[1]成为中日人民友好交流的见证。

在明末清初,一些中国文人为反清流亡到了日本,他们对传播宋学作用很大,最突出的是明末遗臣朱舜水。从1659年长崎登岸起,他侨居日本二十多年,并终老于日本。在日期间,他为水户藩主德川光国之宾师,在江户讲学。他提倡经世致用的实学,对江户时代的思想界和水户学派影响颇大。他重视史学,在其影响和指导下,兴起以编写《大日本史》为中心,以尊王贱霸、大义名分为特色的水户学派。这一学派在当时就很有影响,并对后来维新志士的倒幕尊王思想有巨大影响。

明代耶稣会传教士来华时传入了西方教会的宗教及自然科技、人文社会科学方面的图书,至清代这些图书已在中国流传开来。而江户幕府锁国禁教,规定教会之书,连同《测量法义》、《勾股义》等科技书亦列为"禁书"。而到江户幕府末年,日本把许多由中国商人到长崎贸易时带去的汉译"西学"书翻印传播。这些汉文西学书除科技、地理、医学书外,亦有法律及启蒙读物,如《万国公法》、《智环启蒙》等。中国成了向日本输出西学的一个加工转运口岸,日本看西方,往往要借助中国这个窗口。这一时期,仍主要是日本向中国学习,只是内容已有所改变,或以中国在鸦片战争中失败的教训为前车之鉴,或通过中国的译书学习西方文化。

最早睁眼看世界的一批中国有识之士,利用所获西洋知识,编写出不少介绍和研究外国地理、历史及现状的著述。最早的是林则徐的译作《四洲志》,接着是魏源编撰的《海国图志》以及徐继畬编著的《瀛环志略》、陈逢衡的《英吉利纪略》、汪文泰的《红毛蕃英吉利考略》等。这些书传入日本后,成为日本人了解世界的启蒙读物。尤其是《海国图志》传入日本后供不应求,不断被刊印,影响极其巨大而深远。最为著名的事例是,魏源的书被日本著名学者佐久间象山读到后,他说:自己虽与魏源未见过面,但有着共同的关心领域,实为"海外同志"。魏源的"师夷之长技以制夷"的思想,对日本朝野有很大刺激。佐久间象山提出了著名的"东洋道德、西洋艺术(技术)"口号,对日本影响深远,培养了大批明治时代的政治家。

---

[1] 孙东临、李中华:《中日交往汉诗选注》,第231—232页。

第七节　黄海文学与艺术

明清时期,是中国海洋文学全面发展的时期。与前代海洋文学相比,最突出的表现形式不是诗词而是小说戏剧,当然由于海洋、海岛、海市蜃楼之美景仍然能引发文人的情怀,所以仍有许多清新的诗词颂扬大海美景。我们仍以诗歌为例,选择人们对山东半岛东北部黄海沿岸的登州海市与蓬莱阁、黄渤海分界线上的庙岛群岛上的天妃庙、山东半岛南部黄海海岸渔乡海错渔产这三大景观或吟咏、抒写的依托,略加考察介说。

一、对"蓬莱""海市"的叹赏

较之以前,明清时期登临蓬莱阁、吟咏登州海市的诗文创作更多。我们仍然以蓬莱县志所载为例。

《重修蓬莱县志》卷一四[1]所收明代诗作涉海内容很多,甚为可观,如薛瑄的《观海》,"瀛海茫茫未足云,真是人间一泓水",其气势之大,令人感慨;沈应奎的《吊故齐王田横古风一章》,有感于旧传田横在蓬莱住过的岛屿,诗并序之,悲歌怀古,苍凉喟叹,感人至深;还有卫青的《歼倭吟》,题下注:"时在文登沿海巡道备倭,飞渡海上,歼灭倭寇,遂抚须吟诗以壮志。"诗曰:

> 汉有卫青,塞上腾骧。我名相同,海外飞扬。瞬息千里,风利帆张。心在报国,剑舞龙翔。今除倭寇,昔歼妖娘。惶惜微躯,誓死疆场。

大丈夫精忠报国,海上歼灭倭寇,吟诗咏志,气概铿锵,令人如闻当年海上鼓角震天,杀声震耳,凯歌一片,读之快然,一位烈士暮年壮心不已的英雄将军形象跃然纸上。作者借卫青打败匈奴的壮举来表达驱除倭寇的心情。

其他如黄克缵、塞达、王言皆有以《登蓬莱阁》为名的诗篇,风格各异。黄克缵诗句曰:"天光海色春相映,叠鼓鸣笳夜急催";塞达诗句曰:"波涛今古吞元气,岛屿东西挂夕阳";王言诗句曰:"为问仓浪濯缨者,无如此处赋清流",这些诗句或大气高歌,或苍凉高远,或婉约清唱,均写得有情有韵。

十分可喜的是,该"艺文志"卷所载袁可立的一篇《甲子仲夏登署中楼观

---

[1] 道光《重修蓬莱县志》卷一四。

海市并序》，为我们画出了一幅生动逼真的海市蜃楼图，十分难得。全录如下：

余建牙东牟，岁华三易，每欲寓目海市，竟为机务婴缠，罔克一觌。甲子春，方得旨予告，因整理诸事之未集又两阅月，始咸结局。于是乃有暇晷。仲夏念一日偶登署中楼，推窗北眺，与平日苍茫浩渺间，俨然见一雄城在焉。因遍观诸岛，咸非故形。卑者抗之，锐者夷之，宫殿楼台杂出其中。谛观之，飞檐列栋，丹垩粉黛，莫不具焉。纷然成形者，或如盖，如旗，如浮屠，如人偶语，春树万家，参差远迩，桥梁洲渚，断续联络，时分时合，乍显乍隐，真有画工之所不能穷其巧者。世传蓬莱仙岛备诸灵异，其即此是舆？自己历申为时最久，千态万状，未易殚述。岂海若缘予之将去，而故示此以酬夙愿耶？因作诗以纪其事，云：

登楼披绮疏，天水色相溶。云霭泽无际，豁达来长风。须臾蜃气吐，岛屿失恒踪。茫茫浩波里，突乎起崇墉。垣隅向如削，瑞彩郁葱茏。阿阁叠飞槛，烟峭直荡胸。遥岑相映带，变幻纷不同。峭壁成广阜，平峦秀奇峰。高下时翻覆，分合瞬息中。云林荫琦珂，阳麓焕丹丛。浮屠相对峙，峥嵘信鬼工。村落敷洲渚，断岸驾长虹。人物出没间，罔辨色与空。倏显还倏隐，造化有元功。秉钺来渤海，三载始一逢。纵观临己申，渴肠此日充。行矣感神异，赋诗愧长公。

诗末注云："董其昌书勒石。"可知此诗为人所重。每日观海听涛，并可偶然见到海市蜃楼，这是千金万金也难买的事情。

同样可为重要者，还有王世贞的《和吴峻伯蓬莱阁六绝》《蓬莱阁后六绝》，以及李攀龙的《赠蓬莱王少府》，王世懋的《寄讯蓬莱阁》，吴维岳的《登蓬莱阁六绝》，徐梦麟的《秋夜泛舟蓬莱阁下》，等等。

可以算作是记"海洋旅游"的，有左懋第的《游珠玑崖》一诗，诗前有序：

余郡西北海涯，有崖削立，其下满白石，俱小而圆。游人由山颠下，石径曲折绝险，仄始至，如履碎玉。余游之时，群坐危石上，海涛接天，水拍岸作雷殷声，雨大，鱼约数丈出没涛中，余与叔侄兄弟良友数人俱观，大呼，浮白乐甚，磨海水题诗石上：

水拍青天涛卷雪，石峰片片皆奇绝。浮白狂歌长吉诗，元气茫茫收不得。

这也算作是一种"家庭亲朋好友游"了，游的很是开心，很是浪漫，竟至情不自禁,"磨海水题诗石上",很是感人。

二、黄海贡道上的使节吟咏

明代,朝鲜作为明朝的属国,其朝贡入京的贡道多有变更。明朝定都南京后,朝鲜的贡道唯有海道,即黄海海道;明朝迁都北京后,朝鲜贡道则根据东北形势和安全需要,有时仍走海道,从登州登岸后从陆路入京。庙岛群岛是自古以来中国与朝鲜半岛、日本列岛海上连结的主要通道。庙岛在明代是朝鲜使臣海路往返中朝的必经之地。岛上的娘娘庙前身为北宋时建的佛寺。元代,海上漕运兴起,至元年间,由福建船民出资,增建屋宇殿堂,并改佛院为专门奉祀妈祖的道场,世称海神娘娘庙。它是当时北方地区的第一座妈祖庙,也是妈祖信仰与妈祖文化北移的开始。

庙岛上的天妃宫(明初封号,时称"天妃祠",崇祯年间,山东左都督杨国栋奉旨对其进行扩建,并得御赐"显应宫"匾额;清代敕封"天后",仍称"显应宫")祭祀海神天妃(北方民间多称"娘娘",南方民间多称"妈祖"),朝鲜来华贡使来往多走海道,往往在庙岛候风祈神,因此天妃信仰,也由庙岛传播到了朝鲜半岛,乃至日本列岛。我们在朝鲜半岛李氏朝鲜时期入贡明朝的使臣们的《朝天录》里,可见到众多使臣们在经留庙岛时写下的大量祭祀天妃的诗文。[1] 这说明,庙岛是天妃信仰(妈祖信仰)在东北亚地区传播的最早的海上中心。[2]

从明代这些由朝鲜半岛入京朝贡的朝鲜使臣们对庙岛上的这位女神(明代称"天妃")的崇拜,亦即明代朝鲜贡使的庙岛诗,可以想象得到登州贡道、庙岛群岛、海神娘娘在当年黄海"海上文化线路"上的重要性。

据统计,高丽—朝鲜使臣在明朝时出使中国共计1 252个行次,平均每年约有138人次的使臣及使团出使中国。从海路来华的朝鲜使臣,如前期的郑梦周、权近、李詹等,过鸭绿江后从旅顺渡海经庙岛群岛,从蓬莱登陆,然后取道赴南京。而后来的全湜、金尚宪、吴天坡等人则从鹿岛出发,经长山岛(辽宁长海)、庙岛,从蓬莱登陆,然后从陆路去北京。因此朝鲜使臣候风经过的沙门岛、三叉河等处天妃宫都留下了许多高丽文妈祖诗咏。[3] 兹依其先后举例如下。[4]

---

[1] 见〔韩〕林基中主编《燕行录全集》、《燕行录续集》;吴晗《朝鲜李朝实录中的中国史料》;袁晓春编《朝鲜使节咏山东集录》;刘福铸《古代朝鲜使臣以及妈祖诗咏》上、下;刘焕阳、刘晓东《落帆山东第一州:明代朝鲜使臣笔下的登州》等。
[2] 刘焕阳、刘晓东:《落帆山东第一州:明代朝鲜使臣笔下的登州》,人民出版社,2013年。
[3] 刘福铸:《古代朝鲜使臣的妈祖诗咏》(1)、(2),《侨乡时报》2008年3月28日、3月30日。
[4] 刘福铸:《古代朝鲜使臣的妈祖诗咏》(1)、(2),《侨乡时报》2008年3月28日、3月30日。

郑梦周(1337—1392年),高丽庆州人,从洪武五年(1372年)至洪武二十年(1387年)先后四次出使中国。其《沙门岛》一诗,为"洪武十七年(1384年)三月十九日过海宿登州"时所作,诗中表达了对妈祖的虔敬之情以及希望得到妈祖的"灵贶"庇佑。诗曰:

> 祠何处,沙门海上岑。连鹤野,贡道接鸡林。由灵贶,徽封自圣心。来酌酒,稽手冀来歆。

权近(1352—1409年),高丽安东人,明洪武二十二年(1389年)六月,他出使中国,在南京受到朱元璋的接见,并得赏每天赴文渊阁听高儒讲论。明太祖赐其《高丽故京》、《使经辽左》等诗。九月,权近在返回朝鲜途中经庙岛待风,作《九月初二船发沙门岛待风》五古。诗曰:

> 天气佳,和暖如春是。乃发船,海晏波不起。岛屿中,祠宇肃清闲。赖阴功,默默心有冀。数店小,落日相投止。五六人,沽酒交欢醉。暮天晴,空翠无涯埃。若悬旌,摇摇待风急。

"利涉赖阴功,默默心有冀",表达了对妈祖的笃信之心。

李詹(1345—1405年),高丽洪州人,他于明建文二年(1400年)来中国南京朝贡,以祝贺建文皇帝登基大喜。当年十二月二十七日,李詹一行至登州海口(庙岛塘)时,由于海水结冰,乃祈祷天妃退冰,作《祈天妃退冰》,诗云:

> 海门冰合脱行船,潮退须臾已涣然。故是冰仙方便力,但将消长要知天。

金尚宪(1570—1652年),高丽安东人,明天启六年(1626年)作为朝鲜谢恩使出使北京,在沙门岛待风时,作诗多首,其中《咏天妃观道士》云:

> 千仞孤山百尺台,贝宫珠阁倚天开。丹经一案无余事,只向三山待鹤来。

高用厚(1577—? 年),朝鲜壬辰倭乱时期举行义兵活动的著名文臣。高在明朝崇祯三年(1630年),作为冬至使者出使中国,他的《遇顺风到长山岛,奉呈郑下叔》曰:

到处不相违,云帆疾若飞。东归知几日,岛上祝天妃。

张维(1587—1638年),字持国,朝鲜德水人,有《送登极贺使韩知枢汝溭》长诗,有咏及妈祖诗句云:

太平万万岁,欢声腾八荒。东藩奉贺表,使者方倣装。客路指溟涬,风期纵舲艎。天妃护玉节,蛟鳄潜遁藏。转眄拂蓬莱,骎马非原隰长。皇居九天上,万国陈玄黄。

三、宋琬的"海味诗"

宋琬(1614—1674年),山东半岛南部黄海岸边的莱阳人。少时即能赋诗,很有才名,其一生写下大量诗、词、文赋,尤擅于诗,有《安雅堂全集》三十卷行世,与施闰章齐名,有"南施北宋"之称。其中有一组风格清新、畅爽的"海味诗",是对海洋鱼类的吟咏,写得清新可喜,颇有情致,甚至妙趣横生,着实不可多得,值得品味。

这组诗是他在康熙十一年赴任四川按察使途中的怀乡之作,收录于清乾隆丙戌刻本《安雅堂全集》中,[1]《重修蓬莱县志》卷一四收录有《青鱼》、《带鱼》、《海鲋》、《蛎黄》四首。[2] 每一诗都不长,然都有长序,细说每一种鱼以及有关此鱼的情况;而其七绝本身,则多嵌典,思路开阔,眼光高远,赋比兴并用,历史典故,信手拈来,用得恰到好处,可见作者是一位地道的海鲜烹食专家和海鲜文化大师。以《青鱼》、《带鱼》为例,做下赏鉴:

青 鱼

鱼长不盈尺,青脊赤腮,立春后有之。肉香而松,随筋而脱骨,砾砾如猬毛,软不刺口。雌者腹中有子,阔竟体,嚼之有声;雄者白最佳,初入市价颇昂,既而倾筐不满十钱,海上人用以代饭,谓之青鱼粥:

枕上春莺向晓鸣,故园风物最关情。青鱼白胜西施乳,堪笑河豚浪得名。

---

[1] 赵健民:《从宋琬的"海味诗"解读古代文人的渔乡情结》,《中国海洋文化研究》第3卷,海洋出版社,2001年,第239—244页。
[2] 王文焘:《重修蓬莱县志》卷一四。

带　　鱼

鱼无鳞,鬣形,如束带,长六尺余,色莹白如银,燫燫有光彩,若刀剑之初淬者然,故又谓之银刀。首尾一骨形,与常鳞迥殊。脐上下尤美:

银花烂漫委筠筐,锦带吴钩总擅场。千载专诸留侠骨,至今七箸尚飞霜。

作者既饱读诗书,又经多历广,且善于体察生活,落笔处处生花。

宋琬在其《安雅堂全集》中,还有一些抒写其他海味的诗,如他自称"戏作"的"黄鱼"组诗:

其　　一

江湖十载老渔竿,石首多从画版看。此口锦鳞警入馔,免教安邑送猪肝。

其　　二

落花时节采茶无,退食常间灭俸钱。寄语饕人留作脍,使君好客不须悬。

其　　三

故园风物未应殊,每到春来醉玉壶。张翰当年浑不解,秋风空忆四鳃鲈。

在《安雅堂全集》中,宋琬还以笔记体短文记述了其他几种小海物,既有很高的资料价值,又有人生感慨系其端,读来发人深思,感叹不已。如以下二则:

拥　　剑

海边有介虫焉,状如蟛蜞,八足二螯,惟左螯独钜,长二寸许,潮退行泪如中粪,人声弗避,竖其螯以待,若御敌者然。土人取而烹之,螯虽熟不僵也。呜呼,螳螂奋臂以挡车辙,漆园束固笑炸矣,彼夫恃其区区之才并力往进,杀身而不悟者多矣。之于虫何知焉,吾于是乎有感。

乌鲗(贼)

乌鲗生于海中,形如鳖而差小无鳞,鬣肉须连蜷以代足,脊中有骨块然笏起,色莹质轻,刮之如玉屑,医方《本草》所谓海螵蛸也。肉在骨外,色正白无雪,脍以为羹,卓象箸无别,口有涎,箸水便黑,春夏之交游于海涂,其群以万数,见人则万口喷沫,海水为之黑数里,渔人遂下大网,尽其族而残焉。呜呼,世之贪财黩货顾反自以为廉,而卒以殒灭者黑为之累也。或曰是古墨吏所化,亦未可知。吾于是乎有感。[1]

---

[1] 赵健民:《从宋琬的"海味诗"解读古代文人的渔乡情结》,《中国海洋文化研究》第 3 卷,第 239—244 页。

第八章 近代黄海的命运

第一节 黄海海域的局势变迁

1840年,英国的坚船利炮轰开了闭关锁国的清王朝的国门,传统的水师和落后的海防观念完全无法应对西方列强的入侵。由于西方的资本主义强国纷纷从海上而来,因而海域的重要性在这一时期特别凸显。虽然两次鸦片战争期间,黄海海域的战事较少,但其作为重要的海域通道,是西方进攻京畿的必经之路,也是清王朝防御京畿的要地。

西方列强的入侵,以及内部的太平天国运动,促使清朝统治者开始变革求新,发起了旨在富国强兵的洋务运动。洋务运动的一项重要内容就是建立近代化的海军和建构完善的海防体系。1888年北洋舰队成军,刘公岛等海军基地建成,标志着洋务运动取得了重大成效,中国的近代海防也初见端倪。

与此同时,在列强入侵的刺激下日本也走上了维新之路。日本以清王朝为假想敌,大力扩充军备,尤其是海军。日本先吞并琉球,后入侵台湾岛,再入侵朝鲜半岛,不断试探清王朝的底线,最终在1894年挑起了甲午中日战争,并最终在黄海打败了北洋舰队,逼迫清王朝签订了丧权辱国的《马关条约》。至此,以中国为中心的沿黄海政治格局发生逆转,日本开始控制了这片海域,并继续向中国大陆的各个方向渗透,最终导致了中日战争的全面爆发。

经济方面,清中期时沿黄海的沙船贸易非常发达,南北间的经济文化交流也非常频繁,但这都仅限于国内贸易。在鸦片战争之后,沿黄海区域被迫慢慢开放,近代化的轮船开始成为重要的海上交通工具。伴随通商口岸的开放,沿黄海的经济开始融入世界市场当中。由于独特的区位优势,以及相邻腹地的广阔市场,列强对黄海海域的争夺也异常激烈,英、日、俄、德等国纷纷在这一海域划定势力范围或强占租借地,尤其是日本,凭借地利之便,对中国黄海海域大肆侵略,攫取利益。在内忧外患之中,沿黄海区域的渔业和盐业开始艰难地向近代转型。

第二节 黄海危机与甲午之殇

一、两次鸦片战争中的黄海

中国是一个负陆面海的东方大国,一直以文明久远、物产丰盈而自豪,并因此而产生了一种心理上的优越感,认为自己居于天下之中,是无可置疑的天朝上国,其余则属蛮夷之邦。就在明清两朝统治者因此而洋洋得意之时,西方国家却在经历着一场天翻地覆的变革,资本主义经济不断扩张,全球化进程开始加速。伴随这一发展过程的便是在海上的角逐。从15世纪开始,葡萄牙、西班牙、荷兰、英国、法国等欧洲国家相继崛起为海洋大国;19世纪中期以后,后起的资本主义国家美国、德国、日本、俄国等也在极力扩张海上力量,而此时的中国却沉浸在天朝上国的美梦中,以闭关锁国为国策。于是,在这几个世纪里,中西海上力量便发生了逆转。尤其是19世纪中期鸦片战争爆发,英国殖民者凭借工业革命武装起来的"坚船利炮"敲开了中国的大门,此后列强纷纷侵略中国,将中国带入了半殖民地半封建社会的深渊,给中华民族带来了深重的灾难。鸦片战争中,西方殖民者第一次穿越黄海海域,逼临天津,威胁京师。随后,列强多次穿过黄海,给清政府和中国人民带来了深重的危机。

(一)鸦片战争爆发后英军入侵黄海海域

19世纪初,经历过工业革命、经济突飞猛进的英国迫切需要打开海外市场,于是便瞄准了中国。但是,中国传统的以男耕女织为特点、自给自足的自然经济并不太需要外来产品,于是为了扭转贸易逆差,英国大肆向中国走私鸦片。鸦片贸易的猖獗,既造成白银大量外流,也使得百姓贫弱、军队衰惫。林则徐等人建议禁绝鸦片,并发动了虎门销烟。英国侵略者以此为借口发动了第一次鸦片战争,对中国海防产生了深远影响。

在这场战争中,双方海上力量的悬殊对比暴露无遗。清王朝的海防力量非常落后,沿海的海防力量还是清初为防御海上敌对势力而设立的水师。在沿海主要有奉天、直隶、山东、江苏、浙江、福建、广东等省外海水师,"沿海各省水师,仅为防守海口、缉捕海盗之用"(《清史稿·兵志》),水师建设根本不适应对外反抗侵略的需要。而完成了工业革命的英国,国力突飞猛进,尤其是武装起来的"坚船利炮"更是威力巨大。据《中国海防史》一书描述:鸦片战争时,英国的战列舰依然依靠风帆。船帮由表里两层组成,外包铁皮,内衬木板,船底也是双层,称为夹板船。排水量大者上千吨,小者数百吨。大型舰船长度超过100米,可载800人,装备80—120门火炮,舰首、舰尾装有可发射56磅和68磅实心弹的加农炮,或装有可发射爆炸弹的大口径炮,有效射程约1 000—2 000米,具有相当大的摧毁力和杀伤力。中型舰船装备50—70门火炮,小型舰船装备22—34门火炮,最小的装备10—22门火炮。火炮射速一般已达每分钟1—2发。舰船上还装有先进的罗经导航,运用望远镜观察。[1] 而此时,中国东南沿海的海防力量却非常薄弱,仅以福建水师战船而论,"最大的配备重量不超过2 000斤的火炮8门,炮位均安在舱面,炮手无所遮蔽,易受火力杀伤"。[2] 广东水师所配战船与此相差不大。所以,就海上力量而言,双方实力相差可谓悬殊。此外,双方在枪炮等武器方面的差距也是非常大的,以至于出现"清军投入数千士兵与英军作战,往往只毙伤英军十数人、数十人"[3]的状况。之所以出现这种不正常的状况,虽不能全部归咎于武器,但无疑与枪、炮等武器差距有关,"两者本质的差别在于技术关键之处改良的成功与否,再加上迟迟未能走出中世纪战争战术观念,因此,清军在英军精良的武器和先进的战争战术观念面前,急切间难以找到制胜的法宝,因此,在多次战争中屡战屡败"。[4]

  第一次鸦片战争期间,双方的交战区域主要在长江以南,特别是东南沿海的广东、福建以及浙江等地,清政府也主要在这些地区调兵遣将,加强防御。北部黄海沿岸的江苏、山东、辽宁一带因为距离南方战场较远,清政府并无充分准备。但是这个地区的战略地位却非常重要,侵略者一旦沿海绕过山东半岛,穿过渤海海峡,就会长驱直入逼近天津,如此便可造成京畿震动,可惜的是清政府却意识不到这点。在第一次鸦片战争后期,英国侵略者决定沿海北上。英舰在封锁宁波及长江口后,循海岸线一路北上,绕过山东成山角,直接逼近大沽口,造成京畿震动,这是在历史上黄海第一次面临严重危机。到大沽口之后,英舰很快又暂时驶离,前往奉天复州湾、长兴岛等地索要食物及淡水。途中因遭遇台风,各舰船分别被吹至山东蓬莱陀矶岛及直隶丰润的涧河。"布朗底"号、"摩底士底"号两舰及运输船1艘,于7月28日到达长兴岛,英兵登岛索要食物和淡水,并测量了地形。8月1日,英舰从辽东折回,齐集大沽口。

  这次英舰从容北上使得京畿震动、朝野大惊,让清朝廷非常被动。道光皇帝

---

[1] 杨金森、范中义:《中国海防史》,海洋出版社,2005年,第602页。
[2] 杨金森、范中义:《中国海防史》,第611页。
[3] 吕小鲜:《第一次鸦片战争时期中英两军的武器和作战效能》,《历史档案》1988年第3期。
[4] 刘鸿亮:《第一次鸦片战争时期中英双方火炮的技术比较》,《清史研究》2006年第3期。

外慑于英军之威,内惑于穆彰阿、琦善等人的谗言,于是便答应惩治林则徐。得到道光皇帝的答复后,英军返回南方。在南下的过程中,英舰仍不断骚扰北部沿海地区,其中5艘英舰于9月16日再次闯入登州海域,在鼍矶岛外洋和长山岛以北游弋。它们是旗舰"威里士厘"号,配炮74门;战舰"摩底士特"号,配炮74门;战舰"窝拉疑号",配炮26门;运输舰"爱尔纳德"号和"达维德·马耳科姆"号。这5艘舰船在登州海面共停泊了8天,其目的是搜购粮食和淡水。为避战祸,山东巡抚托浑布决定息事宁人,他一方面派买办鲍鹏与英军进行交涉,同时又派人购买牛、羊、面粉、蔬菜等以给英军。英舰获得补给后便离开山东南下。[1] 后来,中英双方又在东南沿海的广东、福建、浙江等地进行了一系列战争,最终英军战胜,道光帝被迫签订了中国近代史上第一个不平等条约。

中英鸦片战争是一场影响深远的战争,它标志着中国近代史的开端。这场战争的主战场是在南海、东海沿岸,但是其影响却并不仅限于此。在战争中,清朝的海防,尤其是黄、渤海海防形同虚设,来自万里之外的英军凭借少量兵舰即可轻松北进、逼近京畿,暴露了清朝海防的落后。此后,中国在与西方殖民者的较量中日渐被动,外国军舰多次逼近京畿,负有拱卫京畿重任的黄海步入多事之秋,黄海危机不可避免地到来了。

第一次鸦片战争时期,道光皇帝已经看到黄海海防的重要性,如他曾针对旅顺口的地位说道:"盛京旅顺口与山东庙岛相对,其间海面相距百数十里,为海舶至天津必由之路,若设兵防堵,其势有所难及。……夷船坚固,惟于夜间从后尾轰击,较可得力。"[2]他已经看到了地处黄海、渤海交界之处的海防重地旅顺的重要海防地位,并提出了自己的想法。再如山东,道光帝也比较重视。他在战争期间指出:"山东登州海口,为北来船只必由之路……托浑布久驻海口,情形谅已深悉,乘此无事之时,着体察地势,豫为筹画。"[3]但是,由于中英双方实力悬殊,加之诸多军事弊端积重难返,这些措施并没有起到多大的实际作用,英军轻易就穿越了北部海域逼临京城,第一次鸦片战争也最终以中国失败告终。

第一次鸦片战争结束后,道光皇帝在愤恨、失望之余,下令沿海督抚加强辖区内的海防建设。在山东,山东巡抚托浑布提出了八条海防建设方案,继任者梁宝常又将山东海防建设方案修正为十二条,概括而言,主要体现在以下五个方面:其一,改造舰炮,武装水师;其二,增加水师兵额,增强水师巡洋力量;其三,

---

[1] 赵红:《晚清山东海防研究》,山东师范大学2004届硕士学位论文,第14页。
[2] 赵之恒等:《大清十朝圣训》,北京燕山出版社,1999年,第8524页。
[3] 赵之恒等:《大清十朝圣训》,第8531页。

严定操演章程,加强水师训练;其四,修筑海防工事——炮台;其五,建设海防后勤保障设施——军储仓。[1] 其实,托浑布与梁宝常二人的海防观点还是有很大的不同之处的。托浑布由于缺乏与英军的实战经验,所以并不主张发展新式武器、舰船,而只是力主加强对军队的训练和整顿,"对于武器装备的改善既没有紧迫感,也没有明确的目标",[2]而梁宝常要先进些,他承认清军武器装备不如英军,主张"师夷制夷",希望通过学习西方的船炮技术,提升清军的武器装备水平,借以加强海防建设,这应当与他"于1841年秋冬曾由内廷被差往广东署理巡抚4个月,对于广东海防前线情况多少有所了解"密切相关。[3] 在江苏,道光二十八年(1848年),经朝廷批准,制定了江南地区外海水师章程,概括起来主要包括以下几个方面的内容。其一,选拔人才。由于江苏风气比较柔弱,水师将领尤其难以选择,因此需要"必舍短取长,明定赏罚,优者破格示奖,劣者加等示惩,驾御而鞭策之,令其知感知奋"。其二,改革巡哨制度,原先,苏松镇水师常年统巡外洋,秋冬兼巡内洋,而福山镇则春夏统巡内洋,秋季会哨一次,二者任务分配非常不均。从道光二十九年(1849年)正月改为:苏松镇春秋统巡外洋,夏冬统巡内洋;福山镇夏冬统巡外洋,春秋统巡内洋。其三,命令苏松镇总兵与浙江定海总兵,苏松、狼山、福山总兵以及各营将官,按期互相会哨。其四,重点扼守要害地区,配备充足兵员。

诚然,以上这些海防措施在一定程度上改变了当时黄海沿岸海防破败的面貌,但是也不能评价过高。首先,这些举措大多是传统海防措施的一个改进而已,并没有多少实质性的提高,这在科技发展突飞猛进的近代无疑是落后的,尤其是与其主要的防御对象——西方殖民者相比,更是差距不小。其次,饶是如此,以上这些加强海防的措施也大多停留在讨论层面,其具体实施结果并不理想。所以,在第二次鸦片战争期间,黄海海防真正遭遇到了挑战,英法军队多次侵入黄海海域,黄、渤海海防要塞大连和烟台也被英、法军队占据了很长时间,并以此作为进攻天津的前沿阵地。从这个意义上讲,第一次鸦片战争之后,北部沿海的黄海滨海海防虽然也得到一些修补和整饬,但并没有本质性提高,仍存在很大的问题。

(二) 第二次鸦片战争中的黄海

第一次鸦片战争后,清朝统治者并没有吸取战败的教训。他们缺乏卧薪尝

---

[1] 赵红:《论两次鸦片战争期间的山东海防建》,《鲁东大学学报》2006年第3期。
[2] 王宏斌:《晚清海防:思想与制度研究》,商务印书馆,2005年,第5页。
[3] 王宏斌:《晚清海防:思想与制度研究》,第5页。

胆的心胸与气魄,对于当时朝政腐败、军备废弛的状况也没有任何办法,所以海防仍在继续衰落。太平天国运动爆发后,清朝统治者调集重兵围剿太平军,其中包括大量沿海军队,这就使得海防更加空虚。但是已经基本完成工业革命、生产力突飞猛进的西方殖民者却并不满意于鸦片战争的既得利益,他们为了攫取更多的利益,提出了修约的要求,导致了第二次鸦片战争的爆发。

第二次鸦片战争前后,黄海沿岸海防力量仍旧没有得到提高,还是非常虚弱。先看山东重镇登州,1855年11月13日,山东巡抚崇恩奏称:"查登州一镇自道光三十年改为水师,经前抚臣陈庆偕奏准添造广船、开风等船十只。咸丰元年被贼占驾九只。嗣后粤匪在浙江投诚,收回八只……本年夏,水师出洋,先后被贼烧毁三只",〔1〕其属下已经没有多少可用的船只。扼守黄渤海关口的旅顺,情况也不乐观,1859年盛京将军玉明的一道奏折提供了以下信息:旅顺口水师营额设战船十艘,仅有两艘齐整完好。其余八艘中,五艘已届应修之年,报工部由闽、浙两省咨取物料,迟迟不来,以致失修而不能使用;两艘已奏准由浙江承造,尚未送到;另一艘送往福建修理,1857年已修好,但到1859年1月才到。经检查,"来船丈尺核与定制长宽均各不符,船身较直,船而左右水舱门旁各有拨缝,舱底半多浸水,大篷残破,缆绳两条磨损十五丈余,副锭蛆蛀过甚,大桅一根,间有裂处,饰补油灰。"该将军亲至水师营查询后称:"此船实系不堪驾驶。"〔2〕可见,在这两处扼守黄渤海门户的战略要地,战船尚且不敷使用。同时,在这些海防要地兵员也远不够用,有诸多缺额,咸丰元年,工科给事中焦友麟在上奏中称:"臣籍山东,闻登州水师额设五百名,现存不过二百名,每遇抚臣校阅,则雇渔户匪人充数。"〔3〕登州、旅顺位于渤、黄海交界处,是拱卫京畿的重要前沿阵地,海防地位异常重要。但就是在这样的战略要地,清政府仍然没有给予足够的重视,这是非常危险的。

在第二次鸦片战争期间,辽东半岛南端的旅大地区、山东半岛的海防要地烟台曾分别遭到英、法军队的攻击。1860年,英军曾经强行登陆大连湾附近,并占据一个多月。1860年春天,英、法军队在舟山群岛集结,经过密谋后,确立了英军入侵大连、法军入侵烟台,而后伺机合兵入侵大沽口的决策。英军在入侵之前,先是派遣海军军官哈恩德率间谍船潜往旅大沿岸窥测,以找寻舰船停泊、军队驻扎的场所。这些间谍船在大连湾内"东西游弋,至老键子沟停泊……试探

---

〔1〕 转引自茅海建:《第二次鸦片战争时期清军的装备与训练》,《近代史研究》1986年第4期。
〔2〕 转引自茅海建:《第二次鸦片战争时期清军的装备与训练》,《近代史研究》1986年第4期。
〔3〕 转引自茅海建:《第二次鸦片战争时期清军的装备与训练》,《近代史研究》1986年第4期。

水势",并"用千里镜窥看",还"携带杉板四只,分赴甘井子等处",以"寻买牛羊"为名,进行侦察。英军在旅大沿海活动了六天,然后"扬帆向东南大洋驶去"。[1] 经过一番周密侦查,英军开始大举入侵。在沿海北上的路上,英军一路劫掠,如上海船户余锡蕃、高畅堂、陆缤彩由江苏运漕米赴天津,交卸完毕后又去没沟营(今营口)装载出口,行至山东洋面即被英舰扣留;山东船户杨振声、李发增等人由江苏运漕米,行至威海海域,被英舰拦截;江苏沙船船主邢继周由上海而来,行至岭山洋面被劫;天津船主王天成,去山东贩卖粮食后,在赶赴牛庄的过程中被扣留,被劫掠现银两千一百两。[2] 6月,英军闯入大连湾。由于双方实力相差悬殊,英军不久就占领了大连湾。此后,英军一方面测量水深地形、绘制军用地图,另一方面则大肆烧杀抢掠。这时清政府正举全国之力镇压太平天国起义,东北兵力大都奉调南下,旅大地区兵力空虚,所以清朝统治者对此无可奈何。后来,还是在旅大人民的英勇反抗之下,英军后勤供应出现了问题,加之与法军合兵攻打大沽口日期将至,英舰方才撤离。

与此同时,法国侵略者侵入了山东。其实,早在这次入侵山东之前,法军司令孟托班即已盯上了烟台,他在1860年3月写给法国陆军大臣的信中说道:"我早就选择芝罘(即烟台)作为上海和白河之间的中转站,以便我们的计划一旦遇到意想不到的困难时,即行在那里安置我的军队。"[3] 其实,其盟友英军也早就瞄准了烟台,但由于一地难以同时驻扎两支军队,所以双方在经过密谋后,改为英军北上占领大连。法军在经过几番周密侦查后,开始入侵烟台。是年农历四月,法军抵达烟台,首批"约有三四千人"。[4] 此后,法军继续增兵,到农历五月二十五日,"烟台海口前到船上,走起夷人约有千余,连前约共一万四五千人"。[5] 在法军占领烟台前后,清政府并没有采取有效的应对措施。早在四月初九,清政府已经得到法军即将入侵登莱的确切消息,随即下令山东巡抚文煜,要他"严饬该处将弃暗为防备",但同时又告诫"切不可先行启衅,致令该夷有所借口"。[6] 在法军占领烟台后,清政府也没有采取有效的抵御措施,而是一味妥协退让,并幻想法军能主动撤离,这无疑使得法军

---

[1] 转引自左域封:《第二次鸦片战争中英军侵占大连湾始末》,《辽宁师范大学学报》1981年第1期。

[2] 转引自左域封:《第二次鸦片战争中英军侵占大连湾始末》,《辽宁师范大学学报》1981年第1期。

[3] 齐思和等:《第二次鸦片战争》,上海人民出版社,1978年,第3181页。

[4] 贾祯等:《筹办夷务始末(咸丰朝)》,中华书局,1979年,第1929页。

[5] 贾祯等:《筹办夷务始末(咸丰朝)》,第2025—2026页。

[6] 贾祯等:《筹办夷务始末(咸丰朝)》,第1910页。

的侵略气焰更为嚣张。

直到7月下旬,英、法军队分别离开大连、烟台,赶赴天津,发动了第三次大沽口战役,进而登陆天津,进军北京,火烧圆明园,清政府再度经历了一场浩劫。

总体而言,鸦片战争的失败将中国带入了灾难的深渊,黄海危机开始出现。第一次鸦片战争时期,战事主要在东、南沿海开展,但是英军绕海北上、逼临京畿,显露出黄海布防之虚弱。可惜的是,清朝统治者没有意识到这个问题,抑或是虽意识到却无能为力,在此后的十数年里黄海布防并没有得到实质性提高,于是便导致了第二次鸦片战争时期英、法联军曾三次占领大沽口,并分别占领渤黄海要地大连、烟台的事件,使得黄海危机更进一步加深。

二、黄海布防与北洋海军建设

第一次鸦片战争的失败,将中国人从"天朝上国"的迷梦中唤醒。一部分先进的中国人提出了"开眼看世界"的主张,如林则徐、魏源等人,他们翻译西方图书报刊,积极呼吁向西方学习。魏源在《海国图志》一书中明确提出"师夷长技以制夷"的主张,力主学习西方先进科技,抵御外国侵略,以期富国强兵,开创了向西方学习的风气。洋务运动是在19世纪60年代初清政府镇压太平天国起义的过程中和第二次鸦片战争结束后兴起的。当时,为了挽救清政府的统治危机,封建统治集团中的部分成员,如奕䜣、曾国藩、李鸿章、左宗棠、张之洞等人,主张引进西方先进科技,仿造西方先进武器装备,创设近代企业,兴办洋务,在中国近代史上产生了深远的影响。在洋务派的大力推动下,清政府的武器得到较大改观,海防力量不断加强,尤其是黄海沿岸海防实力大增,李鸿章等人苦心孤诣创建的北洋水师即驻扎于此。

(一)黄海布防

在第二次鸦片战争中,黄海海防遭受了严峻考验,英、法侵略者曾先后发动了三次大沽口战役,直接威胁清政府的统治中心。这也暴露了一个残酷的现实,那就是整个中国海防异常空虚、破败,尤其是黄、渤海地区的海防更是形同虚设,这就使得西方侵略者气焰极其嚣张,他们如入无人之境,来去自如,牢牢地掌握了战争的主动权。

(二)北洋海军建设

在洋务运动的背景下,黄海海防得到较大改观,最为重要的标志就是北洋水师的设立。

事实上,洋务运动时期黄海海防力量的增强还不是在第二次鸦片战争之后立即开始的。在第二次鸦片战争结束后的一段时间里,由于海上形势归于平静,所以黄海海防并没有得到太大改善。直到19世纪70年代,中国展开了一场海防战略的大讨论,其主要诱因就是日本入侵台湾事件。1874年日军侵入台湾,清政府鉴于海军实力太弱,无法与日军于海上争衡,所以只得以50万两战争赔款、承认琉球为日本属国的代价换取日军从台湾撤军。这一事件对清政府刺激很深,原因在于其受挫的对象不是"船坚炮利"的西方殖民者,而是其一向并不怎么重视的东邻小国日本。所以,此后不久,总理衙门就提议加强海防建设,恭亲王奕䜣在上疏中指出:"自庚申之衅,创巨痛深,当时姑事羁縻,在我可亟图振作,人人有自强之心,亦人人为自强之言,而迄今仍无自强之实。从前情事几于日久相忘。臣等承办各国事务,于练兵、裕饷、习机器、制轮船等议屡经奏陈筹办,而歧于意见致多阻格者有之,绌于经费未能扩充者有之,初基已立而无以继起久持者有之。同心少,异议多。局中之委曲,局外未能周知。切要之经营移时视为恒泛,以致敌警猝乘,仓惶无备。有鉴于此,不得不思惄于后。"[1]他提出了发展海军、加强海防建设的主张。紧接着,一场在沿海、沿江官员中的海防大讨论开始了,这场讨论涉及六个方面的问题,即"练兵"、"简器"、"造船"、"筹饷"、"用人"、"持久"。这次讨论由数十名官员参加,大家一致认识到加强海防建设的迫切性,提出了创设近代化海军、建设沿海防卫体系等具体主张。

清政府在综合各种建议的基础上,决定在南、北两洋创设海军,具体计划是,"先就北洋创设水师以军,俟力渐充,就一化三,择要分布",同时还安排了具体操办的人员,"南北洋地面过宽,界连数省,必须分段督办,以专责成。着派李鸿章督办北洋海防事宜,派沈葆桢督办南洋海防事宜,所有分洋、分任练军、设局及招致海岛华人诸议,统归该大臣等择要筹办"。[2] 在这一背景下,黄海海防力量逐渐增强,守卫黄海的北洋水师也最终设立。

光绪元年(1875年),清朝廷批准了山东巡抚丁宝桢的奏报,在山东烟台、威海卫、登州兴建炮台,并在山东设机器局,制造武器装备。山东机器局的设立在增强渤、黄海海防军事实力方面起了重要作用。1892年,山东巡抚福润奏称:"频年东省留防各台暨嵩武军,均习外洋枪炮,所需火药、铅丸、铜帽及各种军火,无不随时支应,悉与外洋制造无异。即从前两次筹办海防,添募多营,各国守

---

[1] 宝鋆等:《筹办夷务始末(同治朝)》中华书局,1963年,第19页。
[2] 张侠:《清末海军史料》,海洋出版社,1982年,第12页。

局外之例,不准购买军火,而机器局源源解运,办不致稍有缺误。"[1]山东机器局制造的军械、火药质量可媲美外国,源源不断地供应到海防前线。

李鸿章主持北洋水师建设事宜后,首先在黄海沿岸的山东地区配备新式船只。光绪五年(1879年)年底,李鸿章受命负责山东等地蚊子船的采买事宜,他在与时任山东巡抚周恒祺商议后,决定通过海关总税务司赫德代为订购2艘蚊子船。光绪七年(1881年),船只抵达大沽口,被命名为"镇中"、"镇边"。但李鸿章认为"直东洋面毗连,此项炮船可为攻守利器,若零星分布,势涣力单,同归无用",在与新任山东巡抚任道镕商议后,李鸿章改变了将其驻守烟台的决定,而是将"镇中"、"镇边"等4艘炮船以及新购买的2艘巡洋舰,"合为一小枝水师,随时会操,轮替出巡,防护北洋要隘,以壮声势,而资控扼"。[2] 这样"镇中"、"镇边"便纳入北洋海军系统合队操练,由李鸿章全权支配。这两艘蚊子船虽然没有驻守山东,但是间接加强了山东地区的海防力量。此外,李鸿章还在渤、黄海沿岸的要害地区建立海军基地。1881年,李鸿章在经过调查后,决定在旅顺和威海卫设立海军基地,以驻扎舰队。是年,李鸿章又委派丁汝昌统领北洋海军。中法战争后,李鸿章加速购置舰船,扩充北洋海军。1885年,成立了总理海军事务衙门。1888年12月17日,北洋水师正式成军,同日颁布施行《北洋水师章程》,此时的北洋水师有军舰大小25艘,辅助军舰50艘,运输船30艘,官兵4 000余人。从此,近代中国正式拥有了一支当时东亚第一、世界第六的海军舰队。应该说,在19世纪80年代中国海军还是得到了较快发展的。但是在1888年以后,由于户部翁同龢的"减省开支"政策,导致北洋舰队经费大幅减少,多被政府挪往他处。当时正值海军技术突飞猛进之时,但北洋水师由于缺乏经费却连续多年未能添设船只,一些应该进行的更新工程也未能进行,严重影响了其发展步伐,实在是一大憾事。19世纪80年代前后,朝廷还建设了南洋海军,主要控御南京、上海一带,但由于各种原因,南洋水师发展并不快,船只配备等也远不如北洋水师,并没有起到太大作用。

19世纪后期,李鸿章还试图重点建设山东海防重地胶州湾。光绪十二年(1886年),驻德公使许景澄在《条陈海军应办事宜折》中建议加强胶州湾这一"天然门户"的防御,认为中国沿海"惟该湾形势完善,又居冲要,似为地利之所必争"。所以,他主张"渐次经营,期于十年而成巨镇"。[3] 后来,又有有识之士

---

[1] 孙毓棠:《中国近代工业史资料》第一辑,中华书局,1962年,第481页。
[2] 李鸿章:《李鸿章全集》第3册,海南出版社,1997年,第9页。
[3] 山东省历史学会:《山东近代史资料》(第三分册),山东人民出版社,1961年,第51页。

倡议加强胶州湾防御。这些建议引起了清廷的重视,李鸿章在对胶州地区进行勘查后,决定加强胶州湾地区的防御力量。不过,遗憾的是由于多种原因,胶州湾设防困难重重,最终进展不大。

1894 年,甲午中日战争爆发,北洋舰队全军覆没,宣布了洋务运动的最终破产,黄海海防也全面崩溃。

三、甲午海战与黄海之殇

甲午海战是 19 世纪末甲午战争时中日海军在黄海上展开的海战。这场海战以清朝北洋水师全军覆没告终。战败的清朝政府被迫与日本签订了丧权辱国的《马关条约》。甲午战争给中华民族带来空前严重的民族危机,大大加深了中国社会半殖民地化的程度,而日本则获得了巨额赔款,进而强化了国力,海洋军事力量也大幅提高,黄海海域从此成为日本军国主义恣意践踏和掠夺的空间。

(一)甲午海战的背景与经过

1. 背景

1868 年,明治维新之后的日本走上了资本主义道路,日渐强盛。日本急需对外商品输出和资本输出,并急于从对外扩张中寻求出路。

日本侵略中国是蓄谋已久、准备充分的。早在 1867 年,明治天皇睦仁登基伊始,即在《天皇御笔信》中宣称"开拓万里波涛,宣布国威于四方",蓄意向海外扩张。1879 年,日本吞并了清朝属国琉球,改设为冲绳县。1876 年日本以武力打开清朝属国朝鲜的大门,强迫朝鲜政府签订《江华条约》,取得了领事裁判权等一系列特权。1882 年朝鲜发生壬午兵变,中日两国同时出兵朝鲜,清军虽然在这次事件中压制住日军,但日本还是如愿在《济物浦条约》中取得了在朝鲜的派兵权和驻军权。1884 年,日本帮助朝鲜开化党发动甲申政变,企图驱逐中国在朝鲜的势力。袁世凯率清军击败了日军,镇压了这次政变。但日本人还是利用了清廷的昏庸同清朝订立了《天津会议专条》,规定中日两国同时从朝鲜撤兵,两国出兵朝鲜须互相通知。《济物浦条约》使日本取得了以保护公使馆为由出兵朝鲜的权利,《天津会议专条》则使日本取得了与中国在朝鲜共同行动的权利,这两个条约为后来的甲午中日战争埋下伏笔。

2. 过程

1894 年,朝鲜爆发东学党起义,朝鲜政府军节节败退,被迫向清朝乞援。日本认为发动战争的时机已至,诱使清朝出兵朝鲜。

在朝鲜向清朝乞援的同时,日本通过其驻朝公使馆探知清廷将要出兵朝鲜的消息,伊藤内阁决议出兵朝鲜。1894年7月,日本发动战争的阴谋愈发明显,中国国内舆论和清军驻朝将领纷纷请求清廷增兵备战,朝廷里也形成了以光绪帝、户部尚书翁同龢为首的主战派,然而慈禧太后并不愿意其六十大寿为战争干扰,李鸿章为了保存自己嫡系的淮军和北洋水师的实力,也企图和解,这些人形成了清廷中的主和派。到7月中旬中日谈判破裂以后,一直按兵不动的李鸿章才应光绪帝的要求,开始派兵增援朝鲜。而随着中日、日朝谈判相继破裂,列强调停均告失败,于是日本大本营于1894年7月17日做出了开战决定。

日本唆使朝鲜亲日政府断绝与清朝的关系,并"委托"日军驱逐驻朝清军。在控制了朝鲜政府后,1894年7月25日(农历甲午年六月二十三日),日本不宣而战,在朝鲜丰岛海面袭击了增援朝鲜的清军运兵船"济远"、"广乙",丰岛海战爆发。海战中日本联合舰队第一游击队的"浪速"舰悍然击沉了清军借来运兵的英国商轮"高升"号,制造了"高升"号事件,至此日本终于引爆了甲午中日战争。1894年8月1日(光绪二十年七月初一),中日双方正式宣战。

(1) 第一阶段:黄海海战

时间是从1894年7月25日至9月17日。在此阶段中,战争在朝鲜半岛及黄海北部进行,陆战主要是平壤战役,海战主要是黄海海战。

黄海海战发生于1894年9月17日,即平壤陷落的第三天,日本联合舰队终于在鸭绿江口大东沟附近的黄海海面挑起一场激烈的海战,这是甲午战争中继丰岛海战后的第二次海战,也是中日双方海军的一次主力决战。这场战役发生于鸭绿江口大东沟(今辽宁省东港市)附近海面。日本海军在大同江外海面投入战斗军舰12艘,包括其全部精华,可以说是倾巢出动。

海战的结果:北洋舰队损失"致远"、"经远"、"超勇"、"扬威"、"广甲"("广甲"逃离战场后触礁,几天后被自毁)5艘军舰,死伤官兵千余人;日本舰队"松岛"、"吉野"、"比睿"、"赤城"、"西京丸"5舰受重创,死伤官兵600余人。此役北洋水师虽损失较大,但并未完全战败。然而李鸿章为了保存实力,命令北洋舰队躲入威海卫港内,不准巡海迎敌。日本夺取了黄海的制海权。

黄海海战进一步揭露出清朝的腐败无能。北洋水师建立之初,舰队在火力和整体吨位上远超当时的日本海军,日本海军为筹集经费,天皇甚至从后宫经费中拨款给海军,而清廷则十年不添一舰一炮。大清水师军舰陈旧落后,虽然海军训练程度未见得低,但军械日渐落后。日本海军加紧训练,军舰保养好,在自主造舰的同时,向英国皇家海军购置新舰,学习经验。在海战开始前,北洋水师军舰老旧,锅炉破损,舰炮使用穿甲弹,射速慢,威力不足。而日本海军训练有素,装备了大批的新式战舰,使用大口径火炮,并装备了速射炮,开发出了新型的炮弹,在总体吨位上也超过了北洋海军,在海战上有了极大的优势。

(2) 第二阶段:鸭绿江江防之战和金旅之战

鸭绿江江防之战开始于1894年10月24日,是清军面对日军攻击的首次保卫战。日军先于九连城上游的安平河口涉水过江成功。当夜,日军又在虎山附近的鸭绿江中架起浮桥,清军竟未觉察。25日晨6时,日军越过浮桥,向虎山清军阵地发起进攻。清军守将马金叙、聂士成率部坚持抵抗,因势单力孤,伤亡重大,被迫撤出阵地。日军遂占领虎山。其他清军各部闻虎山失陷,不战而逃。26日,日军不费一枪一弹占领了九连城和安东县(今丹东)。在不到三天内,清朝近三万重兵驻守的鸭绿江防线竟全线崩溃。

金旅之战也开始于10月24日,是甲午战争期间中日双方的关键一战。在日本第一军进攻鸭绿江清军防线的同一天,大山岩大将指挥的第二军两万五千人在日舰掩护下,开始在旅顺后路上的花园口登陆。11月6日,日军击溃清军连顺、徐邦道等部,进占金州(今辽宁金州区)。7日,日军分三路向大连湾进攻,大连守将赵怀业闻风溃逃,日军不战而得大连湾。日军在大连湾休整十天后,开始向旅顺进逼。当时旅顺地区的清军将领先后潜逃。21日,日军向旅顺口发起总攻,次日,号称"东亚第一要塞"的旅顺陷于日军手中。日军攻陷旅顺后,即制造了旅顺大屠杀惨案,4天之内连续屠杀中国居民,死难者最高估计2万余人。

随着清军节节败退,在清廷内部,主和派已占上风,大肆进行投降活动。旅顺口失陷后,日本海军在渤海湾获得重要根据地,从此北洋门户洞开,北洋舰队深藏威海卫港内,战局更是急转直下。

(3) 第三阶段:威海卫保卫战

威海卫之战是保卫北洋海军根据地的防御战,也是北洋舰队的最后一战。1895年1月20日,大山岩大将指挥的日本第二军,在日舰掩护下开始在荣成龙须岛登陆,23日全部登陆完毕。30日,日军集中兵力进攻威海卫南帮炮台。驻守南帮炮台的清军仅六营三千人。营官周家恩在摩天岭阵地顽强抵抗,最后阵亡,但日军也死伤累累,其左翼司令官大寺安纯少将被清军炮弹打死,这是日本在战争中唯一阵亡的将军。由于兵力悬殊,南帮炮台终被日军攻占。2月3日,日军占领威海卫城。威海陆地悉数被日本占据,丁汝昌坐镇指挥的刘公岛成为孤岛。日本联合舰队司令伊东佑亨曾致书劝降丁汝昌,遭丁汝昌拒绝。5日凌晨,旗舰定远中雷搁浅,仍做"水炮台"使用。10日,定远弹药告罄,刘步蟾自杀。11日,丁汝昌在洋员和威海营务处提调牛昶昞等主降将领的胁迫下拒降自杀。洋员和牛昶昞等又推署镇远舰管带杨用霖出面主持投降事宜,杨用霖最终自杀。

12日,美籍洋员浩威起草投降书,伪托丁汝昌的名义,派广丙舰管带程璧光送至日本旗舰。14日牛昶昞与伊东佑亨签订《威海降约》,规定将威海卫港内舰只、刘公岛炮台及岛上所有军械物资悉数交给日军。17日,日军在刘公岛登陆,威海卫海军基地陷落,北洋舰队全军覆没。

(二)甲午海战的结果与影响

1895年3月,清政府任命李鸿章为头等全权大臣。他和作为顾问的美国前任国务卿科士达前往日本马关(今下关)与日本首相伊藤博文、外务大臣陆奥宗光进行谈判。3月20日双方在春帆楼会见,正式开启了和谈。

当时北洋水师虽全军覆没,但是辽东战场激战正酣。李鸿章要求议和之前先行停战,日方提出包括占领天津等地在内的四项苛刻条件,迫使李鸿章撤回了停战要求。24日会议后,李鸿章回使馆途中突然被日本浪人刺伤。日本担心造成第三国干涉的借口,自动宣布承诺休战,30日双方签订休战条约,休战期21天,休战范围限于奉天、直隶、山东各地。此时日军已袭占澎湖,造成威胁台湾之势,停战把这个地区除外,保持了日本在这里的军事压力。

日方代表以胜利者的姿态,继续进行威胁和讹诈。美国顾问科士达则想方设法怂恿李鸿章赶快接受条件,以便从中渔利。4月1日,日方提出十分苛刻的议和条款,李鸿章乞求降低条件。4月10日,伊藤博文提出日方的最后修正案,其条件非常苛刻,并对李鸿章说:"中堂见我此次节略,但有允、不允两句话而已。"李鸿章问:"难道不准分辩?"伊藤博文回答:"只管辩论,但不能减少。"李鸿章苦苦哀求减轻勒索,但均遭拒绝。4月14日,清政府电令李鸿章遵旨定约。4月17日,李鸿章代表清政府与日本签订丧权辱国的《马关条约》。

甲午战败和《马关条约》的签订对中国政治、经济、文化等方面的影响已有很多论述,不再赘述。对于中国海权和黄海来讲,北洋舰队的覆灭,标志着中国已丧失维护领海主权和海上权益的根本力量,中国领海可以任人进出,中国的海上权益可以被列强肆意掠夺。从此黄海不再只是中国的黄海,而成了列强入侵中国的"通道之海"。中败日胜的结果,导致以中国为主导的传统东亚政治格局的根本性转变,以往以中国为核心的朝贡体系也不复存在。

日本在得到巨额赔款和侵占中国台湾等战略要地后,不仅促进了本国资本主义的进一步发展,而且便利了日本对远东地区的进一步侵略,使日本一跃成为亚洲唯一的新兴资本主义强国。另外,日本为了对抗俄国,以雪三国干涉还辽之耻,一方面提出"卧薪尝胆"的口号,重新开启十年扩军计划;另一方面促成了"英日同盟",开始了东亚地区新一轮的争霸。

第三节 黄海沿岸的逐渐开放

在近代,列强入侵中国一个很重要的目的就是与中国进行贸易,工业革命后的资本主义国家迫切需要原料产地和商品销售市场。所以第一次鸦片战争的硝烟刚刚散尽,英国即在《南京条约》中要求开放广州、厦门、福州、宁波、上海为通商口岸。后来,几乎每次列强的侵略战争都伴随一批通商口岸的产生。沿黄海地区的第一处通商口岸为第二次鸦片战争后被迫开放的芝罘(烟台)。这些根据不平等条约被迫开放的中国口岸被称为"条约口岸",分布在中国从南到北的海岸线上,是近代中国滨海地区遭受西方殖民主义扩张入侵的产物。条约口岸普遍设有外国租界,港口和城市管理受外国势力的干涉,社会生活中中西文化交汇明显。19世纪末,沿黄海区域因西方列强强占租借地而显现出复杂的格局。

一、烟台开埠

第二次鸦片战争中清政府战败,1858年其与英、法、美、俄分别订立《天津条约》,规定续开牛庄、登州、台湾、潮州、琼州等口岸。这样,中国沿黄海区域出现了第一处"条约口岸"——登州,而实际的"登州"口岸选在了当时登州所辖的烟台。

(一) 开埠前的烟台

烟台位于山东半岛北部,濒临黄海芝罘湾,隔海与辽东半岛的大连遥遥相对。芝罘湾是一个湾口朝东的U型半开口式天然港湾,港湾中有崆峒群岛拱卫于东北部,有芝罘岛环抱于西北部,形成港湾的天然屏障。口门北起芝罘岛东南角,南至东炮台山。口门宽5.6公里,岸线长21.14公里,海湾面积约34平方公里,其中水域面积约31平方公里。位于芝罘湾畔的烟台港,港阔水深、常年不冻,是一处天然良港。港区南部便是烟台市区。

烟台历史悠久,芝罘湾海口在古代就是中国北方沿海重要的商贸口岸,古称"转附",自秦汉时起称"之罘",是当时的著名港口。秦至唐代,之罘湾对外是朝鲜半岛、日本来中国的使臣、商人、学者、僧人等靠岸登陆的海湾之一,对内是南北沿海航线上重要的物资转运站。特别是元朝海漕运输大兴,大量物资从刘家港起运,经海运抵天津港,福山县的之罘处在漕运的必经航线上。明代,之罘演变为"芝罘"。途经芝罘的海运船只往来频繁,芝罘湾周围人口不断增多。为防倭寇袭扰,明王朝在芝罘奇山北麓建立了奇山守御千户所,同时在北山设狼烟墩台,亦称烽火台,北山遂被称为"烟台山",后来"烟台"便因烟台山而逐渐得名。到1830年,芝罘湾周边村庄已达19个,沿岸渔货交易频繁,芝罘湾南岸码头成为胶东最大的渔货集散地。在行政区划上,该地隶属于登州府福山县管辖。

道光六年(1826年),清廷为鼓励沙船参与海漕运输,规定"八成装米,二成搭货,免其纳税以恤商",刺激了芝罘湾航运贸易的发展。在商船海运漕粮的推动下,道光末年烟台已成为一个拥有千家商号的商埠了。鸦片战争以后,广州、厦门、上海、宁波、福州五口被迫开埠通商,烟台因地处海运线上,不可避免地受到洋货输入的影响。参与海漕运输的沙船大量贩运并携带洋货,使输入商品土洋混杂。虽然总体来看,其进口货物大部分是"粮石与粗杂货",[1]但较之以前已有很大变化。当时活跃于烟台芝罘湾的是福建、广东、东北、上海、宁波和重庆的几大船帮,以及当地奇山所的张、刘两姓船帮,他们成为当时烟台港口贸易的主体。当时烟台主要有三条道路通往腹地:一条西去,经福山、蓬莱、黄县、掖县、潍县到济南;一条东去,经牟平、威海到达荣成;一条南去,经栖霞、莱阳、莱西到达即墨。

开埠前,烟台港附近有两处具有城市萌芽性质的地方。一处是"奇山千户防御所",俗称"所城"。防御所有砖砌城墙,周二里,高二丈二尺,阔二丈,门四,楼铺十六,池阔三丈五尺,深一丈。城内面积约 79 600 平方米,设 4 座城门,分别为东报德门,西宣化门,南福禄门,北朝崇门。另一处在天后宫附近,这里的东西大街长 1 里有余,有上千户商民在这里开设行栈,已形成一个商业区。这两处地方一个为城,一个为市,城与市之间为村庄和农田。

(二) 烟台港的选定和开埠

19 世纪 60 年代,烟台被选定替代登州府治所港口对外开埠通商。按照不平等的《天津条约》的规定,沿黄海区域只开放了登州(治所在蓬莱)这一处通商口岸。登州港是黄海沿岸传统的重要港口,且有蓬莱水城设施,但港口条件没有烟台优越。《天津条约》签订后,1861 年,英国驻华公使派马礼逊到登州筹办领事馆和开埠事宜,马礼逊经过从内地到沿海、从河道到港口的一番详细考察,认为登州口岸港口水浅,并且没有船舶避风场所,并不适于开放,便又沿着登州海岸线向东考察,发现烟台地理位置优越,港湾优良,水深也适合大型船舶的贸易活动,因此建议用烟台代替登州。1861 年 5 月清廷批准将通商口岸由登州改为

---

[1] 民国《福山县志稿》卷五,1920 年铅印本。

烟台。

登州府地方官员草拟了通商章程,报给清政府北方三口通商大臣(主管天津、牛庄、登州通商事务)崇厚。1861年7月,崇厚派直隶候补知府王启增、候补知府袁文陛、河工候补县丞曲纪宜等人到烟台筹办开埠事宜,并向朝廷请旨转敕山东巡抚谭廷襄,要登莱青道道台崇芳等人给予协办。王启增等经过短暂的筹备,于1861年8月22日开埠征税,[1]烟台港从此对外开放。

(三)东海关的设立

与第一次鸦片战争后的五口通商均先行设立海关相比,烟台为开埠在先,海关设置在后。烟台开埠时,海关尚未成立,船舶进出烟台港,仍由福山县设在烟台港口的厘金局稽征商船税。1861年6月25日,崇厚曾提到"查登州一口……至应派通事并外国税务司,现已与英国人李泰国所举之代办总税务司赫德,商酌一二人前往帮同征税"。[2]1863年3月,赫德任命英国人汉南(C. Hannen)为税务司,组建东海关税务司署,1863年3月23日东海关新关设置完成。[3]之所以把烟台开埠所设立的海关称为东海关,是因为晚清时山东省又被称为"东省"或"东境",故"东海关"之名意味着山东的海关。

烟台东海关的外籍税务司是在开埠之后才由总税务司任命和抵达烟台的,相比之下,清政府对税关事宜行动更早。1862年1月总理衙门大臣奕䜣、桂良等人在向清廷上奏的《请将山东省沿海各口州县税务责成登莱青道经理并请颁给监督关防以专责守折》中,奏请登莱青道移驻烟台,专司中外税务,清廷奏准。1862年3月,山东地方大员登莱青道崇芳奉命由莱州移驻烟台,[4]直接管理中外通商事务和税务。东海关设置后,登莱青道道台兼任东海关监督。这表明烟台口岸的开埠与设关,不同于之前东南五口"约开口岸"海关的被动设置情形,清政府此时有了更多的主动意识。

烟台东海关的主要职责,是对进出烟台港的船舶、货物、旅客及行李物品等,进行相关的监管、征税、查缉走私和编制贸易统计等,后来它的管辖范围逐渐扩

---

[1] 宝鋆等:《筹办夷务始末(同治朝)》,第90、91页。
[2] 贾桢等:《筹办夷务始末(咸丰朝)》,第2901页。
[3] 关于东海关设立的时间存在不同看法,班思德的《最近百年中国对外贸易史》定为1862年3月;《中国近代史统计资料选辑》作1862年1月16日。孙修福编的《中国近代海关史大事记》认为1862年3月东海关监督衙门成立,1863年3月23日赫德任命汉南为该口税务司。考虑到该口海关贸易统计起始时间为1863年3月(见Returns of the import and export trade, Chefoo, 1863,《中国旧海关史料》第1册,第267页),这里以1863年3月23日为东海关设置完成时间。
[4] 宝鋆等:《筹办夷务始末(同治朝)》,第91页。

大,伴随开埠而出现的邮政、港务、气象、陆上交通、航道测绘、蚕丝改良和市政建设等各种新兴业务,也都被纳入了东海关的管辖范围。在青岛开埠前,清政府先后在山东沿海设立的23处常关,统归烟台东海关管辖,因此东海关在黄海之滨的地位非常突出。

烟台开埠后,进出港的船舶数量日增,港口贸易也有了很大发展,东海关建立了必要的海关规章制度。1863年3月17日东海关公布了《烟台口东海关章程》和《船只进口章程》,规定了港界、船舶出入港手续、征税方法和注意事项,港口管理逐步走向统一。按照总税务司的统一要求和规范,东海关也开始了贸易统计工作。1863年3月23日,这项贸易活动数据资料的统计工作正式开始,为港口管理提供了重要参考,后来也成为研究这一时期烟台和山东地区经济发展、社会状况的重要资料来源。

(四)烟台港的建设和发展

烟台港开埠以后,其发展并非一帆风顺,受地理环境和时局变化影响较大,可谓近代沿黄海区域发展的一个缩影。

1. 港口建设

烟台港最初是一个自然港湾,港湾条件良好,但从烟台山向西、北都是以沙滩为主的自然海岸,不适宜大型船舶靠泊,大宗货物装卸也不便,装卸货物时需要接驳,大大影响了港口的发展。因而在开埠后,烟台港迎来一轮港口设施建设的小高潮。

为改变港口设施状况,东海关提议清政府批准修建码头等设施。1865年中国海关总税务司赫德根据东海关的呈报,同清政府三口通商大臣崇厚议定,批准建造海关公署和码头等建筑,选址在烟台山西侧,所需银两从东海关船舶吨税中开支。这两项工程于次年竣工。其中建成的码头被称为海关码头,开了烟台近代码头之始。码头东西走向,全长257米,西端宽约33.5米,主体为长方石条灰砌而成,内以沙石泥土夯实,北沿最大水深约4.5米,靠泊能力约500吨。码头上还建造了相关配套设施,包括装卸货物的固定吊杆、海关缉私亭、验货房等。[1] 海关码头的建成,为装卸货物和上下旅客提供了方便。海关码头建成后,烟台港天然港湾就此被分为南北两个部分,码头以南被称为"南太平湾",码头以北被称为"北太平湾"。

为了给船只提供导航,登莱青道提议筹款修造一座灯塔,得到了中国海关总税

---

[1] 烟台市港航管理局:《烟台港航大事记》,方志出版社,2016年,第52—53页。

务司和东海关的支持。1866年烟台港开始在崆峒岛最高处建造第一座灯塔,并于1867年5月建成投入使用。该灯塔采用反射定光灯,灯光在20里外可以清楚地看见。灯塔以当时的海关税务司卢逊的名字命名,也称"烟台灯塔"。1905年烟台山上也建成了一座灯塔,冠名烟台灯塔,原"烟台灯塔"便被称为崆峒岛灯塔了。

海关码头和灯塔的建设改变了烟台港原来纯自然港湾的状态,为大型船只出入港口带来了一定便利。此后又有一些分散的小码头陆续建成,如1870年前后建成的滋大码头、摄威利福码头、和记码头和福开森码头。1896年,开平矿务局还在海关码头北侧(今军港码头)填地42亩,修筑了开平矿务局码头。同年8月,东海关为便于统一管理,修筑了自北至南的码头岸壁,将所有私营码头与海关码头连接起来,公共使用,形成了岸壁公共码头。[1] 随着码头设施的兴建,各公司陆续建成各自的堆场货栈。

不过除此之外,烟台港在开港后的几十年里并未进行更多的港口建设。19世纪末,列强强占胶州湾、旅大地区等地,再加上胶济铁路修通后青岛的崛起,烟台港的发展受到很大冲击,逐渐在沿黄海区域港口的竞争中落后了。之后,虽然烟台港也进行了一些港口设施的完善工程、修筑海坝工程等,但直到1930年代,烟台港最大也只能靠泊千吨级船舶,更大的海轮只能系泊浮筒或抛锚海面。加之与港口衔接的"烟潍铁路"因种种困难未能修通,都极大限制了烟台港的发展。

2. 港口贸易

烟台在北方沿海最早开放的三埠中地理位置优越,纬度较低,是三埠中唯一在冬季可以通航的港口,且位于沿海南北洋航线的中段,因此开埠后成为北方最重要的港口之一,对外的市场联系不断扩大,先后开辟的航线有:上海—烟台—天津航线,上海—烟台—营口—朝鲜航线,日本—烟台—天津航线等。虽然烟台与国外市场直接联系相对较少,但是它通过上海转口的贸易量增长很快,与国内其他开埠口岸和未开埠各口岸间的往来也有了明显增长。

在烟台港的贸易中,传统的民船贸易独具特色。虽然,开埠后外国的轮船加入到这一海域的航运竞争中,甚至获得了从牛庄和烟台两通商口岸装运豆石和豆饼这两种大宗货物的许可,但传统民船却迅速成长转型,借助运价、税率等对自己有利的条件迅速发展。20世纪以后山东沿海的民船贸易仍占据重要地位。[2]

---

[1] 烟台市港航管理局:《烟台港航大事记》,第66页。
[2] 刘素芬:《近代北洋中外航运势力的竞争(1858—1919)》,《中国海洋发展史论文集》(第5辑),中山人文社会科学研究所,1993年,第319—321页。

开埠后烟台港的进出口贸易额逐年增加。根据东海关的统计资料,到 1905 年,烟台的对外贸易额达到 1 420 万海关两,其中洋货进口 960 万海关两,土货出口为 460 万海关两。一方面,对外贸易的增长给东海关带来了巨额税收,如从 1863 年到 1867 年,东海关税收白银达 119 万余两,1887 年以前大致每年税收在 25 万至 30 万海关两;另一方面,对外贸易中出口额远远低于进口额的问题越来越突出。烟台港开埠之初,洋货进口的主要商品是鸦片、棉布、火柴、铁制品、胡椒、糖等,土货出口的主要商品是豆、豆饼、棉花、枣、咸鱼、粉丝、小麦等。1864 年洋货进口总额还只占进出口总额的 27%,到 1867 年这一比例就上升到 51%;而土货出口则急速下降,1864 年占进出口总额的 47%,到 1867 年则下降到 25%,入超的问题已很明显。虽然 1877 年后受国际银价跌落的影响,烟台土货出口额迅速回升,但从长期来看也没有改变整体趋势,到了 1905 年则洋货进口额仍两倍于土货出口额。因此,在烟台港的活跃的贸易活动中,西方洋行企业的资本主义势力借助不平等条约和体制的庇护,在烟台的港口贸易中获益极大。

给烟台港港口贸易带来巨大影响的是铁路问题,铁路问题直接影响了烟台港的整体贸易、商务。胶济铁路通车之前烟台一直保持着山东最重要贸易商港的地位,而"胶济铁路通而分其一部分东走青岛,津浦路通又分其一部分北走天津。顾烟台之贸易额,当光绪二十七、八年间已达四千五、六百万两,自光绪三十年胶济全路通车,青岛日盛,烟台日衰,不数年而贸易额退至三千万两以内。"[1]许多原来通过马车和货船运往烟台出口的山东内地货物改走胶济铁路运往青岛,例如草帽辫几乎大部分都转移到了青岛出口。

进入 20 世纪后,东北地区黄海沿岸的大连、安东港相继开埠,且在日本的殖民经营下迅速发展,豆类和豆饼等东北原货从这些港口直接出口,分割了烟台原本兴盛的转口贸易,烟台的贸易地位更趋下降,贸易额明显减少。1910 年代大多数年份的贸易额只有 3 000 万两左右,甚至低到 2 400 万两,1920 年代则除 1921、1922、1923 三个年份外贸易额都只维持在 2 000 万两上下。[2]二三十年代的出口货物主要是野蚕丝、茧绸、草帽辫、花生、粉丝、抽纱品、发网、精盐等,1931 年土货出口 1912 万海关两;进口洋货主要是棉纱、布匹、毛制品、五金、煤油、面粉、纸烟、火柴、糖、纸,1931 年进口 878 万海关两。[3]

---

[1] 袁荣叟:《胶澳志》,文海出版社,1969 年,第 779 页。
[2] 交通部烟台港务局:《近代山东沿海通商口岸贸易统计资料(1859—1949)》,对外贸易教育出版社,1986 年,第 4—9 页表 1。
[3] 吴松弟等:《港口—腹地与北方的经济变迁(1840—1949)》,浙江大学出版社,2011 年,第 65 页。

3. 烟台城市的发展

烟台自1861年8月对外开埠后,大批商人、务工者开始从周围其他沿海地区和内地向烟台流动并聚居经营。西方列强也纷纷进入开埠后的烟台,各自谋取利益,烟台城市在半殖民地化的背景下逐渐发展起来。市区的发展有两个聚集中心,一个是传统的天后宫周围区域,中国人聚居区范围扩大,开发程度加深;另一个是烟台山区域,外国势力集中。到20世纪初时,两个聚集中心连为一体。

在城市化的过程中,除了人口聚集、市区范围扩大之外,城市设施的营建也是重要方面。1878年,烟台海关邮局创办,是清末中国最早设立的5处邮局之一,之后电报局、电话局也先后建立起来。基础设施方面,1907年烟台进行了开埠以来规模最大的一次市区改造,改造市街、整顿卫生和加强城市基础设施建设。工程结束后烟台市容有了很大改观。1909年张相文旅经烟台,据其所记:市肆环列,马路宽平,山坡间富商之亭台别墅错出。[1] 除此之外,烟台市区建设还是以小规模、局部的建设改造为主,缺乏整体性规划和系统性建设。

从烟台开埠到民国年间,烟台城市有了一定发展,人口规模在1931年时达到了13万人,出现了一批近代的工矿企业,有商号1 000多家、洋行60余家,还有学校、医院、教堂等设施。

4. 烟台开埠的影响

烟台开埠对黄海海域有重要影响,它在1898年前是山东省唯一的对外开放口岸,也是当时黄海西岸唯一的开放口岸,是中国北方沿海三个对外开放口岸之一。烟台开埠极大改变了黄海区域的政治、经济、文化格局。山东省的传统经济形态以农业、手工业和商业为主,传统的商业区主要集中在西部贯通南北的大运河沿岸一线和东部沿海地区,其中东部沿海地区的商业集中在登州和胶州两处。[2] 烟台开埠后,黄海区域的山东半岛与国内外市场建立了更为广泛的联系,山东东部沿海地区的商业地位渐次上升。同时这也使该区域面临了更为复杂的国际国内冲击,直接开始了半殖民地化的进程,原来传统的农商手工业经济濒临解体,传统文化受到挑战。港口的对外开放,刺激了外来资本主义经济在烟台和周围地区的发展,同时也刺激了近代民族工业的诞生。

---

[1] 张相文:《齐鲁旅行记》,《东方杂志》1918年第2期。
[2] 张玉法:《中国现代化的区域研究:山东省,1860—1916》,"中研院"近代史研究所,1982年,第29页。

二、胶澳租借地与青岛

19世纪末,中国沿海区域受帝国主义侵略的程度加剧,从开埠设租界发展到被迫"租借"土地给帝国主义国家,中国陷入了被西方列强瓜分的危机中。而这股"租借"中国土地的风潮,就是从沿黄海区域的青岛(环胶州湾)被德国租借开始的。

(一)胶澳租借地

胶澳指胶州湾及其沿岸地区,位于山东半岛南部黄海沿岸,为伸入内陆的半封闭性海湾。胶州湾本身地理条件优良,有内河注入,海湾口窄内宽,东西宽约28公里,南北长约32公里,湾内中部水深为5—20米,湾口处最深达50米,泥沙淤积不明显,湾内风平浪静,冬季一般不结冰,为天然的优良港湾。[1]胶州湾内外的琅琊、板桥镇、沧口、青岛口等在历史上都曾是繁荣的口岸,具有同中国沿海其他口岸贸易往来的传统网络。[2]明代胶州湾口的小岛已被称作青岛,小岛附近有青岛村、青岛口和天后宫。清代的青岛口在被德国侵占以前已是一处商旅往来频繁的贸易口岸,烟台东海关在此设立有分卡。[3]

1. 德国强租胶澳

从19世纪60年代开始,德国就计划在中国沿海获得一个据点。经过前期的探察,德国选定了胶州湾作为其目标所在。清末之时,清政府内部的官员也意识到了胶州湾的重要性,试图在这一区域进行布防。1897年11月,德国借口"巨野教案"中有德国传教士被杀,以武力相威胁,强迫清政府与其签订了《胶澳租界条约》以及《租地合同》、《潮平合同》和《边界合同》等,确认了其对胶州湾地区的强占,之后引发其他列强纷纷效仿,掀起了帝国主义瓜分中国的狂潮。

"胶澳租借地"区域包括原属即墨县、胶州的部分区域,陆上从崂山湾东半岛东北角起,经崂山中部沿白沙河到女姑口,再往西包括阴岛、红石崖,胶州湾西部从黄岛到薛家岛,胶澳全区陆海总面积1 100多平方公里。另外划定胶州湾潮平周围100里为中立地带。[4] 由此,德国在胶澳租借地即青岛开始了它的军事化、行政化经营。

---

[1] 中国航海史研究会:《青岛海港史(古代部分)》,人民交通出版社,1986年,第1、5页;中国航海史研究会:《青岛海港史(近代部分)》,人民交通出版社,1986年,第1—3页。
[2] 中国航海史研究会:《青岛海港史(古代部分)》,第8页。
[3] 袁荣叟:《胶澳志》,1408页。
[4] 胶澳总督府总翻译官谋乐:《青岛全书》,青岛印书局,1912年,第193页。

2. 德国在胶澳租借地的殖民统治

德国在胶澳租借地进行了基于种族主义的殖民统治,把胶澳租借地看作实质上属于德意志帝国的"殖民地",[1]把青岛作为胶澳租借地的中心城市,设立胶澳总督府进行殖民统治。

德国胶澳总督府民政部在总督之下负责民事管理,民政部门下设立专办中华事宜的辅政司,专门处理租借地内的华人事务,掌管华人的管理、缴纳税费等事宜,成为德国胶澳总督府"与当地人之间的媒介"。[2] 欧洲人则直接归民政部管理,没有区划管理。

对于租借地内的中国人,德国从分区规划、法律地位、适用法律、权利权限等方面进行限制。虽然德国试图通过种种殖民统治手段,极力想把胶澳租借地作为自己的殖民领地来经营,但从法理上胶澳和青岛仍旧"是中国的一部分"。[3] 生活在胶澳租借地内部的华人也以不同的方式应对德国殖民统治的现实,并以不断发育增长的民族意识和民族情感积聚着发展的力量。

(二)青岛港市的兴起

1. 德国对青岛港市的规划和建设

在德国占领前,青岛已经是一个拥有70余家商铺的中国传统小市镇。德国强占胶澳租借地后,为了获取所希冀的殖民利益,即在东亚巩固和扩张德国势力范围,与其他列强抗衡,把青岛建成在东亚的军事基地和商业根据地,德国殖民统治者首先对青岛进行了开港建市。

德国在侵占胶州湾以前已经有了初步规划,其在获得租借权限后立即进行征地,传统的贸易市镇被德国人拆毁了。德国胶澳总督府对所占土地进行了新的城市规划,并对青岛城市空间进行了新的界定,在原青岛及附近偏西的区域规划了火车站、港口、总督府、教堂、医院等机构的位置和道路。[4]按照这个规划,按照功能城市被分成三个部分——欧洲居住区、混杂的商业区和纯粹的华人区。1899年10月12日,德皇威廉二世依照原有的青岛地名,正式将德国胶州保护地

---

[1] 例如1904年3月6日胶州总督在青岛大港竣工仪式上的讲话、1908年12月24日胶州总督就胶州置于民事管理之下致帝国首相的函,参见青岛市档案馆:《胶澳租借地经济与社会发展——1897—1914年档案史料选编》,中国文史出版社,2004年,第155—158、103—109页。

[2] Ralph A. Norem *Kiaochow Leased Territory*, Berkeley: University of California Press, 1936, p.109.

[3] 《1906年2月27日胶海关书办致海关税务司的函》,中国第二历史档案馆,档号:六七九—16649。

[4] Torsen Warner *Die Planung und Entwicklung der Deutschen Stadtgründung Qingdao in China Der Umgang mit dem Fremden*, Diss. Technische Universität Hamburg-Harburg, Hamburg 1996, p.138.

的新市区定名为青岛(Tsingtau)。1899年10月公布的城市规划方案则进一步设计了青岛的道路网和区划。[1]

港口与铁路的修建是德国胶澳总督府前期着力投入的工程。1899年青岛筑港工程开始动工,1904年青岛港的1号防波堤交付运营。1899年,胶济铁路开始动工兴建,胶济铁路也在该年全线建成通车,这意味着青岛的交通条件得到了巨大改善,为青岛城市发展提供了更大可能。与此同时德国殖民当局还采取招标方式公开拍卖土地,吸引外地商人来青岛经商贸易。为了防止土地因私人囤积居奇而地价飞涨,该法令特别征收土地增值税,并规定申请购买土地者必须出具土地用途的说明,如果购买后不按照说明使用将予以处罚。

青岛欧人居住区用完全的德国建筑风格来强化殖民意象。德国总督特鲁泊(Truppel)认为新城市青岛应强调德国民族特性,强调与中国城市的差异,新城内的建筑风格应具有德国风格。这一意见在当时被广为接受。[2]因此原来的中国建筑除原总兵衙门和天后宫两座中国式建筑外都被拆除。胶澳总督府规定欧人居住和建立别墅的青岛区的所有建筑必须符合德国的建筑要求,必须符合宽敞、美观、健康和安全的标准。在德国统治之下的17年间,青岛欧人区出现的新建筑完全是德国风格的,每条街道、地方都以德国名字命名。而华人居住区则密集简陋,与欧人区的情形完全不同,欧人城区与华人城区形成鲜明对照。

2. 胶海关的设立

为了顺利经营胶澳租借地,1898年9月,德国宣布整个胶州租借地为自由港,实施自由贸易政策。由海路运进或运出青岛口岸的货物均不征税,但若货物运进中国内地,或由中国内地运进胶州保护地,再由海路输往他处则须照章完税。

德国胶澳总督府还从自己的利益出发,同意在青岛设立一处中国海关,以便简化征税过程。1898年8月15日,德国人阿里文受清廷海关总税务司赫德的任命,由宜昌海关调来青岛筹办设关事宜。阿里文草拟了《青岛设关征税办法》,1899年4月17日由李鸿章代表清廷与德国驻华公使海靖正式会订实施,规定:租借地内所产各物出口时无须纳出口税;界内所用之物进口时无须纳进口税;中国土货经租借地出口者,并经过租借地入内地之进口货,若由洋式船只装运,应按照通商税则完纳税项;若系华式船只,应按向遵之中国税则办理。还规定胶海关税务司由德国人充任。1899年7月1日,胶海关正式对外办公,阿里文为首

---

[1] Torsen Warner *Die Planung und Entwicklung der Deutschen Stadtgründung Qingdao in China*, p.146.
[2] 华纳(Torsen Warner):《德国建筑艺术在中国》,Ernst & Sohn,1994年,第13页。

任税务司。

胶海关设立后,青岛地区诸海口原属东海关所辖租借地内的常关分卡或代办处先后归胶海关管辖。1901年10月,胶海关设小港分关(亦称大鲍岛分关),在大赵村、流亭集设立陆路缉私分卡及台东镇火车站(今四方火车站)征税处。1906年,在大港设大门检查站。从此青岛地区轮船、帆船贸易的管理及关税、厘金的征收等均归胶海关办理。

在实践中,胶海关的自由港制度显现出一个主要问题,即征管烦琐,征税方法利于大货商而不利于内地转运商,损害了内地商人来青岛的积极性。1905年12月1日德国公使穆默和清政府总税务司赫德会订了《青岛设关征税修改办法》,在坚持自由贸易原则的基础上,对原来的海关税制做了修改:一是缩小免税区域,限于大港内,包括防波堤与码头及码头界内存货地区为限,出此界限即由海关征税。这样整个胶澳租借地内的货物也都需要征税。作为一种补偿,中国海关须从进口正税内每年提拨二成交德国青岛殖民当局。二是规定了租借地内所用的军用物资、各种机器和家具、机料、农具、建筑官署及各项工程之木料、器具、邮政包裹等免税。三是规定租借地内各厂制成商品,出口时按原料价格征税。通过上述调整,各方利益得到了适当平衡。

3. 青岛港的繁荣

青岛港在宣布为自由港和胶海关设立后,商贸发展十分迅速,也吸引了大批外商和华商入驻,从事各种商贸活动的人口也日益增加。随着胶济铁路的通车和青岛港的建成,青岛货物进出口交易量突增。当时青岛港主要的出口货物是花生制品、棉花、茧绸、丝绸、草帽辫、肉类、煤炭、烟叶等,进口则以棉纱、棉布、卷烟、纸、煤油等为大宗。1900年青岛港的贸易总值为395.7万海关两,到1913年达到5916.9万海关两,13年间增长了15倍,增长速度远远快于其他沿海口岸。山东重要的通商口岸烟台港,1901年的贸易总值是3766万海关两,1905年达到峰值的3900万海关两,此后开始下降,但基本维持在3000万海关两左右,其在山东贸易的头把交椅到1909年被青岛取而代之。[1] 到1907年,青岛的关税收入在全国海关中排在上海、广州、天津、汉口、汕头和大连之后,居第七位。

德国在胶澳租借地的殖民经营给德国带来了巨大利益,也引起了其他列强的忌恨。1914年日本趁第一次世界大战爆发的机会,出兵围攻青岛,击败了德国,武力控制了胶澳租借地和胶济铁路。

---

[1] 交通部烟台港务局:《近代山东沿海通商口岸贸易统计资料》,第6—7页。

三、旅大租借地

（一）俄国租借以前的旅大地区

旅顺口和大连湾地区位于辽东半岛南端，自古就在海上交通中占有重要位置。其中旅顺口在历史上颇为知名，晋代时被称为"马（乌）石津"，唐代时被称为"都里海口"，辽金元时期被称为"狮子口"。洪武四年（1371年），马云、叶旺两定辽都指挥使从山东东莱率兵渡海至狮子口而旅途平顺，遂将该地改名为旅顺口。鸦片战争中，清政府开始加强这一带的防务。在李鸿章筹办北洋海防事宜的过程中，旅顺口和隔海相望的山东半岛上的威海卫被视为拱卫京畿的首要屏障，并被选择为北洋海军的军港。1880年，旅顺军港海防建设工程开始，至甲午战争前，已经完成了修筑炮台和建港筑坞的主要工作，设立了旅顺船坞局，旅顺成为北洋的第一重镇，有海军、陆师驻扎。要塞与海港建设促进了旅顺人口的增加，服务业和工商业相继发展，出现了钱庄、旅店、电报局、自来水供水系统、医院、茶楼、剧院等设施，形成了五条大街构成的街区，即城子东街、城子西街、东新街、中新街和西新街，另有菜市街等多条稍窄的街道，旅顺口已经发展成一个市井繁华的有两万多人口的近代化小城。[1]

明清时期，大连湾畔的青泥洼则是一处历史悠久的口岸，唐代文献中的青泥浦即指此地，青泥洼周围比较繁密地分布着亦渔亦农的村落，属于金州府治下。另外，1887年李鸿章报清廷批准，开始把附近的柳树屯开辟为军港，目标是建成仅次于旅顺口的北洋海军基地。驻守柳树屯的刘盛林率部4 000余人进行了持续5年的海防建设，到1891年已颇有成效，共计修建有海岸炮台5座、陆路炮台1座、丁字型钢梁结构栈桥码头1座、港内还有水雷营一处，成为当时大连湾畔的重要海防口岸[2]。

（二）俄国强租旅顺大连

1. 俄国强占旅大地区

俄国一直觊觎我国东北地区，尤其是想占据一处出海口。俄国先是侵占了我国外兴安岭地区等大片国土，之后又通过《中俄密约》获取了在东北地区修筑一条中东铁路的权利。为了解决自己的远东舰队没有不冻港的问题，俄

---

[1] 韩行方：《李鸿章及其僚属与旅顺海防建设》，《大连近代史研究》第1卷，辽宁人民出版社，2004年；刘俊勇：《论旅顺口、大连近代城市的形成》，《东北史地》2007年第3期。

[2] 李慧、杨玉璟：《清代大连湾海防建设研究》，《大连近代史研究》2014年第1期。

国在德国强占胶州湾地区后,以武力相威胁,迫使清政府与其签订了《旅大租地条约》,之后中俄又签订了《续订旅大租地条约》。旅大地区就这样在胁迫下成为俄国的租借地,东北地区则成为俄国的势力范围,俄国势力开始了在黄海区域的存在。

2. 俄国在旅大租借地的殖民统治

俄国强租旅大租借地后,便立即在旅顺、大连湾(今柳树屯)设立了军政部,军政部在旅顺设立民政府管区,下设警察署来进行殖民统治。[1] 在初期过渡后,1899年8月28日,沙皇擅自颁布了《暂行关东州统治规则》,不顾中俄《旅大租地条约》的规定,单方面将旅大租借地命名为"关东州",设置关东州行政管理机构。州厅设在旅顺,隶属阿穆尔州总督管理。首任行政长官为俄国海军中将阿列克谢耶夫,集行政、军事大权于一身,其下设民政厅、财政厅、外务局等统治机构。[2] 其中财政厅直属于俄国财政部,明确体现出俄国对旅大租借地的经济控制。关东州下辖四个市和五个行政区,有一套完整的民政、军政等统治机构。其中,四个市中有旅顺市和大连市(达里尼市)。

1903年8月,沙皇又对关东州的行政体制进行了调整,颁布《远东暂时统治条例》,在旅顺设置"远东总督府"。达里尼市(即大连市)改隶远东总督府,远东总督府辖阿穆尔州、外贝加尔州、滨海州、堪察加州、关东州、库页岛和达里尼市。远东总督直属沙皇,统管俄国在远东的行政、军事、外交与司法权,有权指挥东三省俄国占领军。远东都督府在旅顺的设置和其权力之大,表明沙俄更为着力于在远东的扩张,并把旅大租借地作为其在远东扩张势力的基地来进行经营。东北三省和黄渤海区域受俄国侵略的程度进一步加深。

(三)大连海港的建设

基于长久占据旅大地区和获取殖民利益的考虑,俄国占领旅大租借地后实施了各种工程建设,特别体现在对旅顺和大连的港口与城市建设上。这两个港口定位不同,旅顺港被俄国作为军港和俄国舰队在远东的基地来经营,并把清政府原来的旅顺船坞工厂改为俄国的海军修理厂,而大连港则被作为商港来开辟和经营。军港和商港同时推进,沙俄企图全面加强对旅大租借地的控制和掠夺。

大连港口、城市的规划由设计过海参崴港口建筑、时任东清铁路公司总工程

---

[1] 顾明义等:《大连近百年史》,辽宁人民出版社,1999年,第197页。
[2] 顾明义等:《大连近百年史》,第175页。

师的萨哈罗夫负责。经过考察,大连港区选址放在了清泥洼沿海一带,大连港规划方案主体是建造4座伸入海中的突堤式码头,建成后可实现年吞吐量约500万吨。1899年8月11日,俄国沙皇尼古拉二世宣布,未来的海港名为"达里尼港",将实行开放的自由港制度,进出口货物一律不征关税,并把海港附近的城市命名为"达里尼市"。[1]

大连港建设的一期工程于1903年基本完成,完成后可同时靠泊2艘1千吨的轮船,完工后的到港轮船艘次和货物吞吐量都有极大增长。1903年大连港开辟的航线有大连至山东诸港、大连至朝鲜、大连至日本长崎。港口的二期扩建工程因日俄战争爆发未能实施。

为了最大限度地发挥大连港的资源集运功能,俄国又修建了从哈尔滨到旅顺的中东铁路南线。该铁路线也于1903年竣工通车,大连兴起为黄海海域沟通欧亚两洲海路交通的枢纽和远东贸易大港。此时,旅顺的商业逐渐被吸引到大连,旅顺港成为一个完全的军港,大连港成为一个繁荣的贸易港。当时输入的是一些杂货和石灰等建筑材料,输出的则多为粮食、油料、皮革、啤酒等。同时,大连也出现了大型炼铁厂、砖厂、白灰厂、宰牛厂、采石厂、制盐厂等工厂。

(四) 大连的城市建设

海港的繁荣和工厂的设立促使大连城市不断发育。在对大连进行规划建设时,俄国借鉴巴黎城市街道改造的新经验,采取了放射性的城市街道布局风格。当时大连辟建了8个圆形广场,每个广场都有向四周辐射的多条放射性道路,市中心设有直径213.5米的尼古拉耶夫卡亚广场(今中山广场),向四周辐射10条道路。城市市街以南山北面的平原为基址分三个区,分别为欧洲人街区、中国人街区和行政街区。其布局体现出殖民主义的特点。三个区中,中国人居住区并没有规划和建设,而欧罗巴街区和行政街区则经过了仔细规划和大力建设。日俄战争前,行政街区兴建了市长官邸、市政厅、东省铁路公司轮船部事务所、旅馆、商店、公会堂、俱乐部、发电所等一系列新建筑,还铺设了管道供水;欧罗巴街区也兴建了楼房、旅馆、教堂、学校等建筑物。[2]

经过俄国的经营,大连港口城市初见雏形,到1904年日俄战争前,"清泥洼一带已形成面积4.25平方公里,拥有4万人口的近代城市"。[3]

---

[1] 华文贵、王珍仁:《大连近代城市发展史研究(1880—1945)》,辽宁民族出版社,2010年,第81—82页。

[2] 蒋耀辉:《大连开埠建市》,大连出版社,2020年,第191—195页。

[3] 刘俊勇:《论旅顺口、大连近代城市的形成》,《东北史地》2007年第3期。

旅顺太平洋舰队的存在、大连商港的兴起、远东总督府的设置,以及俄国在旅大租借地的殖民扩张为久已觊觎中国东北的日本所嫉恨,1904年日本与俄国为争霸中国东北而在中国土地上爆发了一场战争,史称日俄战争。日本战胜俄国,控制了旅大地区。

四、威海卫租借地

1. 英国强租威海卫

山东半岛东端的威海卫位于黄海威海湾畔,湾口有刘公岛作为屏障,与辽东半岛的旅顺、大连隔海对峙,共扼渤海门户,地理位置十分重要。明代有海防卫所设立于此,在清代为北洋水师重要的海军基地。但在中日甲午战争中,北洋水师继黄海海战遭受重创后,又在威海卫之战中全军覆没。

德国和俄国相继在黄海海域"租借"地盘,这极大刺激了老牌帝国主义国家——英国。当时英、俄、德三国在欧洲竞争激烈,在对华争夺中同样矛盾尖锐。德占胶澳,特别是俄占旅顺后,英国认为北中国海的势力均衡已被打破,妨害了英国利益,希望通过租借威海卫来平衡俄国的优势。为达到顺利强占威海卫的目的,英国拉拢日本和德国,并对清政府施加武力威胁,强迫清政府与其签订了《中英议租威海卫专条》。

1898年8月,中英两国代表在刘公岛西端的黄岛上举行了租借仪式,英国由此获得了威海卫租借地,其面积共约745.92平方英里,从此开始了英国对威海卫32年和刘公岛长达42年的军事占领和殖民统治。

2. 英国在威海卫的殖民统治

英国进入威海卫初期,以临时行政署实施统治,主要官员都由驻威海卫的海军官员担任,受英国驻华海军总司令的领导。1899年临时行政署改由英国陆军部直辖,年底又移交给英国殖民部,并建立了威海卫殖民政府,以《1901年枢密院威海卫法令》为租借地的根本大法。威海卫殖民政府设威海卫办事大臣为行政长官,由英国国王直接任免,在威海卫拥有立法、司法、行政最高权限,下设正华务司、副华务司、医务长等职。

英国租占威海卫后,确立了将它建成英国皇家海军训练和疗养基地的方针。在英国的殖民统治中,威海卫租借地被分为三个部分对待,即刘公岛、码头和乡村。刘公岛是英国海军远东舰队司令部驻地,不仅有英国军队常驻,而且每逢夏季来此避暑训练的英舰官兵大增,岛上管理比较严密;对于码头区进行直接管理,并征收贸易税;对于乡村则基本上奉行维持原状的政策。1906年在乡村地区推行了总董制,将租借地内的315个村划为26个总董区,各设总董一人,村则设立村董。后来又将26个总董区划为南北两个行政段,各设长官公署管理,[1]实现了殖民政府对乡村的殖民控制。

3. 威海港口的缓慢发展

英国租借威海卫期间,威海主要被用来作为海军训练基地使用,港口经济虽然也有发展,但相比之下比较缓慢。

1901年英国在今育华路海军营区修筑了爱德华码头,又称东码头,但码头设施简陋,每逢涨潮,船只装卸货物时就得趟水,后进行了加高,才有所改善。1901年英国将威海港宣布为自由贸易港,吸引了一些商号和各国轮船来威海卫进行贸易。

限于英国的使用目的,以及青岛、烟台等港口的竞争,加之港口设施比较落后,陆地连接道路不畅,现代公用设施缺乏等,威海卫港口经济发展十分缓慢,威海卫没有像青岛和大连那样成为黄海区域的重要贸易港口,威海卫的城市建设也基本停滞,缺乏近代城市应有的活力。

经过谈判,中国于1930年收回威海卫租借地,1940年收回刘公岛,但当时抗日战争已经全面爆发,刘公岛旋即被日本占领。

五、海州港自开商埠

烟台为被迫开放的通商口岸,青岛、大连等为租借地,都是迫于列强的压力才开放、开发的。清末新政之时,清政府也意识到商贸的重要性,因而开始自开商埠。其中海州是沿黄海区域最早的自开商埠。

1905年春,青岛德国商行捷成洋行违反《内港行轮章程》和《续议内港行轮章程》的有关规定,擅自用小轮装洋货至非通商口岸海州,并打算在海州购买土货回青岛兜售,后因议购豆饼价格不合自行开回。有鉴于此,为保护利源,发展地方经济,时任翰林院编修沈云霈和道员许鼎霖进省面见署两江总督周馥,提议在海州自开商埠。1905年9月11日,署两江总督周馥上《海州自开商埠以兴商务折》,请求朝廷饬外务部和户部议准海州自开商埠。同时,海州绅商又呈《请行驶小轮船片》,称拟于海州自雇小轮装、运货,往来行驶,并希望以轮船所纳税厘留作建筑码头等费,如费尚缺,各绅商愿息借银两凑用,随后由官归还。外务部、户部对此举极为赞成,1905年10月24日奏准开放海州,设胶海关海州厘金所于大浦。

经过多年的筹划,1926年海州商埠督办公署最后划定"以灌云、东海、赣

---

[1] 董进一:《英国强租威海卫始末》,《列强在中国的租界》,中国文史出版社,1992年,第439页。

榆县属之东西连岛、墟沟、苍梧、北乡、新安乡、郁林乡、临洪镇、石湫、半镇、申明亭镇、泰山岛、保和乡、沿河一部等处为商埠区域"。1931年3月,设海关海州分关,隶属上海江海关,同年又改属青岛胶海关(1935年易名支关)。海州分关于大浦设办事处,燕尾、墟沟设分卡。至此,海州自开商埠终于获得成功。

海州开埠后,作为地方区域性中心的新浦"居民日众,已成街市"。自开商埠扩大了区域商品流通的范围,使内部市场逐步由狭小的城镇区域向内地及其他沿海口岸城市扩展。自开商埠后,周边各县的土产出口多先在本地集中,然后转运出口。《江苏通志》记载了海州开埠后的商业状况:"临洪开埠,商务渐旺,土产小麦、大豆、秫、黍、苞米、山芋、落花生、运销上海、山东等地,尤以豆饼为商货之大宗。"外地商人纷至沓来,有所谓的山东帮,经营大宗粮油,实力极为雄厚;有经营商业百货的河北帮;有以经营布匹、茶叶、盐业为主的安徽帮和以经营盐号为主的河南帮。在交通航运方面,有轮船开往青岛、上海、大连、营口,输出粮油土产,购进布匹杂货。外国商人也纷纷涌入海州,经营亚细亚、美孚、德士古等煤油公司的外商资本也插足新浦地区的商业发展;保险业方面有美商花旗保险公司、英商太古保险公司和日商太平洋保险公司。

此外,海州自开商埠扩大了江苏沿海、沿江的开放。江苏沿海、沿江地区,此前只有南京、苏州和镇江三处对外通商。海州自开商埠,不仅结束了江苏省黄海沿岸没有通商口岸的历史,而且也结束了从上海到青岛之间无通商口岸的历史,使东海—黄海沿岸的开放口岸连成一片。开埠之后的海州在对外贸易中的地位日益突出。

海州自开商埠是清末民初政府为保主权、振兴商务而主动实行对外开放的重要一环,也是地方经济逐渐振兴的必然产物。

近代以来,贸易和资本的全球化愈演愈烈。英国借助坚船利炮打开了中国的大门,强迫中国与列强通商。在黄海沿岸地区,烟台是最早的通商口岸。为了打开和占据中国市场,德国、俄国、英国等国纷纷在黄海区域强占或租借要地,或进行港口建设、商业开发,或构筑要塞,黄海地区在列强的压迫下被迫开放。由于列强占据的目的不同,各城市走上了不同的发展道路,烟台在清末发展较快,青岛则后来居上,成为北方大港,旅顺成为军事要塞,威海则成为疗养基地。清末之时,清政府内部的有识之士为争夺利权主张自开商埠,从而有了海州的通商。无论是被动还是主动,沿黄海地区都日益融入世界的发展潮流,开启了近代化的发展之路。

第四节　日本对黄海海域的侵略

19世纪末,在黄海沿海出现了"诸强并争"的局面,德国占据了胶州湾沿岸,俄国占据了旅大地区,并将东北划入势力范围,英国强占了威海卫,日本则侵占了朝鲜半岛。进入20世纪后,日本作为后起的帝国主义国家,走向了迅速发展和快速扩张之路,尤其是加强了对中国的侵略。出于地理方面的考虑,日本的侵略方向从一开始就瞄准了沿黄海地区,先后打败此一区域的俄国、德国势力,确立了日本在黄海海域的统治权。

一、日俄战争与日本占据旅大地区

根据中日《马关条约》,日本获得辽东半岛的统治权,但这大大损害了俄国的在华利益。俄国伙同德国、法国发动了"三国干涉还辽",迫使日本放弃辽东半岛。虽然日本最后获得3 000万两的赎辽费,但其自尊心受到极大伤害,加之日本对中国东北的扩张势必与俄国发生冲突。因而该事件结束后,日本一方面大力发展经济,另一方面继续扩军备战,以期报干涉还辽之仇,同时将中国东北彻底纳入其势力范围。

1897年德国强占胶州湾,掀起了列强瓜分中国的狂潮,俄国趁机强占了旅大地区,旅顺口原为北洋舰队的重要基地,现在又成为俄国的海军基地和防范日本的前沿据点,自然引起了日本的极大不满。八国联军侵华战争期间,俄国更是趁机进军中国东北,企图独占中国东北,日、俄矛盾日益激化。日本担心随着时间的推移,局势会朝着有利于俄国的方向发展,因而在英美等国家的支持之下,于1904年2月对俄国不宣而战。

日俄战争的战事主要在中国展开,分为水陆两个战场。由于日军准备充分,且占地利之便,逐渐取得战争中的优势,在陆战中攻陷了旅顺,在海战中击败了俄国太平洋舰队,后来又在对马海战中击败了俄国从欧洲派过来的太平洋第二舰队,取得了完全的制海权。俄国不仅在战场上屡屡失利,国内也发生了革命,日俄战争遂以俄国的失败宣告结束。

日俄战争后,日本取代了俄国在旅大地区的统治地位。1905年2月11日,日本将达里尼市改称大连。1905年9月,日俄两国在美国签订《朴次茅斯和约》,俄国将旅大租借地的租借权、长春到大连的南满铁路经营权转让给日本。从此,旅大地区陷入了日本帝国主义的殖民统治下,并被日本作为对黄海区域和中国内陆进一步实施侵略与掠夺的重要跳板。

二、第一次世界大战与日本侵占青岛

日俄战争之后,日本成为东北亚的"霸主"。此后的三十年间,日本逐步加快了侵华战争的脚步。德国占据胶州湾后,大力营建青岛,青岛港开始在沿黄海区域崛起。青岛的崛起,尤其是商贸的发达,引起了日本的觊觎之心。1914年,第一次世界大战爆发。由于"一战"的主战场在欧洲,德国是重要参与国,忙于欧洲战事,无暇东顾,日本宣布对德宣战,并乘机强占青岛,掠取德国在青岛投资的市政设施等资源,并通过兴建工业,控制航运市场,垄断贸易,挤压中国民族资本,使青岛殖民化程度进一步加深,严重影响了青岛城市的发展取向。

明治维新以来,日本对外侵略扩张的野心不断扩大,把称霸中国视为其整个东亚战略中的重要一环。随着日本国力的不断增强和提升,德国苦心经营的青岛成为日本选定的侵夺目标之一。战前,日本多次派军政要员和间谍来青岛调查,其经济实力也不断向青岛渗透。1900年至1910年的10年间,进入青岛港的日本货轮增加了近8倍。至1913年,日本贸易额占青岛地区贸易额的37%,仅次于德国。[1]

第一次世界大战爆发后,青岛德军大都撤回本土,日本乘机煽动民众的战争狂热,制定了进攻青岛的作战方案。

1914年8月23日,日本正式对德宣战。日本海军第二舰队封锁了胶州湾海口,并迅速分两路向山东出兵,一路于9月3日在山东龙口登陆,从青岛背面袭击德军,还有一路于9月18日从崂山仰口湾登陆。北洋政府宣布中立,并划出一定区域作为日德交战区。在龙口的日军长驱直入,过平度到即墨和胶州。9月26日,日军占领潍县,沿胶济线向西挺进。9月27日,北洋政府抗议日军侵犯中国主权,日本对此置若罔闻。10月6日,日军占领济南车站,将铁路全线及其附近各机关全部占领。仰口湾登陆的日军击退了千余名德军的阻击后,迅速进抵青岛重镇李村。英军西库斯联队900余人也于9月23日从崂山湾登陆,继而侵占李村。英日联军会合后从陆上包围德军,使得德军陆海两面受敌。10月31日,日军组织优势兵力猛攻德军,德军俾斯麦炮台和伊尔奇斯炮台被摧毁。11月7日,日军攻占德军中央堡垒——东镇炮台和海岸炮台,德军陆上防线全线崩溃。10日,日军正式接受德军投降,经过两个多月的激战后,日军攻陷青岛。16日,日军宣布对青岛实施军管。

---

[1] 安作璋:《山东通史(近代卷)》,人民出版社,2009年,第272页。

三、日本对黄海沿海的殖民统治与掠夺

日本在黄海海域的掠夺行为由来已久,这在1914年占领青岛之后变得更加严重。青岛为黄海海域重要的港口贸易城市,日本侵占青岛后,把青岛作为侵华据点,通过青岛对山东乃至整个中国进行军事干涉、政治控制、经济盘剥和文化渗透。1914年11月19日,日本宣布对青岛实行全面统辖治理和军事控制。27日,日本在青岛设置日本守备军司令部,直隶日本天皇,统领守备驻军及特定各机关,担任占领地区守备,统领占领地区民政,监督、守备山东铁道及矿山的经营等。日本守备军司令部各部官员,除山东铁道管理部外,全由陆军将校充任。日本部署了由8个步兵大队,1个重炮大队,1个铁道联队以及骑兵中队、工兵中队等组成的守备军,总兵力2万余人,分别驻扎在青岛和胶济铁路沿线,日本海军舰队则停泊在青岛港。

占领之初,日军宣布设立青岛、李村军政署,颁布《军政施行规则》10条,规定中国人的一切活动均需经军政署批准,违者一律严惩不贷。之后,日军又颁布数十部军规法令,实行残酷的军事殖民管制和野蛮镇压。日本宪兵和警察可以随意逮捕、关押、审讯、残杀青岛居民,严禁一切群众聚会和反日活动。日本人视中国人为被征服者,征收税负。中国居民的衣食住行完全没有保障,民宅常常受到日本宪兵侦探搜查,动辄遭受关押监禁。1916年5月,青岛、李村两军政署合并,李村改设分署。1917年8月,又改设青岛民政署、李村民政署。"军政"改"民政",更具欺骗性。日本在中国领土上推出具有政权性质的行政组织,更有利于其从政治、军事、经济、文化多方面统治青岛和胶济铁路沿线地区。

1918年11月,俄国因国内发生革命推出战争,德国在战争中投降,第一次世界大战结束。战胜国在巴黎召开和平会议,实际上是帝国主义各国的分赃会议。中国和日本都是战胜国,中国代表在和会上提出,中国已对德宣战,德国一切在华特权应归还中国,德国无权将在华特权转让给日本。中国要求收回山东权利,废除二十一条。但英法美等列强屈从日本的要求,没有支持中国的正义呼声。这引起了与会中国代表的抗议,他们拒绝在和平会议上签字。此事引发了国内声势浩大的"五四"运动,促成了中华民族的一次大觉醒。中国认识到青岛是国家的核心利益,虽在列强的高压下,但也决不放弃。

日德之战后,除了德国所建主要工厂、码头和公共建筑物及南部市区因日军有意识保护未遭战火外,其他市区都遭到了严重的破坏。日本改变青岛租借地的大规模区域规划和基础设施建设思路,而是以发展工商业为主。日本将德国公产和中国人的财产占为己有,一方面控制了与经济密切相关的港口、海关、铁

路等经营权,一方面又加紧对青岛及山东的资源掠夺和资本输出。日本人在青岛大肆掠夺土地,到1922年,日本守备军所占官地达1 400多万坪(每坪约合3.3平方米)。

日本占领青岛后,控制和垄断了青岛港的进出口贸易。1916年,日本通过青岛港的贸易额为2 662万两,占青岛港对外贸易额的87%。1918年进出青岛港的轮船总数为1 727艘,日船占86%,占船舶总吨位的78%。日本先后在青岛设立船行11家(英国仅有2家,俄国1家)。日本还在青岛设立正金银行,投资各类企业,使青岛成为日本工业的独占区域。仅1916年7月至1922年4月,日本在青岛开办的主要工厂就有14家,资本总额为25 512万元。1921年,日资在山东及青岛各地的工厂达139家。日本在青岛主要投资纺织业,到1923年就有6家纱厂开工,共有纱锭21.9万枚,占青岛纱锭总数的85%,职工约1.8万人,占青岛产业工人总数的60%。而其他行业,如丝织、面粉、火柴等,也都存在类似情况。[1]

四、以青岛为中心的沿黄海航运线

进入近代以来,列强利用沿黄海地区的有利条件,强占开发了烟台港、旅顺港、大连港、青岛港等,加上清政府自开的海州港,一时间沿黄海地区出现了一系列港口竞争的局面,再加上渤海沿岸的天津港等,中国北方沿海的开放发展到一个新的局面。

不过,不同的港口因定位、基础设施条件、开发程度不同,所以发展的情况也不同。"一战"前,烟台港是沿黄海区域的主要港口,承担了大部分转口和对外贸易份额。德国占据青岛后,对其进行了较为完善的开发和建设,终于使青岛港后来居上。日本占据青岛后,也着力利用其优越的地理条件和港湾条件,促成了青岛港的崛起,使其取代烟台港成为山东沿黄海区域最大的贸易港,同时构建了以青岛为中心,日本航运公司为支撑的沿黄海航运线。

胶东半岛与辽东半岛隔海相望,联系也非常紧密。日本先占据旅顺、大连,之后又占据了青岛,因而日本的航运公司便开通了青岛到大连的航路。1915年1月,日本占领青岛不久,即由南满洲铁道株式会社开通了青岛到大连的定期航线,投入两艘轮船进行运营。除上述南满洲铁道株式会社经营的大连和青岛之间的航线外,大阪商船、大连汽船、阿波共同汽船株式会社也经营着大连和青岛之间的航线。南满洲株式会社是由日本人控制的商贸机构,所有的贸易都由日

---

[1] 安作璋:《山东通史(近代卷)》,第406—408页。

本人起主导作用,而且也是为日本的利益服务的,是对中国经济的一种掠夺,但是从反面也可以看出中国海洋经济的发达。

清代时,山东半岛与上海间的沙船贸易即已非常繁荣。鸦片战争之后,列强纷纷介入这条利润丰厚的航线。日本在占据青岛后,更是企图击败其他航运公司,垄断中国海运。日本的轮船公司,包括大阪汽船会社、日本邮船会社、南满洲铁道株式会社及佐藤商会等加入青岛到上海航线的竞争中,加上之前就在这条航线上运营的怡和公司、轮船招商局,青岛到上海间的航线可谓竞争激烈,也可证青岛港在此一时期的繁荣。日本轮船公司相继参与到上海与青岛航线的经营中,加强了青岛和中国最大外贸港口之间的联系,进一步扩大了日本占领下的青岛的航运范围。

日本占据青岛后,另一个着力打造的航线就是青岛与日本间的航线。日本大阪商船会社最先开通了日本通往青岛的航路。1914年"当社的近海航路在明治时代基本已经开拓完毕,大正三年,日本军占领青岛之后,12月,开设了大阪青岛线……进一步充实了中国的航路网"。[1] 两天后,原田商行利用松丸号开始了去往青岛的航行。1915年日本邮船会社也增开了大阪—青岛线。1921年山下汽船会社、山东同盟汽船会社也开设了来往于青岛的航线,与之前的三家航运公司相互竞争。据《青岛港史》记载:"1923年,各国进出青岛港轮船只数和总吨位数分别为:美国,68只,279千吨;英国,370只,768千吨;德国,44只,166千吨;日本,1 463只,1 695千吨;中国,198只,145千吨",[2] 可见,青岛与外国的海运往来非常频繁,特别是与日本的海上往来占了很大的比例。除了商贸往来以外,日本人以旅行为目的的流动也是青岛和日本之间人员往来的一个重要组成部分。青岛是著名的旅游胜地,甚至被称为东亚第一美景,"青岛的城市和街区由于曾作为德国人的根据地而得到比较好的经营,市街之美丽堪称东洋第一,绝非夸张"。[3] 有些来青岛旅游的日本人乘汽船从日本抵达青岛,并写下诗文并茂的旅行日记。在村上猪藏的日记中曾出现"西京丸"、"神户"、"门司"、"黄海"、"青岛"[4] 等有关青岛航路的字句。

在中国古代山东半岛与朝鲜半岛的商贸往来和文化交流已经十分频繁。日本在1910年正式吞并朝鲜,又于1914年强占青岛,为了方便掠夺资源和经济开

---

[1] 参见杨蕾:《20世紀前半における青島と日本の汽船定期航路の創始》,关西大学亚洲文化研究中心《アジア文化交流研究》第5号,2010年1月。
[2] 中国航海史研究会:《青岛港港史(近代部分)》,142页。
[3] [日]岩川舆助:《支那旅行の見聞と感想》,1917年,第44页。
[4] [日]村上猪藏:《支那日记》,合资商报社,1920年,第1—4页

发,也着力打造青岛到朝鲜半岛的直航航线,其中最主要的就是青岛到仁川的航线。先是朝鲜邮船会社开辟了青岛到仁川的定期航线,后来阿波共同汽船株式会社也加入到这一航线的运营中。

可以说,20世纪前期,客观上形成了中国山东—中国东北—中国上海—朝鲜—日本间的局部东亚航运网。在这个网络中,青岛直接或者间接地实现了与大阪、神户、门司、长崎等日本大港,以大连为代表的东北地区、朝鲜等地的航运联系,进一步扩大了航运范围,日本在其中攫取了巨大利益,为其后来进一步的对外侵略战争积累了物质"条件"。1937年,卢沟桥事变爆发,日本开始了全面侵华战争。此后的八年中,黄海沿岸及海域又遭到日本侵略者的肆意涂炭和疯狂掠夺。

第五节 近代黄海的渔业和盐业

一、黄海渔业的近代命运

尽管时代已迈入近代,但真正的近代因素并非压倒性地占据主流,传统因素贯穿于整个近代黄海渔业的发展历史,体现在黄海的各个地区。

海洋养殖业在个别地区已经出现,如山东的荣成、文登、乳山、即墨、青岛等地都有零星的养殖泥蚶的记载。只不过发展程度不宜高估,时人的总结也值得玩味:"本区渔业悉以捕取天生之鱼介为事,至于人工养殖其事甚稀。昔年有人与女姑口租滩养蛏,国人近年亦间有从事于此者。然天惠既丰,不需资本养殖事业难期发展。而捕取介类,又不以时,若不加以保护,则竹蛏牡蛎之属繁殖日微因少数之采取无节而绝一方之利源,诚可惜也。"[1] 从中似可以看出,当时的养殖业尚不为大众所接受,且当时的养殖技术上尚有待进步。

到了近代,沿黄海地区借鉴外国的经验,逐渐形成了不同名目的渔业组织。在青岛,最早的是所谓的青岛水产组合。它于1916年初由当时的日军司令部筹建,其旗号是"以共同贩卖互相救济为务",并设有专门的鱼市场。因青岛水产组合经营不善,日本人又筹划组织了山东水产株式会社,未果。1924年,成立水产公司,因亏损自行取消。之后又有渔航联合会,也没发挥实质性作用。[2]

---

[1] 赵琪修:民国《胶澳志》卷五。
[2] 民国《胶澳志》卷五。

1922年,当时的中华民国农商部颁布《渔会暂行章程》,随后又相继出台《渔会法》和《渔会法施行细则》,鼓励各地成立渔会,以图"增进渔业人的知识技能,改善其生活,并发达渔业生产为目的"。但是,渔会在很多地方的发展背离了设立初衷,许多渔会只是空壳,并未实际运作,有的渔会则被人操控,变成渔棍敛钱的工具。[1] 渔会在抗战时停止运作。抗战结束后不久又因爆发战事再次停滞,渔会在历史上并没有发挥太多作用。

在传统渔业顽强发展、偶有进展的同时,西方先进的渔业工具、技术和管理经验逐渐传入,为黄海渔业的发展增加了更多的近代色彩。这一过程主要体现在民国时期。如沿黄海地区海带、裙带菜、石花菜的引入和海底养殖,机制冰、冷藏库保鲜、罐头制造等海产品保鲜、加工工业的出现等等。海洋渔业的近代发展集中反映在以下四方面:新式渔船的引入,水产教育的发展,水产科学试验的开展,渔政管理的制度化、法制化努力。需要说明的是,黄海渔业的近代化困难重重,首先,一些法律、法规和管理部门的设置形同虚设;其次,即便已经得到实践的技术、教育方面的近代因素,也因没有普遍应用而未能发挥其最大功用。事实上,黄海地区的渔业自进入20世纪后总体上呈现萎缩趋势。其中主要有以下几方面原因。第一,渔民继续沿用老式的捕鱼工具,导致渔获量提高不上去。时人感慨:"若以新式渔轮捕鱼,则远胜上海,渔获量则大增,渔利也丰"。[2] 第二,民国沿黄海地区渔民长期受盗匪、渔霸、官僚买办的盘剥。如1932年,江苏的如皋、盐城、东台、常熟及南通等地"因海匪之劫掠,更益以渔行之垄断,尚有收租纠纷及渔棍剥削等情"。[3] 第三,外国海洋势力连续的侵渔,并向我国倾销其渔产品。

二、近代黄海盐业的发展变迁

近代黄海盐业,包括位于黄海沿岸的山东东南部盐区和两淮盐区。这一时期沿黄海区域的盐业生产出现新的变化,如盐场的变迁、德国和日本对盐业的掠夺、盐业中心的转移、生产技术的提高和精盐生产等。下面从两个盐区分述之。

(一)山东盐场的变迁

道光十二年(1832年),山东信阳场被并入涛洛场,山东位于黄海海域的盐场只剩胶州的石河场和日照的涛洛场。《盐法通志》记载了宣统年间山东7个

---

[1] 李世豪:《中国海洋渔业现状及其建设》,商务印书馆,1936年。
[2] 王刚:《连云港在渔业上的地位》,《水产月刊》1934年第9期。
[3] 《江浙渔民请求救济》,《水产月刊》1936年第1期。

盐场的产盐数额,连续三年(1909—1911 年),石河场产量均为 70 800 包,其中前两年为前三名(另外两个盐场为王家冈、官台),1911 年的产量更是位居山东七场之首,说明到清末石河场的生产规模一直较大。[1] 涛洛场的产量不多,而且起伏很大。

1913 年,山东盐务稽核分所成立。民国初年,石河场有盐滩 155 副。1914 年,石河场署从胶州迁往即墨金口,1917 年改称金口场署,石河场裁撤。

民国初年,涛洛场仍有沟滩 1 226 副,后不断萎缩。1933 年涛洛场划归淮北管辖,与淮北临兴场合并为涛青场。

(二) 近代两淮海盐业

下面从晚清两淮盐务疲弊、民国淮北盐场取代淮南盐场两个方面来分析近代两淮海盐业的发展变迁。

1. 晚清两淮盐务疲弊

1840 年鸦片战争之后,中国内外战争不断,清王朝的统治摇摇欲坠。1901 年,《辛丑条约》签订,中国赔偿 4.5 亿两白银,并以海关关税和盐税作为抵押。为偿付赔款,清政府通过加引、加价的方式,增加盐税收入。到清末,淮南加价额为正课的 13—16 倍。最早征收盐厘的也是两淮盐区,盐厘竟为正课的 7—10 倍。一方面,战事不断,民不聊生,极大破坏了盐业的生产环境,灶民数量锐减;另一方面,朝廷对盐业不顾实际的加引加课,并仍要求盐商报效捐输,造成清末淮盐盐务的疲敝,盐商无力纳课,民有积怨。这在全国其他盐区也是一样的。

2. 民国时期淮北盐场取代淮南盐场的地位

历史上,黄河曾多次夺淮,导致黄海尤其是苏北海岸线的巨大变化,对这一区域的盐业开发产生了深远影响。1128 年以前,黄河尚未大规模夺淮,海岸线较为稳定,黄海南部地区也就是淮南地区成为我国海盐生产中心。1128—1495 年间,黄河夺淮,河道多变,入海泥沙量少,苏北海岸线东移缓慢,淮南盐业得到进一步发展。1496—1855 年间,黄河全流入淮,沿海泥沙量大增,黄海海岸线东迁迅速,淮南盐业日趋衰落,淮北盐场发展迅速。咸丰五年(1855 年),黄河在铜瓦厢决口、北徙山东入海后,淮南各盐场距海日远,产盐日少。同时,黄海北部沿海大规模发展农垦,盐场得以迅速发展,淮北盐场逐渐取代了淮南盐场的地位。

民国初年,淮南各场由清末的 20 场裁为 11 场。1931 年,淮南盐场仅剩 6

---

[1] 周庆云:《盐法通志》,1928 年鸿宝斋聚珍本。

场,淮北有4场,两淮计10场。其中,淮南有丰掘场、余中场、安梁场、草堰场、伍佑场、新兴场,淮北有中正场、板浦场、涛青场和济南场。[1] 1936年淮南并入淮北。1947年又裁并为3场,分别是草安场、掘余场、新伍场。民国时期,淮南盐业生产衰落,淮北盐场的产量大大超过淮南盐场。但整个两淮盐场的产量开始减少,地位下降。据统计,1925—1935年,两淮盐区的产量从4 927千石减少到1 840千石。而同时期山东盐业产量开始增加,并曾一度跃居全国首位。

民国初年,北洋政府为整顿盐务、增加税收,设立了盐务署。但由于盐税用来担保对外借款,全国的盐税收入由外国人控制,扣除本息后才能归政府所有。清末民初,国力衰微,盐务的基础投入只能转嫁商民,加之各地军阀又自行增加税收,致使两淮盐场设备破烂残缺,商民生活困顿,到抗战爆发前夕,整个盐业生产已是衰败不堪。抗日战争时期,两淮原盐产地被分割成四块,这种分裂局面直到抗日战争胜利后才得到改变。抗日战争结束后,政府开始恢复盐业生产,修复盐场滩地,修理生产工具,产量得到回升。

3. 近代黄海盐业的生产方法及精盐生产

清末民初,山东海盐生产的显著变化,一是煎盐方法渐废,晒盐方法渐兴;二是晒盐方法得到改进,沟滩、井滩的晒盐技术逐渐普及,生产效率得到了提高。

《清盐法志》记载了晚清时期石河场和涛洛场的晒盐方法,分别引用如下:

> (石河场)该场就海滩之洼下处,四围筑堤,堤外凿沟,宽六尺,深九尺,引潮水入沟。堤内分池二十方、三十二方或六十方不等。用斗子一副,每斗二人,取水入第一池,俟其蒸发,再放入第二池,依次灌放,至最后一池即成盐粒。
>
> (涛洛场)该场海潮涨落不时,必开沟引潮贮于护塘,以刮起之土散布滩场,即用塘水喷洒,俟土色变白,收聚成堆,另于高处叠土为牢墩,上布秫秸,旁穿小孔,以资下溜、上培、晒成之土,淋以潮水,由小孔溜入卤井,倾卤于池,晒而成盐。春夏一二日成盐……秋冬五六日或十余日成盐。[2]

由此可知,涛洛场采用了淋卤晒盐法,而石河场则采用了挖沟引潮晒制的沟滩晒法。晒盐较煎盐不仅产量成倍提高,而且不用柴薪,节省人力,生产成本大大下

---

[1] 济南场为1907年在黄海北岸海州丰乐镇所建。
[2] 张茂炯等:《清盐法志》卷五三,1920年盐务署排印本。

降。晒盐所要求的自然条件,如卤源、气候、风力、地形、土壤等黄海沿海地区也都具备。这一方法在我国沿海地区目前仍在使用。

(三) 近代德国、日本对青岛盐业的掠夺

1898年,德国侵占胶州湾后,胶澳盐滩即划入租界。胶澳一带原用煎法制盐,产盐不多。1908年,有一个叫萧廷蕃的人,由金口习得晒盐之法,回胶试办,获得成功,是为胶澳场开滩晒盐之始。到民国初年,胶澳盐滩快速发展,"阴岛周围已有盐滩斗子九百余副,年产盐六七十万担"。[1]

第一次世界大战爆发后,日本出兵青岛,夺取了德国在山东青岛的侵略权益,趁机控制了青岛的盐田。

日本占领青岛后,由青岛日本守备军司令兼管青岛所有盐务。日本不仅沿袭德国征收盐税的政策,而且组织大规模的盐业公司,竭力开滩辟田,把胶澳变为其盐原料产地,青盐出口也迅速转为以日本为主。据民国《胶澳志》记载:

> 第一次世界大战期内,日本工业扩充需盐骤增。昔年需盐一千万担内外,至是增至一千六七百万担。日本政府虽广设精盐工厂,应用新法改良民食,然原盐取之民间,而民间则仍循用中国煎盐古法,产量少而工本巨,每年总额不越一千万担。其不足额,则赖青岛盐、金州盐(日人称为关东州盐)、台湾盐、安南盐以供给之。[2]

由此可见,青岛海盐质优价廉,青岛海港运输便利。青岛港的海盐输出,1917年前以中国香港(时属英国)为主,其次为朝鲜、俄国的海参崴;之后,日本国内连年盐荒,同时工业勃兴,用盐大增,于是青岛港输出海盐的情势大变,主要销往日本本部,次为朝鲜(时为日本殖民地)。1912—1931年,对日、朝两国的盐业输出成为青岛港出口的大宗贸易。其输出权大多由日本控制,既严重侵犯了我国主权,也是对我国经济资源的掠夺,影响了青岛盐业的有序、良性发展。

中国政府接收青岛后,1923年9月,永裕公司与盐务署签订合同,接收了日本在青岛的盐田和精盐工厂,并于1925年2月正式开工生产,产品为精盐、粉碎盐及洗涤盐。制造方法除熬盐法外,还有真空罐制盐法、洗涤法。其精盐产量逐

---

[1] 民国《胶澳志》卷五。
[2] 民国《胶澳志》卷五。

年提高,1925年至1928年平均每年产约9.7余担,1931年为10.2万担,1933年为15.8万担;1934年为18.3万担。[1] 产品多出口日本。1937年年产16.6万担,占当时全国精盐公司总产量的18%。[2] 民国时期,山东精盐产量在全国占据主导地位,促进了原盐生产的发展。

综上所述,近代黄海盐业的发展变迁可以总结为以下三点:第一,晚清、民国的内忧外患和自然灾害,给黄海盐业带来极大的影响和冲击,其盐业中心由南向北发展,并直接影响了现代海盐业的规模和地位;第二,此期黄海盐业已开始有出口贸易,其盐已出口到日本、朝鲜、香港等国家和地区,说明其盐产量较大,盐品质量上乘;第三,因为殖民地化的问题,我国盐业近代化的发展比较迟滞,盐业的生产管理、生产设备还有待进一步的提高和改进。

无论其如何发展变迁,近代黄海盐业都在开发利用海洋上拥有举足轻重的地位。

---

[1] 《实业部月刊》1936年第5期。
[2] 山东革命历史档案馆:《山东革命历史档案资料选编》第21辑,山东人民出版社,1986年,第418页。

参考文献

一、大型文献丛书

《新编诸子集成》,中华书局本。
《二十四史》,中华书局本。
《明实录》,"中研院"史语所校印本。
《清实录》,中华书局影印本。
《四部丛刊》初编、续编、三编,上海商务印书馆本。
《辽海丛书》,辽沈书社本。
《文渊阁四库全书》,台湾商务印书馆本。
《四库全书存目丛书》,齐鲁书社本。
《四库禁毁书丛刊》,北京出版社本。
《北京图书馆藏古籍珍本丛刊》,书目文献出版社本。
《续修四库全书》,上海古籍出版社本。

二、方志文献

嘉靖《山东通志》,嘉靖十二年刻本。
嘉靖《山海关志》,嘉靖十四年刻本。
嘉靖《宁海州志》,嘉靖二十六年刻本。
顺治《登州府志》,顺治十七年刻本。
康熙《扬州府志》,康熙三年刻本。
康熙《博平县志》,康熙三年刻本。
康熙《诸城县志》,康熙十二年刻本。
康熙《增修胶州志》,康熙十二年刻本。
康熙《江南通志》,康熙二十三年刻本。
康熙《兴化县志》,康熙二十三年刻本。

康熙《通州志》,康熙三十六年刻本。
康熙《永平府志》,康熙五十年刻本。
雍正《泰州志》,雍正六年刻本。
乾隆《栖霞县志》,乾隆十九年刻本。
乾隆《直隶通州志》,乾隆二十年刻本。
乾隆《沂州府志》,乾隆二十五年刻本。
乾隆《诸城县志》,乾隆二十九年刻本。
乾隆《威海卫志》,乾隆四十二年刻本。
嘉庆《直隶太仓州志》,嘉庆七年刻本。
嘉庆《山东盐法志》,嘉庆十三年刻本。
嘉庆《海州直隶州志》,嘉庆十六年刻本。
嘉庆《东台县志》,嘉庆二十二年刻本。
道光《重修蓬莱县志》,道光十九年刻本。
道光《荣成县志》,道光二十年刻本。
道光《重修胶州志》,道光二十五年刻本。
道光《巨野县志》,道光二十六年刻本。
嘉庆《两淮盐法志》,同治九年重刻本。
同治《即墨县志》,同治十二年刻本。
光绪《增修登州府志》,光绪七年刻本。
光绪《蓬莱县续志》,光绪八年刻本。
光绪《苏州府志》,光绪九年刻本。
光绪《续修日照县志》,光绪十二年刻本。
光绪《盐城县志》,光绪二十一年刻本。
光绪《文登县志》,光绪二十三年刻本。
光绪《益都县志》,光绪三十三年刻本。
宣统《聊城县志》,宣统二年刻本。
民国《盐法通志》,1918 年铅印本。
民国《锦县志》,1920 年铅印本。
民国《清盐法志》,1920 年铅印本。
民国《无棣县志》,1925 年铅印本。
民国《胶澳志》,1928 年铅印本。
民国《福山县志稿》,1931 年铅印本。
民国《奉天通志》,1934 年铅印本。

民国《莱阳县志》,1935年铅印本。

三、论著

[英]阿瑟·刘易斯著,周师铭、沈丙杰、沈伯根译:《经济增长理论》,商务印书馆,1983年。

安作璋:《山东通史(近代卷)》,人民出版社,2009年。

白化文等:《入唐求法巡礼行记校注》,花山文艺出版社,1992年。

白静生:《班兰台集校注》,中州古籍出版社,1991年。

白寿彝:《中国通史纲要》,上海人民出版社,1980年。

宝鋆等:《筹办夷务始末(同治朝)》,中华书局,1963年。

北京大学历史系亚非拉史教研室等:《中国与亚非国家关系史论丛》,江西人民出版社,1984年。

蔡永廉:《西山杂志·王尧造舟》,嘉庆年间抄本。

陈高华、吴泰:《宋元时期的海上贸易》,天津人民出版社,1981年。

陈景富:《中韩佛教关系一千年》,宗教文化出版社,1999年。

陈桥驿:《吴越文化论丛》,中华书局,1999年。

陈尚君:《全唐诗补编》,中华书局,1992年。

陈尚胜:《中韩交流三千年》,中华书局,1997年。

陈希育:《中国帆船与海外贸易》,厦门大学出版社,1991年。

陈玉龙等:《汉文化论纲》,北京大学出版社,1993年。

陈直:《两汉经济史料论丛》,陕西人民出版社,1980年。

程翔:《说苑译注》,北京大学出版社,2009年。

池步洲:《日本遣唐使简史》,上海社会科学院出版社,1983年。

仇兆鳌注:《杜诗详注》,中华书局,1979年。

储仲君校注:《刘长卿诗编年笺注》,中华书局,1996年。

崔旦:《海运编》,上海商务印书馆,1935年。

[新罗]崔致远撰,党银平校注:《桂苑笔耕集校注》,中华书局,2007年。

《登州古港史》编委会:《登州古港史》,人民交通出版社,1994年。

丁长清、唐仁粤:《中国盐业史(近代当代编)》,人民出版社,1997年。

董诰等:《全唐文》,中华书局,1983年。

董进一:《英国强租威海卫始末》,《列强在中国的租界》,中国文史出版社,1992年。

段成式撰,方南生点校:《酉阳杂俎》,中华书局,1981年。

费振刚等:《全汉赋》,广东教育出版社,2005年。

傅振照:《绍兴史纲》,百家出版社,2002年。

葛洪撰,胡守为校释:《神仙传校释》,中华书局,2010年。

耿昇:《登州与海上丝绸之路》,人民出版社,2009年。

《宫中档乾隆朝奏折》,台北故宫博物院,1982年。

古应泰:《明史纪事本末》,中华书局,1977年。

顾德融、朱顺龙:《春秋史》,上海人民出版社,2001年。

顾栋高:《春秋大事表》,中华书局,1993年。

顾颉刚:《顾颉刚读书笔记》,台北联经出版事业公司,1990年。

顾明义等:《大连近百年史》,辽宁人民出版社,1999年。

顾嗣立:《元诗选》初集,中华书局,1987年。

顾学颉:《白居易集》,中华书局,1979年。

顾炎武:《天下郡国利病书》,《四部丛刊三编》本。

顾炎武:《肇域志》,上海古籍出版社,2004年。

顾祖禹:《读史方舆纪要》,中华书局,2005年。

郭世谦:《山海经考释》,天津古籍出版社,2011年。

郭振选:《古代诗人咏海》,海洋出版社,1993年。

郭正忠:《中国盐业史(古代编)》,人民出版社,1997年。

韩行方:《李鸿章及其僚属与旅顺海防建设》,《大连近代史研究》第1卷,辽宁人民出版社,2004年。

贺长龄:《江苏海运全案》,光绪元年刻本。

胡厚宣:《甲骨文四方风名考证》,河北教育出版社,2002年。

胡应麟:《少室山房笔丛》,上海书店出版社,2009年。

湖南督学使署:《湘学丛编》,岳麓书社,2012年。

桓宽:《盐铁论》,上海人民出版社,1974年。

黄汴纂,胡文焕校:《水陆路程便览》,《北京图书馆古籍珍本丛刊》本。

黄怀信等:《逸周书汇校集注》,上海古籍出版社,1995年。

纪丽真:《山东盐业史》,山东人民出版社,2019年。

[日]加藤繁著,吴杰译:《中国经济史考证》,商务印书馆,1963年、1973年。

贾祯等:《筹办夷务始末(咸丰朝)》,中华书局,1979年。

蒋非非:《中韩关系史》,社会科学文献出版社,1998年。

交通部烟台港务局:《近代山东沿海通商口岸贸易统计资料》,对外贸易教育出版社,1986年。

胶澳总督府总翻译官谋乐:《青岛全书》,青岛印书局,1912年。

《胶东考古研究文集》,齐鲁书社,2004年。

胶南市政协文史资料委员会:《胶南文史资料》第3辑,1991年。

金富轼:《三国史记》,吉林文史出版社,2003年。

金国永:《司马相如集校注》,上海古籍出版社,1993年。

金渭显:《高丽史中中韩关系史料汇编》,食货出版社,1983年。

[韩]金煐泰著,柳雪峰译:《韩国佛教史概说》,社会科学文献出版社,1993年。

金毓黻:《东北通史》,五十年代出版社,1944年。

堀敏一著,韩昇等译:《隋唐帝国与东亚》,云南人民出版社,2002年。

蓝田:《新开胶州马濠记》,《马濠运河》内部资料,2005年。

乐史:《太平寰宇记》,中华书局,2000年。

李焘:《续资治通鉴长编》,中华书局,1979年。

李殿福、孙玉良:《渤海国》,文物出版社,1987年。

李鸿章:《李鸿章全集》,海南出版社,1997年。

李剑国:《唐前志怪小说史》,天津教育出版社,2005年。

李清照:《李清照诗词集》,上海古籍出版社,2016年。

李筌:《太白阴经》,《中国兵书集成》,团结出版社,1999年。

李世豪:《中国海洋渔业现状及其建设》,商务印书馆,1936年。

李岩:《中韩文学关系史论》,社会科学文献出版社,1998年。

李英森:《齐国经济史》,齐鲁书社,1997年。

廉福银:《胶州出土古瓷片的收藏与探讨》,《胶州历史文化初探》,天津古籍出版社,2007年。

梁梦龙:《海运新考》,《四库全书存目丛书》本。

梁容若:《中日文化交流史论》,商务印书馆,1985年。

辽宁省档案馆等:《明代广东档案汇编》,辽沈书社,1985年。

林春胜、林信笃编辑,浦廉一解说:《华夷变态》,《东洋文库丛刊》本。

[韩]林基中:《燕行录全集》,东国大学出版部,2001年。

刘才栋:《胶州古今诗选》,青岛出版社,1990年。

刘德增:《山东移民史》,山东人民出版社,2011年。

刘凤鸣:《山东半岛与古代中韩关系》,中华书局,2010年。

刘焕阳、刘晓东:《落帆山东第一州:明代朝鲜使臣笔下的登州》,人民出版社,2013年。

刘俊文:《敦煌吐鲁番唐代法制文书考释》,中华书局,1989年。

刘蔚华等:《稷下学史》,中国广播电视出版社,1992年。

陆德明:《经典释文》,上海古籍出版社,1985年。

吕思勉:《先秦史》,上海古籍出版社,1982年。

栾丰实等:《海岱地区早期农业和人类学研究》,科学出版社,2008年。

栾丰实:《两城镇遗址研究》,文物出版社,2009年。

马雪芹:《古越国兴衰变迁研究》,齐鲁书社,2013年。

梅应发等:《开庆四明续志》,中华书局,1990年。

蒙文通:《越史丛考》,人民出版社,1983年。

孟元老撰,邓之诚注:《东京梦华录注》,中华书局,1982年。

《明代辽东档案汇编》,辽宁书社,1985年。

[日]木宫泰彦著,胡锡年译:《日中文化交流史》,商务印书馆,1980年。

欧阳询等:《艺文类聚》,上海古籍出版社,1965年。

逄振镐:《东夷文化研究》,齐鲁书社,2007年。

彭德清:《中国航海史(古代航海史)》,人民交通出版社,1988年。

彭定求等:《全唐诗》,中华书局,1960年。

蓬莱县文化局:《蓬莱古船与登州古港》,大连海运学院出版社,1989年。

戚祚国:《戚少保年谱耆编》,中华书局,2003年。

齐思和等:《第二次鸦片战争(六)》,上海人民出版社,1978年。

齐涛:《丝绸之路探源》,齐鲁书社,1992年。

[日]浅野武三郎:《大连市史》,大连市役所,1936年。

青岛市政协文史资料委员会:《青岛文史撷英》,新华出版社,2001年。

瞿蜕圆、朱金城校注:《李白集校注》,上海古籍出版社,1980年。

曲金良:《中国海洋文化史长编》,中国海洋大学出版社,2008—2013年。

[韩]全海宗:《清代韩中朝贡关系考》,《中韩关系史论集》,中国社会科学出版社,1997年。

《全辽志》,《辽海丛书》本。

山东革命历史档案馆:《山东革命历史档案资料选编》第21辑,山东人民出版社,1986年。

山东胶南琅琊暨徐福研究会:《琅琊与徐福研究论文集(二)》,香港东方艺术中心,2007年。

山东省历史学会:《山东近代史资料》,山东人民出版社,1961年。

山东省《牟平县志》编纂委员会：《牟平县志》，科学普及出版社，1991年。
山东省文物考古研究所等：《蓬莱古船》，文物出版社，2006年。
沈括著，金亮年、胡小静译：《梦溪笔谈全译》，上海古籍出版社，2103年。
史念海：《中国古都和文化》，中华书局，1998年。
司马光等：《资治通鉴》，中华书局，1956年。
［日］松浦章：《清代における沿岸貿易について——帆船と商品流通》，《明清時代の政治と社会》，京都大学人文科学研究所，1988年。
苏轼撰，茅维编：《苏轼文集》，中华书局，1986年。
孙东临、李中华：《中日交往汉诗选注》，春风文艺出版社，1988年。
孙家洲、杜金鹏：《莱州文史要览》，齐鲁书社，2013年。
孙开泰：《邹衍与阴阳五行》，山东文艺出版社，2004年。
孙毓棠：《中国近代工业史资料》，中华书局，1962年。
谭其骧：《中国历史地图集》，中国地图出版社，1982—1987年。
唐晏等：《渤海国志三种》，天津古籍出版社，1992年。
［日］藤家礼之助著，张俊彦等译：《日中交流二千年》，北京大学出版社，1982年。
童书业：《春秋左传研究》，上海人民出版社，2007年。
屠本畯：《闽中海错疏》，商务印书馆，1937年。
汪向荣：《古代中日关系史话》，时事出版社，1986年。
汪向荣、夏应元：《中日关系史资料汇编》，中华书局，1984年。
王充：《论衡》，上海人民出版社，1974年。
王冠倬：《中国古船》，海洋出版社，1991年。
王冠倬：《中国古船图谱（修订版）》，生活读书新知三联书店，2011年。
王洸：《中国航业史》，台湾商务印书馆，1971年。
王国良：《海内十洲记研究》，文史哲出版社，1993年。
王国维：《观堂集林》，中华书局，1959年。
王宏斌：《晚清海防：思想与制度研究》，商务印书馆，2005年。
王辑五：《中国日本交通史》，上海书店，1984年。
王溥：《五代会要》，中华书局，1998年。
王士性：《广志绎》，中华书局，1981年。
王守基：《盐法议略》，中华书局，1991年。
王树民、沈长云：《国语集解》，中华书局，2002年。
王维撰，陈铁民校注：《王维集校注》，中华书局，1997年。

王先谦:《东华录》,上海古籍出版社,2008年。
王献唐:《山东古国考》,齐鲁书社,1983年。
王献唐:《炎黄氏族文化考》,齐鲁书社,1985年。
王颖:《中国海洋地理》,海洋出版社,2013年。
王增文:《潘黄门集校注》,中州古籍出版社,2002年。
王重民:《全唐诗外编》,中华书局,1982年。
魏宏灿:《曹丕集校注》,安徽大学出版社,2009年。
魏源:《皇朝经世文编》,中华书局,2004年。
汶江:《古代中国与亚非地区的海上交通》,四川省社会科学院出版社,1989年。
吴晗:《朝鲜李朝实录中的中国史料》,中华书局,1980年。
吴松第等:《港口腹地与北方的经济变迁(1840—1949)》,浙江大学出版社,2011年。
吴自牧:《梦粱录》,《东京梦华录(外四种)》,古典文学出版社,1956年。
武斌:《中华文化海外传播史》(第二卷),陕西人民出版社,1998年。
席龙飞:《中国造船史》,湖北教育出版社,2000年。
肖梦龙等:《吴国青铜器综合研究》,科学出版社,2004年。
徐坚:《初学记》,中华书局,1962年。
徐兢:《宣和奉使高丽图经》,吉林文史出版社,1991年。
许慎:《说文解字》,上海古籍出版社,2007年。
许檀:《明清时期山东商品经济的发展》,中国社会科学出版社,1998年。
薛福成:《出使英法义比四国日记》,岳麓书社,1985年。
烟台市文物管理委员会:《胶东考古研究文集》,齐鲁书社,2004年。
盐城市方志办:《盐城市概览》,盐城市方志办,1988年。
杨金森、范中义:《中国海防史》,海洋出版社,2005年。
杨宽:《战国史》,上海人民出版社,1998年。
杨强:《北洋之利——古代渤黄海区域的海洋经济》,江西高校出版社,2005年。
杨昭全:《中朝关系史论文集》,世界知识出版社,1988年。
姚宽:《西溪丛语》,中华书局,1993年。
义楚:《释氏六贴》,浙江古籍出版社,1990年。
余逊:《汉唐时代的中朝友好关系》,《五千年来的中朝友好关系》,开明书店,1951年。

俞绍初:《王粲集》,中华书局,1980年。

袁康、吴平辑录,俞纪东译注:《越绝书全译》,贵州人民出版社,1996年。

袁晓春:《朝鲜使节咏山东集录》,黄河出版社,2007年。

圆仁:《入唐求法巡礼行记》,上海古籍出版社。1986年。

曾公亮、丁度:《武经总要·前集》,《中国兵书集成》,解放军出版社,1987—1998年。

张华:《博物志》,上海古籍出版社,1990年。

张声振:《中日关系史》,吉林文史出版社,1986年。

张炜、方堃:《中国海疆通史》,中州古籍出版社,2002年。

张侠:《清末海军史料》,海洋出版社,1982年。

张峡:《张保皋与中韩友好关系史》,山东电子音像出版社,2002年。

张岩:《〈山海经〉与古代社会》,文化艺术出版社,1999年。

张玉法:《中国现代化的区域研究:山东省,1860—1916》,"中研院"近代史研究所,1982年。

张政烺:《五千年来的中朝友好关系》,开明书店,1951年。

章巽:《中国航海科技史》,海洋出版社,1991年。

赵健民:《从宋琬的"海味诗"解读古代文人的渔乡情结》,《中国海洋文化研究》第3卷,海洋出版社,2001年。

赵汝适:《诸蕃志》,中华书局,1996年。

赵树国:《明代北部海防体制研究》,南开大学2011年博士学位论文。

赵之桓等:《大清十朝圣训》,北京燕山出版社,1999年。

郑若曾:《筹海图编》,《中国兵书集成》,解放军出版社、辽沈书社,1990年。

[日]中村新太郎著,张柏霞译:《日中两千年——人物往来与文化交流》,吉林人民出版社,1980年。

中国第一历史档案馆:《雍正朝汉文奏折朱批汇编》,江苏古籍出版社,1991年。

中国硅酸盐学会:《中国瓷器史》,文物出版社,1982年。

中国国际徐福文化交流协会:《徐福志》,中国海洋大学出版社,2007年。

中国海洋大学海洋文化研究所编,曲金良主编:《中国海洋文化研究》,海洋出版社,2004。

中国航海史研究会:《青岛海港史(古代部分)》,人民交通出版社,1986年。

中国航海史研究会:《青岛海港史(近代部分)》,人民交通出版社,1986年。

中国航海学会:《中国海航史(古代史)》,人民交通出版社,1988年。

中国科学院遥感应用研究所:《黄淮海平原水域动态演变遥感分析》,科学出版社,1988年。

中国社会科学院考古研究所:《胶东半岛贝丘遗址环境考古》,社会科学文献出版社,2007年。

中国社会科学院考古研究所:《胶县三里河》,文物出版社,1988年。

朱彧:《萍洲可谈》中华书局,2007年。

朱云影:《中国文化对日韩越的影响》,广西师范大学出版社,2007年。

四、论文

安志敏:《吉野琨里遗迹的考古发现——日本最大的弥生文化环壕聚落》,《考古与文物》1990年第2期。

北京大学考古实习队等:《山东长岛北庄遗址发掘简报》,《考古》1987年第5期。

蔡凤书:《支石墓之谜与古代中、韩、日的文化交流》,《山东大学学报》1996年第2期。

陈可畏:《越国都琅邪质疑》,《中国史研究》1983年第1期。

陈尚胜:《论唐代山东地区的新罗侨民村落》《东岳论丛》2001第6期。

船史研究会:《记韩国MBC电视台三次访问船史研究会》,《船史研究》1997年第11、12期合刊。

杜在忠:《莱国与莱夷古文化探略》,《东岳论丛》1984年第1期。

顿贺、袁晓春、罗世恒等:《蓬莱古船的结构及建造工艺特点》,《武汉造船》1994年第1期。

樊文礼:《登州与唐代的海外交通》,《海交史研究》1994年第2期。

高敏:《试论尹湾汉墓出土〈东海郡属县乡吏员定簿〉的史料价值》,《郑州大学学报(哲社科版)》1997年第2期。

勾韵娴、唐领余等:《江苏北部全新世海侵事件和气候变化》,《江苏地质》1999年第4期。

韩湖初:《〈山海经〉到底是"语怪之祖",还是"信史"》,《汕头大学学报》2004年第1期。

河南省文物考古研究所等:《也论中国栽培稻的起源与东传》,《农业考古》1996年第1期。

胡远鹏:《论〈山海经〉是一部信史》,《中国文化研究》1995年第4期。

黄超:《胶州闹市出土北宋铁钱》,《半岛都市报》2009年9月7日。

江苏省文物工作队：《扬州施桥发现了古代木船》，《文物》1961年第6期。

蒋华：《扬州和唐津》，《海交史研究》1982年第4期。

金敖生、伊旭松、张天怡：《万里征尘解越国迁都之谜》，《浙江日报》2006年6月23日。

靳桂云、栾丰实：《海岱地区龙山时代稻作农业研究的进展与问题》，《农业考古》2006年第1期。

李步青等：《"🈚盉"铭义初释及其有关历史问题》，《东岳论丛》1984年第1期。

李昌宪：《宋代的军、知军、军使》，《史学月刊》1990年第5期。

李慧竹：《汉代以前山东与朝鲜半岛南部的交往》，《北方文物》2004年第1期。

李文渭：《中国渤海、黄海名称及区划沿革考》，《海洋开发与管理》2000年第4期。

李永先：《莱人培育小麦考》，《东岳论丛》2007年第4期。

辽宁省博物馆等：《长海县广鹿岛大长山岛贝丘遗址》，《考古学报》1981年第1期。

林华东：《越国迁都琅邪辨》，《中央民族学院学报》1989年第1期。

林士民：《唐吴越时期浙东与朝鲜半岛通商贸易和文化交流之研究》，《海交史研究》1993年第1期。

刘德增：《中秋节源自新罗考》，《文史哲》2003年第6期。

刘福铸：《古代朝鲜使臣的妈祖诗咏》(1)、(2)，《侨乡时报》2008年3月28、30日。

刘鸿亮：《第一次鸦片战争时期中英双方火炮的技术比较》，《清史研究》2006年第3期。

刘金荣：《越都琅邪辨》，《绍兴文理学院学报》2006年第5期。

刘俊勇：《论旅顺口、大连近代城市的形成》，《东北史地》2007年第3期。

刘希为：《唐代新罗侨民在华社会活动的考述》，《中国史研究》1993年3期。

刘延常：《试论东夷文化与日本考古学文化的关系》，《华夏考古》2005年第4期。

吕小鲜：《第一次鸦片战争时期中英两军的武器和作战效能》，《历史档案》1988年第3期。

茅海建：《第二次鸦片战争时期清军的装备与训练》，《近代史研究》1986年第 4 期。

南京博物院：《如皋发现的唐代木船》，《文物》1974 年第 5 期。

山东省博物馆：《山东蓬莱紫荆山遗址试掘简报》，《考古》1973 年 1 期。

宋承钧、史明：《胶东史前文明与莱夷的贡献》，《东岳论丛》1984 年第 1 期。

王刚：《连云港在渔业上的地位》，《水产月刊》1934 年第 9 期。

王青：《大汶口文化自然环境探讨》，《东南文化》，1991 年第 5 期。

王仕安：《日照东海峪遗址发现贝丘遗址》，《文物报》2007 年 3 月 29 日。

王永波：《胶东半岛上发现独木舟》，《考古与文物》1987 年第 5 期。

王子今：《东海的"琅邪"和南海的"琅邪"》，《文史哲》2012 年第 1 期。

王子今：《论杨仆击朝鲜楼船军"从齐浮渤海"及相关问题》，《鲁东大学学报》2009 年第 1 期。

吴汝祚：《山东胶县三里河遗址发掘简报》，《考古》1977 年第 4 期。

席龙飞、顿贺：《蓬莱古船及其复原研究》，《武汉水运工程学院学报》1989 年第 3 期。

席龙飞、何国卫：《中国古船的减摇龙骨》，《自然科学史研究》1984 年第 4 期。

辛元欧：《古代中朝海上交往与船文化交流》，《中国航海》2000 年第 2 期。

荀德麟：《〈两淮盐法志〉前言》，《淮阴工学院学报》2010 年第 4 期。

严文明：《山东史前考古的新收获——评〈胶县三里河〉》，《考古》1990 年第 7 期。

阎建宁：《海州自开商埠的历史考察》，《重庆科技学院学报（社会科学版）》2009 年第 7 期。

杨伯达：《莱夷玉文化板块探析——胶县三里河大汶口文化玉器解读》，《故宫博物院院刊》2009 年第 6 期。

杨纪明：《黄海西部渔业资源状况》，《海洋科学》1988 年第 4 期。

杨远：《西汉盐、铁、工官的地理分布》，《香港中文大学中国文化研究所学报》1978 年第 9 卷。

于省吾：《商代的谷类作物》，《东北人民大学学报》1957 年第 1 期。

[美] 约翰·盖伊著，王丽明译：《九世纪初连结中国与波斯湾的外销瓷：勿里洞沉船的例证》，《海交史研究》2008 年第 2 期。

张泽洪：《唐五代时期道教在朝鲜的传播》，《宗教学研究》2004 年第 2 期。

张志立、彭云、梁涌：《越王勾践迁都琅哪考古调查综述》，《新视野下的中外关系史》。

章巽:《元海运航路考》,《地理学报》1957年第1期。

赵红:《论两次鸦片战争期间的山东海防建》,《鲁东大学学报》2006年第3期。

赵红:《晚清山东海防研究》,山东师范大学2004届硕士学位论文。

赵希涛等:《中国东部20000年来的海平面变化》,《海洋学报》1979年第1期。

赵玉谨:《邹衍及其学说简论》,《齐鲁学刊》1985年第1期。

舟桥:《我国第一座古船博物馆》,《舰船知识》1990年第10期。

朱活:《从山东出土的齐币看齐国的商业和交通》,《文物》1972年第5期。

朱亚非:《从历史档案看戚继光在山东的防倭活动》,《历史档案》1991年第4期。

庄为玑、庄景辉:《郑和宝船尺度的探索》,《海交史研究》第5期。

左域封:《第二次鸦片战争中英军侵占大连湾始末》,《辽宁师范大学学报》1981年第1期。

后　　记

以"中国海域史"立论并成书,无疑是一个创见。近几十年来,中国是一个"海洋大国"暨"海洋文化大国"、"海洋文明大国"的观念已经深入人心,成为"常识",但中国这一"海洋大国"的海域作为自然空间—时间与人文空间—时间的"实体"及其内涵的总体和具象如何,的确应该由学界给出一个交代,作出一个较为完整、系统的历史梳理和描述。当代中国正在建设"海洋强国",正在推进"21世纪海上丝绸之路","中国海域"的历史与现状,无疑正是"发生学"的基础,也是可资参考借鉴的直接依据。我想,这应该就是本书的最大价值,至少是重要价值之一。

本书从时任上海古籍出版社副总编林斌先生动议,到中国社科院学部委员、中国史学会会长、山东大学特聘一级教授张海鹏先生和山东大学王育济先生等诸位支持,并由张海鹏先生亲任总主编,再到邀请相关学者分任各卷主编、主要作者,这已经是七八年前的事了。书稿经总主编和各卷主编、各卷所聘执笔专家,和林斌先生等出版社各位的多年努力,并经国家出版基金暨诸位评审专家的大力支持、高评立项,大稿初成并经反复修订,终于可以问教于学界和读者了。往事历历在目,每每多生感慨。本卷主编的安排,是王育济兄、刘大可兄、党明德兄和我商量、谦让的结果:我负责内容构架、聘请学者共同执笔,明德兄负责过程协调、组织和书稿统编,最后一起总成。明德兄为这一卷付出心血最多,并亲自执笔了很多章节内容,全书初稿的统编及与出版社的沟通、修改,大都是由他经手完成的。如今书将付梓,本卷的后记也应该由他完成,对本书本卷、所有作者、所有相关诸君作一个交代,但令人十分惋惜,至今每每怅然唏嘘的是,他未能看到这本书的最终完成、付梓面世,在四年前溘然撒手,驾鹤西游了。他走得匆忙,本书未能完成的事情只能由我们承当。在此,请允许我代表本书暨本卷相关各位,表达我们对他的缅怀、敬意和感谢。祝党明德教授在天有灵,能够为看到本书本卷的出版面世而欣喜。

党明德教授当年统编本卷初成,也曾写过一个"后记",但只是"记下"了各章各节各目的作者执笔情况,以便于正式"后记"时使用,一为明确"文责自负",一为彰明各位作者的辛劳之功,他一定还会有其他话要说,但当时尚未付诸文字。其后本书稿又几经审读、修订,章节目也多有拆合重组,现在章节目对应的作者"归属",与党教授当初的所"记"已不相符,出版社又重新请作者一一进行了"认定"、"落实",因此需要在这里重新作一交代,我也借此写几句话,以表达我对党明德兄的怀念和感谢,对以上所及和尚未能及的各位先生们的感谢,对我邀请的各位执笔专家作者诸君的感谢。各位都是著名、重要的学界人物,多有重要的研究和写作任务及其他要务在身,能够应邀执笔本卷,完全是"友情出演",实在令我感激,感谢不已。

　　主编之外,应邀参加本卷撰写的作者有:鲁东大学刘凤鸣教授,青岛大学郭泮溪教授,山东师范大学朱亚非教授、燕生东教授、赵树国教授、杨蕾博士,济南大学潘晓生教授,中国外文局对外传播研究中心于运全研究员,中国海洋大学赵成国教授、纪丽真教授、王庆云教授、朱建君博士、陈杰博士、杨强博士,海洋文化研究所研究助理徐文玉博士、朱雄博士。

　　各位作者具体承担的内容是:

　　党明德:第一章,第七章第一节,第八章第一节;

　　曲金良:第二章第一节一,第二章第一节四(与陈杰合撰),第三章第一节,第三章第五节一,第五章第六节一;

　　郭泮溪:第二章第一节二、三,第三章第二节,第三章第四节,第三章五节二,第六章第一节,第六章第三节二;

　　刘凤鸣:第二章第二节,第三章第六节,第四章第一至四节,第五章第四、五节;

　　杨强:第三章第三节,第四章第五节,第七章第三节一,第七章第四节,第八章第五节一;

　　于运全:第七章第三节三;

　　王庆云:第四章第六节,第五章第六节二,第六章第五节一、三,第七章第七节;

　　朱建君:第五章第一至三节,第八章第三节一、二、三、四;

　　赵成国:第六章第二节,第六章第三节一,第六章第四节,第六章第五节二,第七章第五、六节,第八章第二节三,第八章第四节(与杨蕾合撰);

　　赵树国:第七章第二节一、二、三、四(部分),第八章第二节一、二;

　　纪丽真:第七章第三节二,第八章第五节二。

书稿只一部,作者有一"群",相关贡献者更多,这就是"本书(本卷)是集体智慧的结晶"的具体内涵。特别是刘凤鸣先生、郭泮溪先生、赵成国先生,学养高深,执笔最多,多所仰仗,再次致谢。至于书中存在的这样那样的问题,是多年来几经反复未能解决的,以俟以后,更企来者。

再谢各位。

是为记

——继明德兄原"记"之后的"再记"。

曲金良
2020年冬月于厦门集美大学